建筑的自然通风
——设计指南

[法]弗朗西斯·阿拉德　编著

李珺杰　李苑　李紫微　董磊　译

宋晔皓　校

中国建筑工业出版社

著作权合同登记图字：01-2007- 2483 号

图书在版编目（CIP）数据

建筑的自然通风——设计指南/(法)阿拉德编著；李珺杰等译.
—北京：中国建筑工业出版社，2015.9
ISBN 978-7-112-18181-0

Ⅰ. ①建… Ⅱ. ①阿… ②李… Ⅲ. ①建筑—自然通风-建筑
设计-指南 Ⅳ. ①TU834.1-62

中国版本图书馆 CIP 数据核字（2015）第 122424 号

Natural Ventilation in Buildings—A Design Handbook

Published by James & James (Science Publishers) Ltd.

Copyright ©1998 Mat Santamouris

All rights reserved.

Chinese Translation Copyright © 2015 China Architecture &
Building Press

本书由英国 Earthscan 出版社授权翻译出版

责任编辑：程素荣　戚琳琳　张鹏伟
责任设计：董建平
责任校对：张　颖　关　健

建筑的自然通风——设计指南

[法]弗朗西斯·阿拉德　编著

李珺杰　李苑　李紫微　董磊　译

宋晔皓　校

*

中国建筑工业出版社出版、发行（北京西郊百万庄）
各地新华书店、建筑书店经销
北京红光制版公司制版
北京中科印刷有限公司印刷

*

开本：787×1092 毫米　1/16　印张：16¼　字数：392 千字
2015 年 10 月第一版　2015 年 10 月第一次印刷
定价：**52.00** 元
ISBN 978-7-112-18181-0
　　　（27385）

版权所有　翻印必究
如有印装质量问题，可寄本社退换
（邮政编码 100037）

前　　言

本书是与欧洲委员会第十七能源总局合作完成的 ALTENER 项目框架计划的成果。ALTENER 项目关注可再生资源在社会中的推广。此项目的推广行动框架为：

- 研究和测评正在编撰的技术标准和规范；

- 采取措施支持成员国关于利用可再生资源进行基础设施的扩建和新建的提议；

- 采取措施促进国家、社会和国际活动之间建立一个良好的信息合作网络平台；

- 研究与评价合理的措施，目的在于评估技术的可行性，以及工业开发生物能在经济及环境方面的优势。

正在进行的 AIOLOS 项目的总体目标是编写一本具体的关于建筑高效利用被动式自然通风的教育读本，它可以用于所有的教育活动，也可以用于包括建筑行业以内的所有专业。这本书的目的是为从事建筑方面的专业人士提供一切必要的关于建筑高效利用自然采光通风的知识、工具及信息，在建筑中实现降低制冷能耗，提高室内热舒适度水平，改善室内空气质量的目标。

本书有三个主要目标：

- 报道和提供当前关于自然通风基本科学知识的发展进程以及近几年项目研发中已有的技术和工具。

- 展示在不同的欧洲国家实施和评价各个策略的真实案例，并且提出技术壁垒和技术策略的局限性。

- 不但为设计者提供易于掌握的指导方针、在设计之初的要点，并且提供项目评估的软件以及大量的策略分析。

所有的工作由教育和科研机构（Educational and Scientific Institutions）团队承担完成，该团队在欧洲参与了多次在建筑合理用能以及改善制冷的被动式策略方面的科研项目。这个团队已和以圣马洛斯（M·Santamouris）和代斯卡拉奇（E·Dascalaki）为代表的雅典大学能源效率教育小组的中心机构（Central Institution for Energy Efficiency Educational team）取得合作。

真诚地感谢下面所列团队和机构所作出的宝贵贡献：

- 意大利都灵理工大学的格罗索以及意大利 Conphoebus 的 S. Sciuto and C. Priolo；

- 法国里昂 lash/ENTPE 的 G. Guarracino，M. Bruant 以及 V. Richalet；

- 葡萄牙波尔图大学的 E. 马拉多纳 E. Maldonado 和 J. L. 亚历山大 J. L. Alexandre；

- 西班牙塞维利亚大学的 S. Alvarez

- 比利时 BBRI 的 P. Wouters，L. Vandaele 以及 D. Ducarme；

• 法国拉罗谢尔大学的 K. Limam 和 M. Abadie，他们在最终版本的校正中做出了贡献。

同样还要感谢康科迪亚大学的 F. Haghigat 对此书的首次评论和建议。

我们欢迎对本书关于内容的结构方面的任何建议及意见。

本书作者：弗朗西斯·阿拉德

目　　录

第1章 绪 论

1.1 为什么要自然通风？

设计合理的节能建筑需要平衡考虑两方面的因素：

- 建筑表皮的蓄热能力以及选取适当的供热、制冷及自然采光技术；
- 一个舒适的室内环境，包括热舒适度、有效的自然通风以及室内空气质量。

总体来说，这些都是基于优秀的实践和标准的原则之上，它们证明了社会和技术发展。

回望过去的 25 年，我们察觉到在这些方面的进步是巨大的。在所有的西方国家特别是欧洲国家，直到 1973 年都没有一个真正意义原在建筑设计中理性运用能源的政策。那个时候，能源并不昂贵且易于获得，建筑的室内热环境及质量主要是成功实践的结果。

在 1973 年石油危机之后，我们可以看到，所有西方国家开始意识到能源的匮乏，进而做出了关于加强能源控制的政策。能源危机反映在建筑中的最主要的一个结果，就是因全球化的节能而大大缩减了制冷及供热能量消耗，但却忽略了使用者的舒适度和健康问题。此时期在各个国家同时进行拟定的国家新政策中，主要关注于建筑如何在供热及制冷方面大量缩减能耗，其解决方案的目的也在于最大可能地增加围护结构的隔热性能，或通过密闭的围护结构减小空气渗透来降低建筑的能量损失。在这期间，我们看到了西方国家在建筑研究方面的切实进展，新出台的政策也有效地减少了建筑方面的能量消耗。

但是，随之而来的还有不断增加的混乱，如影响使用者健康的湿度冷凝和霉菌的滋长。又如在夏季或过渡季，因室内温度过高而影响使用者的热舒适度，低换气率而导致的低劣室内空气质量，都会影响到使用者的生产率和业绩。

20 世纪 80 年代开始关注专门针对降低能源消耗的第一批节能法规带来的后果。其结果是引发了在建筑使用者中病态建筑综合症及建筑相关疾病的危机。这些都提醒着研究人员、政策的制定者和设计师，建筑的首要功能应是为其使用者提供一个舒适健康的生活环境，抵御室外恶劣的气候环境，在此之后才是节能问题。这就是新世纪之初所谓的"能源效率"的全球性话题。

节能的进程直至 20 世纪 90 年代开始明确，不能够将室内的空气质量和室外环境分而治之。至此，建筑设计的理念开始倾向于考虑所有的环境因素，应是基于大量的质量标准基础上的考量而不仅仅是从性能的单一角度考虑。这些环境的评价标准对生产和技术方面也进行了重大的修改，例如放弃了 CFCs（氟氯化碳）在 HVAC（供热，自然通风及空调）系统中的使用，并且在国家政策中要求设计者调整主动空调系统的使用量。这些环境评价标准还强调了建筑与环境一体化设计的必要性，并且关注于更加自然地整体地利用被动式供热制冷技术或者其他更多能够提升室内气候条件因素的潜在设计。

综合考虑各种不同的因素，建筑的自然通风体现出具有相当吸引力的解决策略，它既能够保证良好的室内质量，又能够满足不同地区的舒适度条件。在 1994 年欧盟举办的 ZEPHYR 建筑设计竞赛中，大部分项目采用了自然通风采光作为最基本的被动式降温的技术，为室内提供了适宜的环境。

此外，自然通风又似乎回答了很多使用者对机械通风不满的问题，例如机械通风带来的噪声问题，健康问题（病态建筑综合症往往与机械 HVAC 体统联系起来），日常维护以及能耗问题。与此相反，自然通风因其节约能源（无需机械系统），易于集成到建筑中且恰当的结合能够提供健康和舒适环境而更加受到使用者的青睐。

1.2　自然通风调控室内空气质量及室内温度

自然的采光通风在为使用者提供良好室内空气质量和室内热舒适度方面起着很重要的作用。

1.2.1　自然通风调节室内空气质量

自然通风作为实现适宜的室内空气质量的策略之一，关键在于为室内空间提供新鲜的空气以及起到稀释室内污染物浓度的作用。良好的室内空气质量可以防止因污浊空气引起的使用者的烦闷不适和疾病。一个恶劣的环境会使建筑成为一座病态的建筑，使这期间使用该建筑的人可能会患上轻微的疾病。健康的室内空气质量标准是典型的基于风险评估的基础之上，它既不是最大允许浓度也不是最大允许剂量。在浓度较高时，允许短时间的对外开放要优于长期的暴露于室外。

确保适宜的室内空气质量的自然通风依赖于空气总量以及空间内主要污染物源的性质。如果已知一种放射物的特性，那么就可以计算出所需的通风效率，以此来防止污染浓度超过事先设定好的浓度范围。如图 1.1 给出了如下策略：污染程度随气流速度呈指数下降。如果我们知道了污染指数，则我们将很容易确定所需的气流速度。

事实上，确定出污染源是非常重要的。需要通过最高的通风速率去控制该污染物。

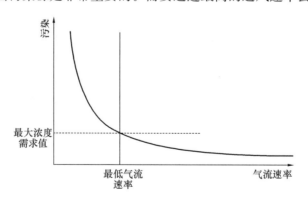

图 1.1　自然通风调节室内空气质量

因此，充分的自然通风水平可以控制主要污染源，它将足以维持室内残留的污染度低于标准浓度的限值。

在一座能够自然通风的建筑里，空气的流通是不需要消耗能量的；唯一的能量需求是在供暖季节加热室内空气。在这种情况下，能量的需求将直接因通风率的增加而增加。在自然通风的情况下，不同的气候季节和风的特点决定了建筑物内的热环境。此外，使用者的行为，例如开关门窗也对建筑物能量消耗有着巨大的影响。图1.2所示反映了通风率与污染程度和能量消耗之间的关系。

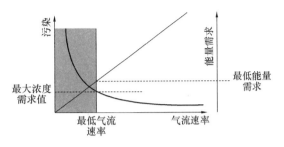

图 1.2　污染程度与能耗的结合进程

通过充足的新风供给确保适宜的室内空气质量是非常重要的，但同样也要控制以避免过高的通风率。因此，实现降低能耗和适宜的室内空气质量结合起来的优化设计就显得尤为重要，需要保持室内通风速率在一定的区域范围之内。

1.2.2　夏季自然通风和热舒适度

热传感器通过各项热参数可以准确客观地感知热舒适度，故而在感知热舒适度方面起着关键性的作用。在本书的第 8 章有 ASHRAE 基本原则中对热舒适度的全面的资料回顾。人体的热舒适度因人而异，有人喜好热，有人却偏爱冷。因其受到多项因素的影响，在热舒适度方面取得共识，是一个非常复杂的问题。

影响总体舒适度的参数有三种：

● 物理参数。包括大气温度、周围热环境（辐射温度或者表面温度）、空气的相对湿度、当地气流速度（均值和动荡值）、气味、周围的颜色、光线强度以及噪声指数。

● 心理参数。包括使用者的年龄、性别及个性

● 外在参数。包括人的活动、穿着及社会条件。

这些影响因素中，当地的环境即干球温度、湿度和风速在热舒适度方面起着最为重要的作用。它们可以评估这些物理参数的多种组合，以及穿衣和活动的程度。

使用者的热舒适度不能仅仅通过简单的人体热平衡来表示；许多心理上的因素也应当纳入其中。然而在人体热平衡中，每个参数积极和消极的影响都有可能成为实现适宜的热舒适度条件的策略。穿着就是一个例子，它是个人根据自身的热舒适度需求而调整的最简单的参数。

调整人体周围的气流运动也可以帮助控制热舒适度水平。空气的运动决定了人体周围的对流换热和质量交换。在夏季，较高的风速将加快皮肤表面的蒸发速度，从而有效地降温。尽管自然通风可以将较高的空气温度降至舒适区范围之内，然而室内空气流速的上限建议控制在 $0.8 \mathrm{m \cdot s^{-1}}$ 以内。超过了这个值，风会将散纸吹乱。这样的空气流动速度，可以使一个即使超过舒适度范围 2℃ 的房间，在 60% 的相对湿度下，仍然保持最佳的舒适度。这就意味着使用者可以在较高的气温下，仍可以有一个良好的热舒适度。

第二个直接影响舒适条件的自然通风的作用，是消除或减少室内得热，限制引起建筑物内气温升高的因素。这是在中部或南部气候条件下传统的降温策略，这些建筑有大量的

开窗朝向室外。在这种情况下，换气率会非常高以至于室内和室外达到同样的温度。这种情况下常常需要轻质高效的建筑结构，这种策略需要结合良好的遮阳措施以免墙体表面的太阳辐射渗入室内。

当室外温度在舒适温度范围内时，这种技术非常有效。然而这种策略不适用于那些在使用时需要室内送风控制的建筑。因此还需要另一种技术在非使用时段时降低建筑物结构温度，这种技术叫做夜间通风。建筑物的结构在夜间降温，也降低了使用时间段内热量。

温度的下降是由于吸收了由使用者、维护设备所产生的热量，而使室内维持在一个适宜的条件下。图 1.3 所示为该方法降温潜力的一个例子。

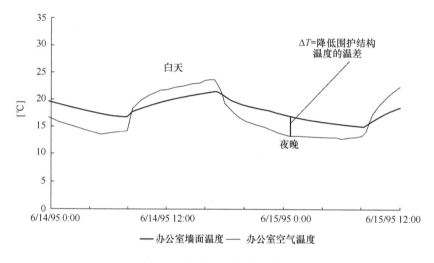

图 1.3   夜间通风的降温潜力

1.3   自然通风容易利用么?

自然通风非常吸引设计师和建筑师，因为自然通风是实现适宜的室内空气质量，满足各种气候条件下舒适度要求的一个强大的解决策略。在多数情况下，室内空气质量所需的最小的室内换气率是容易确定的数值，而夏天建筑的热调节所需的最大的换气率则需要更好地确定。

不同类型的建筑，如在中度温和的气候条件下，低层住宅、学校、中型的办公、建筑改建及公共建筑，需要符合逻辑且适宜的自然通风技术。对外打开的窗常常让我们联想到自然通风，尤其是在环境好的地方，常给建筑师们提供了广阔的创作空间。相对于机械系统安装、维护和运行费用来讲，自然通风还是一个非常经济且不占空间的方法。在这种情况下，夏天任何短期的不适可以也是可以被使用者容忍的。

然而"自然"同样意味着效果的不确定性以及建筑内效率的难控制性。如加热升温一般，物理现象通常符合一个简单的原理，但他们存在很多不确定性并不容易控制。

例如随机的室内气流方式就很难确定空气和墙体表面的热交换量。

此外，在很多城市环境下，空气和噪声污染使得室外空气质量和声环境并不适宜。在这种情况下，利用自然通风就并不合适，或者需要特殊设计以避免直接的与室内外环境的气体交换。当一个特殊的设计需要风导管时,风导管的直径会比机械通风的风导管要粗很多。为了使其更加高效,自然通风仍需要具有高渗透性建筑材料。对于某些特殊的建筑群来讲,这会引起安全隐患,违背防火及安全规范。在一些复杂的平面设计或多个房间的建筑设计项目中,没有特别的设计考虑就有可能无法实现新风供给或者混合送风。

这些例子都说明自然通风虽是非常吸引人的设计,但好的自然通风设计需要通过大量的现象及标准来检验,这并不是一个容易掌握的过程。

本书主要面向需要大量自然通风背景资料的设计师、建筑师、决策者及工程师。每一章节都解决一个方面的问题,易于理解,相邻章节也不需要特别的参考书目。

紧随绪论部分,本书下面几章的内容是:

第 2 章:为更好地理解风对建筑的影响以及建筑热环境的内容提供基本和必要的资料。

第 3 章:关注自然通风的模拟,通过简单的原理计算流体力学(CFD),基于本书提供的设计工具引入中间模型。

第 4 章:展示多种技术策略,研究策略在自然通风方面的优劣。

第 5 章:提出了自然通风的局限性,指出其关键的问题所在。

第 6 章:阐述了设计指南以及实现自然通风的技术。

第 7 章:提供了欧洲 ALTENER/AIOLOS 项目中关于建筑自然通风的一些实例。

第 2 章　自然通风的基础知识

F·阿拉德（F. Allard）　　S·阿瓦雷兹（S. Alvarez）编

2.1　风的特性及风对建筑的影响

2.1.1　气候和微气候：不同的气候区域

世界气象组织将气候定义为"以对某一地区气象要素进行长期统计为特征的天气状况的综合表现。"应当区分不同区域的不同气候。

2.1.1.1　全球范围

全球范围的尺度有几千公里。这个尺度关乎地球的天文特性（球状的行星，相对于黄道面旋转轴的倾斜度以及围绕着太阳旋转的轨迹），导致各个气候区因纬度和季节的不同，呈现出不同的气候特点。除此之外，同样气候区的气候特征也因海洋和陆地分布平衡的不同而存在差异。

地面辐射平衡以及周围存在的重要的湿度来源决定了地面以上空气的湿热特点。如果在一个足够重要的表面之上且这些条件在长时间保持稳定，则将会产生大量同性质的空气，然后在空气流通过程中传递出去。

Peguy 认为在地球的表面总共有八种气体：北极地区的空气；温暖的大陆（干燥）或海洋（湿润）的极地空气；炎热的大陆（干燥）或海洋（湿润）的极地空气；大陆（干燥）或海洋（湿润）的热带空气；赤道的空气。由于地域的限制因素所形成这些不同的气体，或多或少地影响着它们所覆盖的区域的气候条件，特别是在温和的地区，例如西欧就会受到不同气团冲突的影响。

气候要素中主要的特性包括了气温、风以及降水。在 Queney 的论述中，陆地夏季最高的气温产生在亚热带的纬度地区（墨西哥 7 月份 30℃；西南亚及撒哈拉沙漠 35℃；澳大利亚、西南非及巴拉圭 1 月份 30℃），陆地冬季最低气温产生在高纬度地区（西伯利亚及格林兰岛 1 月份 −40℃；南极洲 7 月份 −40℃）。北半球陆地中心全年的温差超过了 40℃，但在两个热带地区之间的海域，全年的温差却不超过 5℃。

2.1.1.2　区域范围

区域范围的尺度约有几百公里。区域的气候特性受到自然地貌的影响。例如空间和距离上与山体的关系，与海洋的距离，或者空气流通中心区与区域位置的关系。

2.1.1.3　本地范围

本地范围也称作地理气候范围，其尺度约有 10 公里。地域气候受到周边自然景观形态的调节，例如靠近山谷、连绵的小山或者海洋。受到这些因素的影响，风的性质则会被改变，形成了一定程度的热风，降水或者昼夜温差的热效应。

本地气候的产生是当地范围内气候条件以及一些调节因素的综合结果。这些调节因素包括了市区范围、与海洋的距离、紧邻的湖水或者其他自然景观特点（山谷或山体等等）。

海洋具有比陆地更高的热惯性。这是由于水的热容量较高，水中因季节性温度变化大约在 8℃ 左右；昼夜的温差在季节性温差的基础上再加上 1～2℃。海水在夏季时蓄热，然后在冬季时放热。当温和的海风吹过，沿海地带陆地的空气就被加热了。

此外，由于内陆地区昼夜辐射平衡的差异很大，特别是在晴空条件下。昼夜温度差异在距离海岸线 10～20 公里以内会因受到海洋空气的影响而减小。在靠近海岸线 10 公里处，温差约在 3℃：

- 在冬季，最低温度的升高是昼夜温度的幅度的增加主要原因。
- 在夏季，较高的最低温度和较低的最高温度是昼夜温度的幅度减小的主要原因。
- 在大风盛行的天气和阴天，温差会相对缩小。

当气流到达海边，因为被粗糙的地面减缓，导致气流上升。由于靠近海洋的空气具有高浓度的凝结核（含盐），靠近海洋的陆地会有更充裕的降水；这被称之为"垄现象"。

一片水体还可能引起部分水蒸气压差的增加，特别是当水面周围受到植物遮挡，使得蒸发和蒸腾的速度弱于直接水面蒸发的速度的时候。

由于穿越不连续的陆地与海洋，气流被粗糙的地面降低了速度。同时，北半球的气流偏离向左。

2.1.1.4 微气候范围

这个尺度只有几百米的范围。这是人类唯一可以通过人工智能来改变气候的尺度，例如筑造防风篱或者防风坡，再或者根据主导风向、阳光和附近水系，找出适宜的城市布局方式等等。

此外，受这些微气候环境的影响，水平方向上的温差引起水平的压力梯度，从而带动了空气的运动。

2.1.2 近地面风场结构

2.1.2.1 大气边界层

不同时间段的风速数据资料（图 2.1）显示风速呈无规律且变化巨大的现象。这样的随机行为被称为湍流。在低大气层里，地面的障碍物以及不稳定的热气流会产生湍流。随着高度的增加湍流会随之减小。

瞬时的风速可以通过统计方法计算出来，计算方式是：

- 风速是平均值和波动值的求和。纵向分量 $u(t)$ 得：

$$u(t) = \bar{u} + u'(t) \tag{2.1}$$

其中：$u(t)$ 是瞬间数值，u 是平均值 $u'(t)$ 是波动值

- 平均风速为：

$$\bar{u} = \frac{1}{T} \int_{t_0}^{t_0+T} u(t)\mathrm{d}t \tag{2.2}$$

取平均值的过程是取一个独立的时间段，并且应是 T 时间段内的二次均值；在大气较

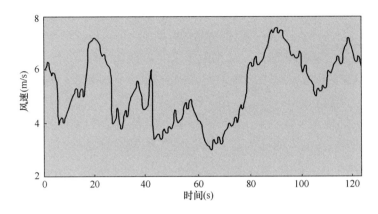

图 2.1　近地面风速的典型记录

低部分中，实验室中的 T 值应该控制在十分钟到一个小时之间。

● 由于附着物和非渗透条件，较平坦的表面均匀流的垂直速度和横向速度分量为零，瞬时速度 $V(t)$ 为：

$$\overline{u} + u'(t), \overline{v} + v'(t), \overline{w} + w'(t)$$

其中 $u'(t)$ 为纵向波动值，$v'(t)$ 为横向波动值，$w'(t)$ 为竖向波动值。

● 如果忽略风速中的热分层的影响（以一座普通建筑为例），那么可以初步预测，气流的方向在靠近地面处可能会很稳定（100 米深）。x 轴方向表示平均气流方向，平均流动速度只决定于距地面的高度 z 值的大小。

对于一个水平方向的稳定气流，忽略分子黏度（molecular viscosity），纳维-斯托克斯方程为：

$$u\,\frac{\partial\,u}{\partial\,x} + v\,\frac{\partial\,v}{\partial\,y} + w\,\frac{\partial\,w}{\partial\,w} = 0 \tag{2.3}$$

不可压缩流的连续性方程为：

$$\frac{\partial\,u}{\partial\,x} + \frac{\partial\,v}{\partial\,y} + \frac{\partial\,w}{\partial\,w} = 0 \tag{2.4}$$

将雷诺兹分解速度向量（方程 2.1）代入纳维-斯托克斯方程，得：

$$\frac{\partial\,(u'w')}{\partial\,z} = 0 \tag{2.5}$$

从这个方程可以看出湍流动量通量不随高度的变化而变化。在地表（$z = 0$）和高度 z 之间重新整理公式 2.5，得：

$$-u'w' = \frac{\tau_0}{\rho} \tag{2.6}$$

其中 τ_0 是地面摩擦力。τ_0 常常等于 Δu^{*2}，Δu^{*} 在速度领域称为摩擦速度。雷诺（Reynolds）分解让我们能够在气流方程中引入湍流的影响。为了保证方程平衡，雷诺应力应当在方程中表示出来。

首先需要基于湍流和分子运动之间的类比。波动速度 u' 随位移的距离 l 呈线性变化，w' 与 u' 数量级相同。这就是普朗特混合长度理论，如公式（2.7）所示：

$$u' \simeq -\frac{\partial\,\overline{u}}{\partial\,x}l, w' = -cu' \tag{2.7}$$

$$cl^2 \left(\frac{\partial \bar{u}}{\partial x} \right)^2 = u^{*2} \tag{2.8}$$

那么平均风速的计算方法为:

$$\frac{\partial \bar{u}}{\partial x} = \frac{u^*}{kz} \tag{2.9}$$

当相对高度 $z = z_0$ 时,平均风速为 0 ($\bar{u}=0$)。其中,z_0 是粗糙度(地表面的特性)。平均风速是地面以上高度的对数函数。

$$\bar{u}(z) = \frac{u^*}{kz} \ln\left(\frac{z}{z_0}\right) \tag{2.10}$$

u^* 和 z_0 是实验数据。速度在半对数坐标中呈现一条 k/u^* 的斜直线,y 轴的分量在 $\ln z_0$ 原点。

粗糙度是空气动力学中地表面的特性。在相同的地转速度和相同的距地面高度的情况下,平均风速会因粗糙度的增加而减小。粗糙度既是地表面天然作用,而它的几何形态也是存在的障碍。

粗糙度及等级		表 2.1
表面种类	粗糙度值	粗糙度等级
海洋,雪地,沙地	0.0005	I
刮强风的海洋	0.005	II
短草坪	0.01	III
开敞的耕地	0.05	IV
开敞的乡村,较高的植物	0.10	V
乡村和栖息地	0.25	VI
城市周边区	0.50	VII
市中心,森林	1.00	VIII
大都市市中心,热带雨林	4.00	IX

表 2.1 所示为实验测得大型横向延展的均质用地的粗糙度及等级范围。

只有当高度超过 z^* 时,风速和高度呈明显的对数的变化规律,仿佛气流可以看见不规则的地面一般。z^* 对应湍流基质的有效厚度,通常等于 $1.5 h_0$,其中 h_0 是平均障碍物高度。

此外,当障碍物的密度较高时,例如它们占据了多于 25% 的地面面积时,地表面的气流高度会有明显的增加。这个问题的解决需要通过在垂直风速公式中引入代替高度来解决。

$$\bar{u}(z) = \frac{u^*}{k} \ln\left(\frac{z - d_0}{z_0}\right) \tag{2.11}$$

初步估测 $d_0 = (0.7) h_0$

2.1.2.2 在均质场地上的数据转化

在实际中,可以获得的风的数据来源于在机场附近气象站的标准测量值。机场周围环境的粗糙度为 IV 级。参考风速 u_{ref} 为均质场地上,在 10 米处高度的测量的平均风速,u_{0ref} 为 0.05 米:

$$\overline{u}_{\text{ref}} = \frac{u_{\text{ref}}^*}{k} \ln\left(\frac{10}{z_{0\text{ref}}}\right) \tag{2.12}$$

最大的困难就是如何运用气象站测量的数据来计算在研究场地中的风速（$\overline{u}_{\text{ref}}$）。初步估计，地转风的风速可以假定为上述的两个场地相同。

那么，两种速度的关系可以被写为：

$$\overline{u}(z) = \lambda(z_0)\,\overline{u}_{\text{ref}} \ln\left(\frac{z}{z_0}\right) \tag{2.13}$$

$$\lambda(z_0) = \frac{u^*}{u_{\text{ref}}^*} - \frac{1}{\ln\left(\dfrac{10}{z_{0\text{ref}}}\right)} \tag{2.14}$$

其中，u^* / u^*_{ref} 仍然需要确定。地转风速的计算类似于大气边界层范围的计算方式：

$$u_{\text{g}} = \sqrt{u_{\text{gx}}^2 + u_{\text{gy}}^2} \tag{2.15}$$

考虑到边界层的参数特性（粗糙度 z_0、科氏参数 f 以及摩擦速度 u^*）。西谬建议地转风速的计算公式为：

$$u_{\text{g}}^2 = \frac{u^{*2}}{k}\left(\left(\ln\left(\frac{u^*}{fz_0}\right) - B\right)^2 + A^2\right) \tag{2.16}$$

这个关系的结果来自于地转压力梯度力与地表面的摩擦力之间的平衡。A 和 B 是实验估测：$A=4.5$，$B=1.7$。这个公式给出了一个大气边界层高度（$\delta = 0.3\,u^*/f$）的粗略估算以及地转流及地面流之间的角度偏差：

$$\sin\alpha = -\frac{A\,u^*}{k\,u_{\text{g}}} \tag{2.17}$$

设研究场地与气象站测定的地转风速相同，则推导出摩擦速度的对应关系如下（非线性）：

$$\frac{u^*}{u_{\text{ref}}^*} = \frac{\sqrt{\left(\ln\left(\dfrac{u_{\text{ref}}^*}{fz_{0\text{ref}}} - B\right)\right)^2 + A^2}}{\sqrt{\left(\ln\left(\dfrac{u^*}{fz_0}\right) - B\right)^2 + A^2}} \tag{2.18}$$

表 2.2 给出了不同地形粗糙度（表 2.1）的价值系数 $\lambda(z_0)$。λ 是参考粗糙度，$z_{0\text{ref}} = 0.05$，计算运用 ESDU82027 建议近似公式：

λ (z_0) 值		表 2.2
表面种类	系数	粗糙度等级
海洋，雪地，沙地	0.14	I
刮强风的海洋	0.15	II
短草坪	0.17	III
开敞的耕地	0.19	IV
开敞的乡村，较高的植物	0.20	V
乡村和栖息地	0.21	VI
城市周边区	0.22	VII
市中心，森林	0.24	VIII
大都市市中心，热带雨林	0.25	IX

$$\frac{u^*}{u_{\text{ref}}^*} = \frac{\ln\left(\frac{10^5}{z_{0\text{ref}}}\right)}{\ln\left(\frac{10^5}{z_0}\right)} \tag{2.19}$$

2.1.2.3 局部速度调整

场地环境很少会完全均质；每一个场地都有几公里的范围，因位置的不同各有各的特性（小山和河谷等等），天然的地形（城市区的地理分布，剪裁过的乡村以及延伸的水面等等）以及周围几百米范围外的障碍物（篱笆、树木、房子等等）。

基于这些场地的特性的考虑，三个系数常常作为参考平均流速的函数，被用来定义局部风速。这些系数考虑到局部场地变化的粗糙度、一些局部的修改减缓以及现状独立存在的障碍物：

$$\overline{u}(x,z) = u_{\text{ref}} C_{\text{R}}(x,z,z_0) C_{\text{T}}(x,z) C_{\text{s}}(x,z) \tag{2.20}$$

其中，$C_{\text{R}}(x,z,z_0)$ 为粗糙度系数，$C_{\text{T}}(x,z,)$ 为地形系数，$C_{\text{s}}(x,z,)$ 为唤醒系数。

改变粗糙度：

让我们想象一下大气边界层在一个平面上，这个平面的形状呈现出一种不连续的粗糙度，$x=0$（图2.2）。

在图2.2中，$\overline{u}_1(z)$ 为在均质的粗糙度表面 z_{01} 上平衡不受干扰的速度。下一段不连贯的区域粗糙度改变为 z_{02}，风速 $\overline{u}_2(x,z)$ 受到高度 $\delta(x)$ 的干扰，内部边界层的厚度是距离 x 的函数（取值）。根据空气中湍流能量的耗散率，气流结构

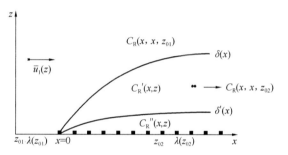

图2.2 改变粗糙度后大气边界层的演变

的调整取决于由地表摩擦力而产生的湍流能量的调整。取值变得非常重要（在10公里左右），对应于均质的粗糙度 z_0，流量稳定在一个新的平衡状态。为这个均质的粗糙度 z_0，粗糙度系数可计算则为：

$$C_{\text{R}}(x,z,z_0) = \lambda(z_0)\ln\left(\frac{z}{z_0}\right) \tag{2.21}$$

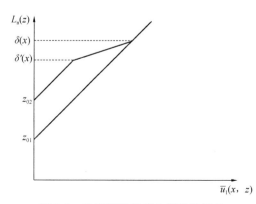

图2.3 改变粗糙度后内部边界层的
垂直风速切面

这个表达式应用于不连续界面之前（$x<0$ 且 $z_0 = z_{01}$），在内部边界层之上（$x>0, z \geqslant \delta(x)$ 且 $z_0 = z_{01}$），以及不连续界面之后（$x > 10^4$ 且 $z_0 = z_{02}$）。在内部边界层内，风速的垂直切面大约有三层（图2.3）。

内部边界层厚度的推导公式为：

$$\frac{\delta(x)}{z_{0\text{max}}} = 0.38 \left(\frac{x}{z_{0\text{max}}}\right)^{0.83} \tag{2.22}$$

其中，$z_{0\text{max}} = \max(z_{01}, z_{02})$

内部基质厚度 $\delta'(x) = c'\delta(x)$，例如当 $z <$

$\delta'(x)$ 时，粗糙度系数为：

$$C'_R(x,z) = \lambda(z_{01}) \ln\left(\frac{z}{z_0}\right) \frac{\ln\left(\frac{c\delta(x)}{z_{01}}\right)}{\ln\left(\frac{c\delta(x)}{z_{02}}\right)} \qquad (2.23)$$

对于中间层（$\delta'(x) \leqslant z \leqslant \delta(x)$），通过表面层和内部基质层之间的一个对数线性差值速度，可以求出粗糙度系数的表达式为：

$$C'_R(x,z) = C'_R(x,\delta'(x)) + (C_R(x,\delta(x)) - C'_R(x,\delta'(x))) \frac{\ln(z/\delta'(x))}{\ln(1/c')} \qquad (2.24)$$

常数 c 及 c' 是实验数据：$c = 10$，$c' = 0.2$。

这个模型可以适用于不同的粗糙度。

本地的缓冲作用

当一团空气以适度的幅度靠近小山，一大部分气流因遇到迎风坡而向上偏离，另一小部分气流顺着斜坡向下偏离，正对的气流经过障碍物从左右两侧穿过。这种气流的流动分布模式造成了近地面和山顶附近的高气压，而在山脚下形成了低压区。这个气压根据气体动能的变化而变化，在山顶附近产生了风速较高的区域，在山脚下形成伴有强烈湍流的低风速区。

图 2.4 所示为当空气速度为 u_0 的气流靠近一坐小山的情况。H_a 和 H_s 代表逆风坡和顺风坡的高度，L_a 和 L_s 代表逆风坡和顺风坡的投影长度。在接下来的讨论中，x 轴的原点代表山顶的最高点，障碍物高于地面的高度设为 z，地面粗糙度设为 z_0。

设 $\overline{u}_0(\Delta z)$ 为水平方向的瞬时平均速度，$\Delta \overline{u}_0(x,\Delta z)$ 为扰动函数，则较高风速的分数率可写为：

$$\Delta S(x,\Delta z) = \frac{\Delta \overline{u}_0(x,\Delta z)}{\overline{u}_0(\Delta z)} \qquad (2.25)$$

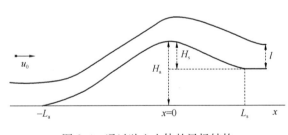

地形系数为：$C_T(x,\Delta z) = 1 + \Delta S(x,\Delta z)$

由于山体的倾角较小（$H/L \ll 1$），气流被分为了两层，即内层和外层。在内层，根据 L 范围的特点，扰动流是非旋转和非黏性的。在厚度为 l 的内层，扰动流产生于外层的气压，基本决

图 2.4 通过独立山体的风场结构

定于湍流的传递。理论和实验均显示：

$$\frac{l}{z_0} = 0.3 \left(\frac{L}{z_0}\right)^{0.67} \qquad (2.26)$$

其中，$L = 1/2 \min(L_a, L_s)$ 且 $L/z_0 \geqslant 10^3$

地形系数表明在山顶附近风速的增加受到山体逆风坡和顺风坡比值的影响，其限值为

$$\frac{H_{a,s}}{L_{a,s}} \leqslant 0.3$$

$$C_{\mathrm{T}}(x, \Delta z) = 1 + \gamma\left(\frac{H_{\mathrm{a}}}{L_{\mathrm{a}}} + \frac{H_{\mathrm{s}}}{L_{\mathrm{s}}}\right)\left(\frac{\ln\left(\frac{L}{z_0}\right)}{\ln\left(\frac{l}{z_0}\right)}\right)^2 f(x)g(x, \Delta z) \qquad (2.27)$$

如果其中一面相对较大时，气流发生分离，这很大程度上改变了原有的结构。在这种情况下，$\frac{H_{\mathrm{a,s}}}{L_{\mathrm{a,s}}} = 0.3$；当山体为一块高原，只有逆风坡时，$L_{\mathrm{s}} \to \infty$ 且 $H_{\mathrm{s}} = 0$。函数 $g(x, \Delta z)$ 用来描述阻尼运动影响下的干扰流高度：

$$g(x, \Delta z) = \left(\frac{1}{1 + a(x)\dfrac{\Delta z}{L}}\right)^2 \qquad (2.28)$$

作为缓冲形状参数的 $a(x)$ 表 2.3

	逆风区	迎风区
山	$2\left(1 - \dfrac{x}{L_{\mathrm{a}}}\right)^2$	$2\left(1 - \dfrac{x}{L_{\mathrm{s}}}\right)^2$
山谷	$\dfrac{8}{\left(1 - \dfrac{x}{L_{\mathrm{a}}}\right)^2}$	$\dfrac{8}{\left(1 + \dfrac{x}{L_{\mathrm{s}}}\right)^2}$
高原	$2\left(1 - \dfrac{x}{L_{\mathrm{a}}}\right)^2$	$\dfrac{4}{1 + \left(\dfrac{x}{L_{\mathrm{s}}}\right)^2}$

表 2.3 给出了不同类型地形情况下的系数 $a(x)$

函数 $f(x)$ 表示不同速度干扰流在坐标轴中的方向。表 2.4 给出了有顺风坡和逆风坡的山体及不同形式缓冲情况下的 $f(x)$ 值。

不同缓冲作用下的 $f(x)$ 值 表 2.4

位置 x	高原 $H_a = 0$	高原 $H_{\mathrm{s}} = 0$	山
$-1.5L_{\mathrm{a}} \leqslant x \leqslant -L_{\mathrm{a}}$	—	$f(x) = -0.4x/L_{\mathrm{a}} - 0.6$	$f(x) = -0.6 - 0.4x/L_{\mathrm{a}}$
$-L_{\mathrm{a}} \leqslant x \leqslant 0$	—	$f(x) = 1.2x/L_{\mathrm{a}} + 1$	$f(x) = 1 + 1.2x/L_{\mathrm{a}}$
$0 \leqslant x \leqslant 3L_{\mathrm{a}}$	—	$f(x) = -0.3x/L_{\mathrm{a}} + 1$	—
$0 \leqslant x \leqslant L_{\mathrm{s}}$	$f(x) = x/L_{\mathrm{s}}$	—	$f(x) = 1 - 1.4x/L_{\mathrm{s}}$
$L_{\mathrm{s}} \leqslant x \leqslant 1.5L_{\mathrm{s}}$	$f(x) = -2x/L_{\mathrm{s}} + 3$	—	$f(x) = -0.6 + 0.2x/L_{\mathrm{s}}$

参数 γ 考虑了气流的三维特征（$\gamma = 0.6$），除了在山谷底部，$x = 0$ 时，$\gamma = -0.4$，其他情况下，$\gamma = 1$。

与一般的空气流动相同，一部分湍流也受到经过山体时的影响。在内层（$z/l \leqslant 1$），湍流能量的耗散严重，这样的湍流决定于当地产出量和消耗量的平衡。在外层（$z/l \geqslant 1$），漩涡是普通气流的变形，也轻微的受到当地条件的影响。

独立障碍物的影响

一个障碍物的存在，如一堵墙或者一个房子，主要会导致气流在顺风面周围平均风速减弱，并且在逆风面产生湍流。假设风从 x 轴吹来，原点代表障碍物顺风面的高度，设地面以上的高度为 z，地面粗糙度为 z_0（图 2.5），则尾流系数为：

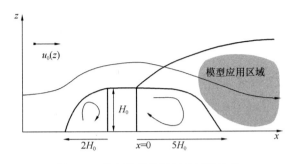

图 2.5　独立障碍物周围的风场结构

$$C_s(x,z) = 1 - \frac{\Delta \overline{u}(x,z)}{\overline{u}_0(z)} \quad (2.29)$$

其中，$\overline{u}_0(z)$ 为水平方向平均气流速度，$\Delta \overline{u}_0(x,z)$ 为扰动函数。

令 H_0 为障碍物高度，L_0 为障碍物投影长度，P_0 为障碍物的孔隙率。那么，$\Delta \overline{u}_0(x,z) / \overline{u}_0(z)$ 的值，可以通过实验获得二维障碍物的粗糙度函数（$H_0 / Z_0 \geqslant 50$）：

$$\frac{\Delta \overline{u}(x,z)}{\overline{u}_0(z)} = 9.8 \left(\frac{\xi}{H_0}\right)^{-1} \left(\frac{z}{H_0}\right)^{-0.14} (1 - P_0) \eta \exp(-0.67 \eta^{1.5}) \quad (2.30)$$

$$\text{Where} \quad \eta = \left(\frac{z}{H_0}\right)\left(K\frac{\xi}{H_0}\right)^{-0.47} \quad \text{and} \quad K = \frac{0.32}{\ln\left(\dfrac{H_0}{z_0}\right)} \quad (2.31)$$

引入另一个变量 ε 来辅助了解三维的气流特性。一个较大的障碍物 $H_0 \leqslant L_0$ 会产生较小的延长唤醒系数。

如果在上述障碍物（θ）气流的流动率发生异常，那么：

$$\xi = 0.83 \frac{x}{\cos\theta} \quad \text{if } L_0/H_0 \geqslant 10 \quad (2.32)$$

$$\xi = 7.14 \frac{x}{\cos\theta}\left(\frac{L_0}{H_0}\right)^{-0.85} \quad \text{if } L_0/H_0 \leqslant 10 \quad (2.33)$$

在二维的情况下，L_0 为无穷，$\theta = 0$。

2.1.3　城市环境中的风

2.1.3.1　概况

在城市，相对乡村来说存在大量的障碍物，严重加大了地表的粗糙度，这也大大增加了气流的摩擦力。在本书 2.1.1 节中谈到自然地形引起的垂直风速的变化，也同样适用于城市，其高度大约为平均的屋顶高度的 2 倍。

不论是温和的风还是强风，从乡村到城市，当高度超过地面 20m 时，平均风速会减少 20%～30%。相反的，湍流强度却增加 50%～100%。在强风天气，摩擦力还可能引起城市中产生旋风气流（超过 10°）。

在城市边界处还可能引起微风环境下气流的上升运动。垂直风速可以达到 $1\text{m} \cdot \text{s}^{-1}$。

比起在乡村，弱风 5%～20% 更频繁发生于城市。但是当风速小于阈值 $4\text{m} \cdot \text{s}^{-1}$ 时，城市中心的风速会高于周边的风速。这都归因于大量障碍物所产生的湍流，以及相对乡村而言，城市边界处相对稳定的状态。

此外，当空气从乡村移动到城市中心，由于气温升高，水平温差引起的压力梯度使空气在市中心汇合。这样，连续气流就产生了空气的上升运动，并停止在了一个给定高度。乡村的夜间和早晨微风可以达到 $2\sim3\text{m} \cdot \text{s}^{-1}$。

2.1.3.2　热岛效应

城市热岛效应是指城市夏季温度高于周边乡村温度的现象。影响城市热岛效应的因素有：气候、地形、物理布局及短期的天气条件。

热岛效应可以解释为一些不同形式能量的平衡式：

$$R_N = Q_C + Q_E + Q_S \tag{2.34}$$

其中 R_N 地面净辐射平衡，Q_S 为热焓，Q_E 为潜热，Q_C 为通过热传递至地面的热量。

空气污染是导致太阳能辐射强度在城市和乡村存在明显差异的主要原因。污染增加了悬浮微粒和凝结核的浓度，也产生了更多的云。

云的存在使地面层的净空气辐射量增加，因为云是产生热辐射和温室效应的一种强大资源。即使悬浮微粒的影响很微弱，但也等同于云的作用。

地面发散出的热辐射是与土壤的表面温度相关的。但是市区内更多的长波辐射，使城市的地表面温度常常高于乡村。在美国做的测量数据显示正午市中心的辐射通量比同时间段乡村高 20%；在夜间辐射通量差也在 10% 左右。

较高热惯性的建筑围护结构吸收了太阳能，然后渐渐向空气中释放出去。此外，城市受益于人工能量，这也许超过了冬季太阳对城市的贡献，但不及夏季总能量 R_N 的 15%。最后，污水系统阻止水的蒸发，城市里潜热无法通过的蒸发释放。

我们通常假设能源平衡的典型的百分比，如下：

$$\frac{Q_C}{R_N} \cong 0.15 \qquad \frac{Q_E}{R_N} \cong 0.57 \tag{2.35}$$

$$\frac{Q_C}{R_N} \cong 0.27 \qquad \frac{Q_E}{R_N} \cong 0.29 \tag{2.36}$$

城市化进程以及工业化进程的加速加剧了城市的热岛效应。越来越多的建筑将植物和树木挤出城市，这都是缺乏发展控制的结果。例如雅典的发展，开放空间减少到了人均 $2.7 \, m^2$，而在巴黎，罗马和伦敦，则分别是 8.4，9.9 和 15。同样的，过去的十年里，纽约消失了 17.5 万棵树和 20% 的城市森林。

人口数量也是影响城市热岛效应的参数。城市人口总数从 1900 年的 6 亿增加到 1986 年的 20 亿。按照这样的趋势，到 20 世纪末，估计世界上 50% 的人口将会住在城市，然而 100 年前只有 14% 的人口居住在城市。在美国，据预测到 20 世纪末，将会有 90% 的人口居住在城市及城市周边。希腊城市人口已经从 1951 年的 300 万到 1981 年的 500 万。发展中国家的城市化问题也在加剧，目前，全球超过 500 万居住人口的 34 个城市中，有 21 个来自发展中国家。预测数据显示其中 11 个城市在 20 世纪末将会增长到 2000 万至 3000 万人口。

关于对 11 个欧洲国家和 18 个北美国家中的城市人口以及城市及乡村最大温差的研究表明，城市尺度与热岛效应有着相当密切的关系。

$$\Delta\theta \cong \frac{\phi^{1/4}}{\bar{u}_r^{1/2}} \tag{2.37}$$

其中，u_r 为区域风速，ϕ 为城市人口，$\Delta\theta = T_U - T_C$。

值得一提的是城市尺度的重要性（在公式中用 ϕ 表示）以及作为形成热岛的风的决定性因素；在给定的阈值内，热岛效应的影响消失：允许热岛效应发展的限制风速与城市的尺寸密切相关：

$$u_{\lim} = 3.4\log\phi - 11.6(\mathrm{ms^{-1}}) \tag{2.38}$$

城市人口为 10 万，$\Delta\theta_{\max} = 6℃$，$u_{\max} = 5\mathrm{m \cdot s^{-1}}$

不断升高的城市温度给能量消耗和室外空气质量带来直接的影响。事实上，人们已经意识到更高的城市温度会增加用电的需求，产生更多的二氧化碳和其他污染物。

热岛效应在温暖和炎热的气候条件下会加剧夏季的制冷能耗。据报道对于美国超过 10 万人口的城市，最高用电量每增加 1.5%～2%，温度就会升高 1 ℉。预测数据还显示洛杉矶每多消耗 300MW 电能，温度就会升高 1 ℉。如果假设在过去的 40 年里，美国城市夏季午后温度升高 2～4 ℉，那么就是说有 3%～8% 的城市用电需求是为了解决温室效应带来的问题。在欧洲城市却没有这种类似的数据。

为了评价热岛效应和其他城市影响，已在蒙特利尔进行了多次的实验，近来多次在雅典进行。在雅典的周围建立了 20 个温湿度站。站点的网格覆盖了超高密度的城市中心，低密度的居住区以及雅典附近的近郊区。

运用微电子感应器测量逐时的温湿度数据。实验从 1996 年开始，现在已经被纳入欧洲委员会第十二总局 POLIS 的研究框架之中。

所有感应器都是先根据绝对温度范围校准，然后根据感应器之间的相对范围校准以避免可能存在的差异，从感应器里读出来的数据是通过校准后的结果。所有的数据都被记录下来输入电脑。

下面是根据给出的原始资料分析和讨论的结果。主要结论是：

● 白天城市近郊区与城市之间有着非常大的温差，特别是在热天。温差在 5～17℃ 之间。图 2.6 所示为基菲萨近郊区的温度记录站的测量温度与城市内 12 个温湿度测量站记录下来温度函数的温差图。可以看到，趋势总是当城区内的温度升高时，城郊与城区内的温差则增大。

● 其中一个温度记录站位于国家公园，在一个完整的城市绿地空间里。白天时的温度要比安置在周围记录站的数据要低很多，有时温差接近 10℃。然而这个趋势并不适用于附近一些其他的记录站，例如 ermou 站（人行街道上）和 Solonos 站。这仍然需要进一步的调查。

● 在夜间，城区内与近郊区记录站的温差数据非常重要。一些站点的温差可以达到 4℃。

● 夜间，国家公园记录站和他周围的城区内记录站也存在较大的温度差异。温差可以达到 5℃。

基于测量数据，各个记录站均测量了月逐时温度（d. h.）。图 2.7 所示为 8 月份基于温度为 26℃ 的 Iso 度时数曲线。如图所示，在 8 月期间，基于温度为 26℃ 的度时数的数量为 1327～4714 之间。最低值测于距离雅典东北方向 15 公里的近郊区记录站。最高值测于雅典的中心点，这个记录站还在主要的交通枢纽上。

在九月，基于同样的温度，度时数的数量在 86～1949 之间。最高值发生在同样的记录站，然而最低值发生在雅典南部 10 公里外的近郊区记录站。

温度记录的累积频率分布也可以计算出来。在 8 月份，温度高于 26℃ 的时间频率在 0.962～0.566 之间。最高值出现在雅典市区内主要街道之一的记录站，最低值出现在雅典

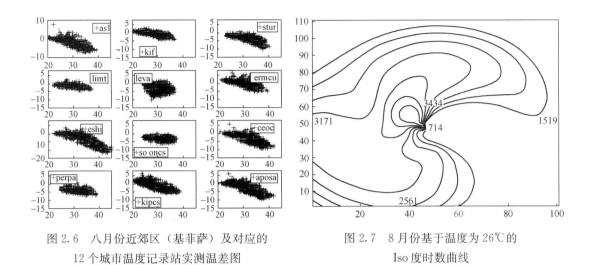

图 2.6　八月份近郊区（基菲萨）及对应的
12 个城市温度记录站实测温差图

图 2.7　8 月份基于温度为 26℃的
Iso 度时数曲线

中心公园立面的记录站。在九月，对应的数值在 0.572～0.096 之间。最高值和最低值分别出现在城市的正中心和近郊区的记录站。

上述的记录数据演示了在巨大的城市范围内，夏季完整热数据的一些内容。更多的气候学的分析正在进行当中，以提供更进一步的分析结果。

2.1.4　风对建筑的影响

建筑周围的气流影响到施工人员的安全、施工进度及建筑设备安装、入口处的环境和污染、依环境因素调节温度的能力、湿度以及空气运动和污染等。如上文所述的一个孤立障碍，风会引起建筑表面周围的压力差，改变进风与排风系统的换气率、实现自然通风、改变流入量和流出量以及室内压力。当均匀流动的风和湍流风吹过一栋建筑时，甚至可以使排除的气体再次循环到进气口。

气流在内部黏性边界层受到黏度的影响。由雷诺兹数决定气流一定范围内既不层流也不湍流。当一团湍流遇到一个尖锐的边界，例如方形建筑的一角，风立即分流。不过雷诺兹数对方形建筑的影响非常小，因为它不再是控制分流和尾迹宽度的决定性因素。

2.1.4.1　建筑上的风压分布

我们可以从伯努利方程中找到自由流的速度和风场中不同位置压力的关系。

假设在一个给定的高度密度恒定，那么伯努利方程可以被简化为：

$$P_{\text{stat}} + 0.5\rho v^2 = \text{Constant} \tag{2.39}$$

压力系数 C_P 在点 $M(x,y,z)$，参考动态压力 P_{dyn}，高度 Z_{ref}，已知风向 θ 下，可以写成：

$$\text{Cp}_{\text{s}}(z_{\text{ref}}, \theta) = [P - P_0(z)] \cdot [P_{\text{dyn}}(z_{\text{ref}})]^{-1} \tag{2.40}$$

$$P_{\text{dyn}}(z_{\text{ref}}) = 0.5\rho_{\text{out}} v^2(z_{\text{ref}}) \tag{2.41}$$

其中 P＝测量压力，P_0＝参考大气压

图 2.8 所示为 C_P 在建筑表面的分布情况。大量的文章都已经发表了将风压分布作为入渗模型的输入数据内容，但是只有一少部分运用风压分布模型计算 C_P。艾伦（Allen）认为计算不同风向角度的压力系数方法可以用傅里叶级数来表示。结果只表示墙面平均的 C_P

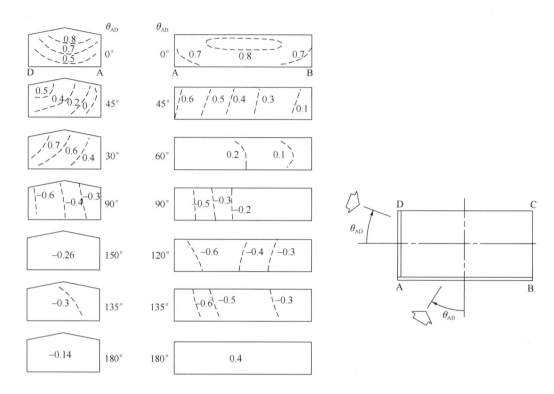

图 2.8 实例：建筑上 C_P 分布

值，不考虑该建筑的位置高度在 0.85 米处水平压力分布的特殊环境情况。此外，运用傅里叶级数也可以证明建筑物长宽比和防风措施能力。给出的大体的记录数据需要进一步的调查，主要是考虑湍流升引起的脉冲压力，不同的建筑体形及遮风板都会影响周边的建筑。

bala′zs 研发出了一款软件，名叫 CPBANK。软件里面包含了不同建筑的几何形状和表皮的 C_P 预设数据文件。软件帮助寻找在选定的风向下和 CPBANK 中相似建筑的 C_P 值。这些数据都是通过匈牙利建筑科学研究中心（ETI）的一系列风洞实验获得的。

Swami 和 Chandra 发展了两种算法，一个是计算低层建筑的，另一个是计算高层建筑的算法。低层建筑的数据资料是通过分析从八个不同研究者的研究结果而获得的，表面的平均压力系数是通过风入射角的函数的非线性回归以及边长比获得的（相关系数：0.8）。高层建筑的本地压力系数是用来对应超过 5000 个数据点。衰减系数为一个变量，就用一个表面元素的位置坐标的方程来表达。因此，Swami 和 Chandra 计算方法对于普通风环境和近郊区粗糙地形情况下，计算底层建筑的表面平均压力系数或者计算独立高层建筑在垂直中线表面的 C_P 值都非常有效的。它不适用于复杂区域气流模型的需求。

在不同的风向、建筑设计以及环境条件下，计算出的建筑表皮的风压模拟分布参数 C_P 是不同的。由于压力分布系数在建筑周围的随机性，这样的计算方法应当以实验室中风洞实验平均时段的经验数据 C_P 作为参考。

墙面平均 C_P 值只是为了计算宽间距的风向角。如果有充足的数据资料，对于任何特殊的风向角，一个风压分布的参数模型可以在表面的任意点计算 C_P 值。表 2.5 列出了 3

种类型的参数。

影响C_P分布的参数		表 2.5
风	环境	建筑地理
风速轮廓指数	规划区密度	正面长宽比
∀	(PAD)	(FAR)
风向角度(2)	相关建筑高度(RbH)	侧面长宽比
		元素定位坐标
		屋顶坡度角(N)

2.1.4.2 C_P分布的回归分析

在欧洲 PASCOOL/Joule 项目的框架中,系数 C_P 回归分析已经开始着手进行,CPA-CLC+项目已经完成。

C_P 数据是从这个项目总体框架中已经完成的文献综述和相关实验中获得的。这些资料都是基于以下几方面来分析的:

- 考虑的参数数量
- 每一个参数的阈值
- 不同实验中参数数值的相似性
- 缺乏实验数据的特殊参数

回归分析既要分析实际 C_P 值,以用来定义参考 C_P 的情况,又要分析在参考值等于 1 时的标准 C_P 值。

相对应的方程用来计算 C_P 的修正系数,是在模型中计算方法的基础。

建筑表皮的 C_P 分布以及基于参考值下 C_P 的范围,是通过调整相关参数中标准 C_P 值分析出来的。设 i_1, i_2, i_3 为独立变量参数,$C_1, C_2, C_3 \cdots, C_n$ 为常数参数,那么因变量,如标准 C_P 值为:

$$\text{CP}_{\text{norm}}(i_1, i_2, \cdots, i_n) = \text{CP}_{C_1, C_2, \cdots, C_m}(i_1, i_2, \cdots, i_n) / \text{CP}_{C_1, C_2, \cdots, C_m}(i_{1\text{rer}}, i_{2\text{rer}}, \cdots, i_{n\text{rer}})$$

$$(2.42)$$

其中,$m=1$ 或 2,在一维回归中(墙或屋顶)$n=1$,或在二维回归中(屋顶)$n=2$。

根据参考数据中各参数之间的相互关系将它们分为几类(表2.6)。作为曲线拟合的相关系数,0.95 为一维回归的最小值,0.70 为二维回归的最小值(只适用于屋顶)。

回归分析中的参数分组			表 2.6
影响 C_P 分布因素	独立变量 类型	参考值	常数（C）*
地形粗糙度	∀	0.22(墙)	zh(墙),y(屋顶)
	PAD	0.22(屋顶)	
周围建筑密度	RbH	0.0	zh(墙),y(屋顶)
周围建筑的相对高度	FAR/SAR	1.0	zh(墙),y(屋顶),PAD
建筑几何形态:墙体	FAR,PAD/	1.0	zh,PAD
			zh,PAD

续表

影响 C_P 分布因素	独立变量 类型	参考值	常数(C) *
建筑几何形态：平屋顶	SAR，PAD		y
			y
风向：墙	X1	1.0	zh，2
风向：屋顶	2	0.5	y
侧面分布		0°	y，2
屋顶坡度及风向	N	0.5	y
屋顶坡度及侧墙分布	N	0°	y，2

通过运用这些策略，我们学习和模拟了不同地形粗糙度、平面布局密度、相对建筑高度、建筑高宽比、风向、屋顶倾斜角度的作用，并且将他们整合到 CPCALC＋这个友好的用户环境的程序中。

2.2　室内气候

从热力学的角度来看，建筑可以看作一系列系统的集合。这些系统可能是房间、墙体、设备等等。那么，每一个系统的热力学平衡可以用一系列变量来定义，如压力、温度、质量或者不同物种的浓度。

在这一节，我们将关注一个建筑空间中热力学平衡的关系。我们定义一个区域为有表皮包围的完整的几何体，它可能是一个拥有相同热行为的房间或者几个房间的联合体。首先，我们将描述这个区域内能够定义各种行为的主要物理现象。其次，我们将会在综合方程的帮助下解释并转译这些现象。第三，我们将描述这些影响建筑空气流动的物理现象。最后，我们将介绍热惯性的概念。

2.2.1　室内热平衡

2.2.1.1　简述主要现象及区域的交界处

如图 2.9 所示，一个最终平衡的区域（其状态变量的定义）取决于外界气候条件以及与使用者相关的室内数据之间的平衡。在这个图中，室内和室外状态变量数据之间的联系，决定了这个空间热力学平衡的转移现象。因此，为了解决这个问题，我们需要先解决两种不同的物理方程：

- 传输方程：从对状态变量了解，定性不同的气流（热、质量、化学物质等等）；
- 平衡方程：从区域内不同气流活动的总量来定义其状态，如压力、温度或者不同化学物质浓度。

在这个应用中，我们常常解决三方面的平衡：

- 能量
- 质量
- 压力

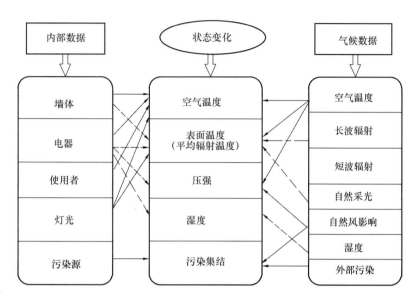

图 2.9　室内外交界处的物理现象

我们研究四种不同的传递现象：

- 热扩散（或称热传导）
- 对流（或称平流）
- 辐射（力学传递）
- 质量

为了简化这个过程，我们首先考虑一个独立房间里的热平衡。

2.2.1.2　能量平衡公式

图 2.10 所示为一个热平衡房间的示意图。在这个图中：

E_s 为短波辐射；

Φ_{CV} 为内表面与空气的对流通量；

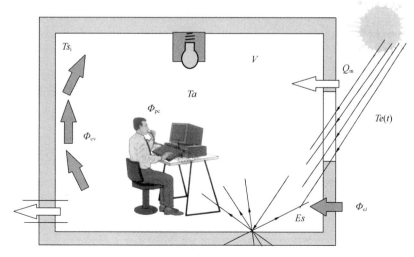

图 2.10　房间内的热平衡

Φ_{PC} 为室内得到的对流总量（使用者＋设备）；

Φ_{ci} 为通过墙体热辐射总量；

Q_m 为在温度为 T_e 时的总质量流率；

V 为房间的体积；

T_a 为室外空气温度；

T_{Si} 为室内表面温度；

那么，这个房间内的焓值平衡方程为：

$$\mathrm{VCp}\frac{\mathrm{d}T_a}{\mathrm{d}t} = \Phi_{pc} + \sum_{i=1}^{nS} bc_i S_i (T_{s_i} - T_a) + Q_m Cp(T_e - T_a) \tag{2.43}$$

其中，Q_m 为从室外获得的总质量流。在大多数情况下，气流速率来源于室外，但也有时来源于不同温度和压力的隔壁房间。

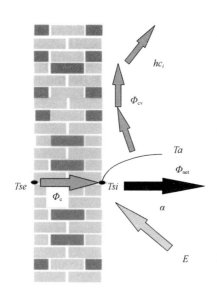

图 2.11 房间表面的热平衡

室内空气和室内表面之间的对流通量决定于每一个室内表面的温度。这个温度 T_{S_i}，也受到每一个表面的热平衡的影响：

$$-\lambda n. \mathrm{grad}T \mid_s = hc_i (T_{s_i} - T_a) - \alpha_i E_i + \Phi_{net_i} \tag{2.44}$$

其中：

λ 为表面材料的导热系数；

n 为表面 S_i 的外法线；

hc_i 为表面 S_i 的对流换热系数；

α_i 为表面 S_i 短波辐射的热吸收；

E_i 为直射于表面 S_i 的短波辐射通量密度（主要是太阳光和照明）；

Φ_{net_i} 为在表面 S_i 与其他表面之间的净长波辐射交换。

图 2.11 所示为这个平衡的示意图

2.2.2 质量转移预测

一个热平衡的房间（方程 2.43）Q_m 是从室外进入的气流质量速率。在通常情况下，有两种主要的气流质量速率影响室内的热平衡：从室外进入的气体（过滤后或者新鲜的空气），由建筑中不同区域之间空气质量转移引起的区间气流速率。

为了用来表述在建筑不同区间或者室内外空间的空气质量转移，状态变量、压力 P 及两个空间或者室内外的气流转移公式都应该在每个空间中定义出来。

2.2.2.1 驱动力

对于稳定的、不可压缩的且非黏性的气流来说，纳维-斯托克斯方程集成并缩减成了一个简单的表达式来表达混合空气移动的影响，这个表达式包括了气体流速的密度、压力梯度的影响以及重力的影响：

$$1/2\rho V^2 + P + \rho g z = \text{Constant} \tag{2.45}$$

这个方程包含了当地大气压值、速度、密度，也被称为伯努利方程。这是理解和预测建筑在其自然环境下的气流行为的基本方程。下一步则是更加精确地去定义在质量转移方面室内外气候参数的影响。

风的影响

如前一节所述，风在大气压下产生了在建筑周围的气压分布。这个压力是通过修正的风的平均动态压力即压力系数 C_P 计算出来的，它主要取决于建筑体形、风向、周围建筑的影响以及自然环境：

$$P_s = \text{Cp}P_v \tag{2.46}$$

其中，

$P_v = 1/2\rho V_H^2$；V_H 为迎风面建筑高度位置的平均风速，ρ 为室外空气密度，是大气压、温度以及湿度的函数。

烟囱效应

另一个影响建筑物室内通风速率的物理现象是浮力或烟囱效应。这个现象是由于室内外或不同区域密度的不同而造成的。在计算法则中，气体密度主要是温度和空气湿度的函数。图 2.12 描绘了 M 和 N 两个区域的气体流动的情况。

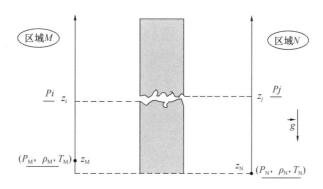

图 2.12 烟囱效应

参考高度分别为 Z_M 和 Z_N。参考气压、温度、湿度分别为：P_M, T_M, H_M 和 P_N, T_N, H_N。每个区域的渗流的相对高度分别为 Z_i 和 Z_j。

那么在两侧开启处的气压差为 $P_i - P_j$，相对于每一区的参考压力为：

$$P_i - P_j = P_M - P_N + P_{st} \tag{2.47}$$

其中 P_{st} 是由烟囱效应产生的压力差：

$$P_{st} = \rho_M g(z_M - z_i) - \rho_N g(z_N - z_i) \tag{2.48}$$

在这个方程里，ρ_M 和 ρ_N 是分别在 M 和 N 区中空气密度值。

2.2.2.2 气流方程

通过简单缝隙或开窗的单向流

运用伯努利方程，我们可以直接得到压力差引起的气流速度在理论上的表达式。理论上因压差引起的质量流量率为：

$$m'_t = \rho A \sqrt{\frac{2\Delta P}{\rho}} \tag{2.49}$$

其中，A 是气流通过的截面面积。事实上，开窗形状特点显著地影响着气流。对于一个简单几何形状的构造，理论上就可以在实际的质量流量率 m' 中引入折损系数 C_d 这个参数。那么：

$$m' = C_d \rho A \sqrt{\frac{2\Delta P}{\rho}} \tag{2.50}$$

此外，对于渗透气流或者开窗是一个复杂的几何形体，那么对压力差的依赖就会变得更加复杂。因此，通常会运用一个经验性的能量法则函数。

$$m' = K\Delta P^n \tag{2.51}$$

流动指数 n 的范围在 0.5（完全发展为湍流）到 1（层流）之间。气流系数 K 的含义包括了出风口的几何特性、折损系数的影响以及可以被物理解释为单一压差下的气流速率。这个值通常是通过测量得到的。

2.2.2.3 质量守恒方程

在假定的稳定的条件下，每个区域质量的守恒都需要确保考虑了所有从不同出风口穿过的基本的气流。

$$m'_{vent} + \sum_{k=1}^{N_k} m'_k = 0 \tag{2.52}$$

其中，N_k 为区域内不同出风口的总数量，m'_{vent} 为机械系统排出或供给的质量流量率，m'_k 为从出风口 k 处流出的独立质量流量率。

2.2.2.4 大开口

我们将可以形成双向流的室内外开窗称为大开口。为了表示大开口的行为，我们可以运用我们已经在单向流中开窗的概念，运用清晰的伯努利流动假设的定义或者其他任何一个自然相关或混合对流的相应的研究结构。为了整合这种开窗的行为，最简单的方式就是通过评价开窗两侧压力场的非线性方程来表示它的行为。这样，第一种形容大开口的行为的可能方式为把大开口看成一系列平行的单向流小窗，进而运用前面的方法计算每一个小窗。这个方法曾被 Walton 和 Roldan 使用。

另一个方法是直接解释整个大开口的行为，通过一系列非线性方程描述这个典型方法。

自 Brown 和 Solvason 在完成了先前的工作之后，很多著作也开始用此方法来解决难题。图 2.13 描述了最基本的问题。

对于一个不可压缩的、非黏性的稳定气流，根据伯努利方程，水平方向沿线的速度 V_z 可以写为：

$$V_z = \left[2\left(\frac{\rho_0 - \rho_i}{\rho_0}\right)\right]^{0.5} \tag{2.53}$$

Z_N 为中性平面的高度，质量流量率在这个中性平面上可直接通过整合原点和 Z_N 之间风速的方式计算出来：

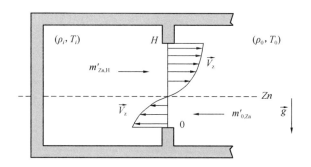

图 2.13   重力流通过垂直窗时的基本问题

$$m'_{0,Z_N} = C_d \int_0^{Z_N} \rho_0 V_z W dz \qquad (2.54)$$

其中 C_d 为折损系数，考虑气流通过窗户的收缩以及固体摩擦力的影响。通过质量守恒方程可以得到这个窗口的中性平面的位置，那么：

$$\frac{Z_N}{H - Z_N} = \left(\frac{\rho_i}{\rho_0}\right)^{1/3} \qquad (2.55)$$

最后，一个直接整体的计算流出气流值得公式为：

$$m'_{0,Z_N} = C_d \frac{W}{3}(8gH^3\rho'_i\Delta\rho)^{0.5} \qquad (2.56)$$

其中，

$$\rho'_i = \frac{\rho_i}{\left[1 + \left(\frac{\rho_i}{\rho_0}\right)^{1/3}\right]^3} \qquad (2.57)$$

在这个模型中，空气温度和湿度为空气的密度的主要函数。这个基本的模型被大量的著作引用，它既可以计算窗口处的单向送风，也可以计算窗口处双向流的热度梯度。最近的资料显示，通过增加了考虑风在这个窗口的直接影响的新的修正系数后，又进一步改进了这个模型。这个修正系数是 Santamouris 通过在 PASCOOL 项目中实验的推导得出的，用来代替折损系数 C_d，这个新的公式会引出一系列相同的方程。

2.2.3   墙体热传递的基本元素

2.2.3.1   基本现象：傅里叶定律和热传递方程

通过这个现象学的假设可以容易地看到热通量密度向量 φ 与一个固体任何位置的温度梯度之间的线性关系。此外，从热的区域到冷的区域的热传递可以写为：

$$\varphi = -\lambda \mathrm{grad}T \qquad (2.58)$$

其中，λ 为材料的导热系数。

如果假设一个基本的空间 dV 没有内部的热源，考虑所有通过其表面传导的热量，我们可以建立一个焓值平衡方程。这个平衡方程通常采用不同的形式，称为热传导方程：

$$\mathrm{div}(\lambda \mathrm{grad}T) = \rho Cp \frac{\partial T}{\partial t} \qquad (2.59)$$

如果导热系数 λ 可以被设定为一个常数（建筑物理的通常情况），那么方程可以简化为：

$$\lambda\Delta T = \rho C_p \frac{\partial T}{\partial t} \tag{2.60}$$

或者

$$a\Delta T = \frac{\partial T}{\partial t} \tag{2.61}$$

其中，a 为材料的热扩散率。

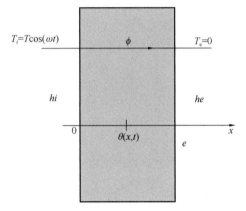

图 2.14　独立墙体容易受到周期性空气温度变化的影响

2.2.3.2　对于周期性边界条件的墙体热行为：热惯性的概念

建筑的自然通风容易受到室内周期性及室外不稳定环境的影响。为了分析建筑墙体在周期性边界条件下的热表现，让我们先考虑一个同质同性材料在一面独立的墙体内表面，大气温度与内表面稳定温度 T_e 的余弦曲线变化关系 $T_i = T\cos\varphi t$。图 2.14 所示为这个关系构架。

解决这个问题的主要方法可以在任何一本类似的教科书中找到：

$$\theta(x,t) = T(t)(A\exp(\alpha x) + B\exp(-\alpha x)) \tag{2.62}$$

内表面边界条件为：

$$\varphi(0,t) = -h_i[\theta(0,t) - T_i] \tag{2.63}$$

外边面边界条件为：

$$\varphi(e,t) = (h_e[\theta(e,t) - T_e]) \tag{2.64}$$

如果 $T_i = T\cos\omega t$ 且 $T_e = 0$，$\theta(x,t)$ 为：

$$\theta(x,t) = T_i(t) = \frac{\cosh\alpha(e-x) + \frac{h_e}{\lambda\alpha}\sinh\alpha(e-x)}{\left(1 + \frac{h_e}{b_i}\right)\cosh\alpha e + \left(\frac{he}{\lambda\alpha} + \frac{\lambda\alpha}{h_i}\right)\sinh\alpha e} \tag{2.65}$$

其中，e 为墙体厚度，α 为热扩散率，$\lambda\alpha/h$ 为毕奥（Biot）系数。

在这个阶段，我们可以引入有效厚度，$\delta = \sqrt{2\alpha/\omega}$。这个厚度对应于温度变化振幅等于内部振幅，见 2.72。这个部分将会在下节中详述。

如果墙体的厚度 e 大大高于 δ（在建筑中很普遍），我们可以把这一层看做一个独立的形式。那么就可以忽略室外条件和室内表面热传递带来的影响，表达式变为：

$$\theta(x,t) = T\exp\left[-\frac{x}{\delta}\right]\cos\left(\omega t - \frac{x}{\delta}\right) \tag{2.66}$$

$$\theta(x,t) = T\exp\left[-\frac{x}{\delta}\right]\cos\omega\left(t - \frac{x}{\omega\delta}\right) \tag{2.67}$$

这个表达式表明墙体的热表现与波动的室内温度的变化呈指数下降。X 轴新的振幅为：$T(x) = T\exp[-x/\delta]$，并且伴有线性时滞 $\tau = x/\omega\delta$。这两种现象都是所谓的墙体热惯性的特性。

振幅校正因子为：

$$\mathrm{Ac} = \exp - x\sqrt{\frac{\pi}{aP}} \ 或 \ \mathrm{Ac} = \exp - \frac{x}{\lambda}\sqrt{\frac{\pi}{P}}b \qquad (2.68)$$

其中 P 为周期变化的室内温度，b 为墙体的吸热系数，$b = \sqrt{\lambda \rho C}$。延迟时间 τ 为：

$$\tau = \frac{x}{2}\sqrt{\frac{P}{a\pi}} \ 或 \ \tau = \frac{x}{2\lambda}\sqrt{\frac{P}{\pi}}b \qquad (2.69)$$

评价墙体任意点的热通量密度，我们可以直接运用傅里叶假设来计算某个点的衍生温度场。可以得到热通量密度的相似的表达式：

$$\varphi(x,t) = T\frac{\lambda\sqrt{2}}{\delta}\exp\left(-\frac{x}{\delta}\right)\cos\omega\left[t - \left(\frac{x}{\delta\omega} + \frac{\pi}{4\omega}\right)\right] \qquad (2.70)$$

我们可以从方程中看到，在稳定的条件下，对于导热系数的知识已经能够充分表达均质的墙体的热表现，但在一定期间内，对于吸热系数 b 的知识仍是需要的。

对于建造材料，这个吸热系数 b 的范围为 $1 \sim 15$，并且清楚地区分它与隔热之间的关系是非常重要的。对于一个恒定的保温层 $\left(\frac{e}{\lambda} = 常数\right)$，热吸收率表征了材料密度和比热容在振幅减小和延时时间增加的特性。

例如，如果只考虑隔热性能，40cm 厚的水泥墙与 3.7cm 厚的木材墙面相同。然而如果再考虑热惯性，水泥墙的振幅校正因子的日温度变化为 0.07，相位延迟为 10 小时，然而木结构的振幅校正因子的日温度变化为 0.59，相位延迟为 2.23 个小时。这些数值清楚地说明了热惯性现象在调节房间室内条件中的重要性。

2.3 自然通风的降温潜能

2.3.1 概述

为了更好地提高室内空气质量，自然通风在维持室内热舒适度和降低能量消耗方面起到了很重要的作用。建筑的热行为与自然通风和空气渗透有着非常密切的关系。同时，空气流动还取决于建筑空间内不同的热环境程度。如果没有自然风，热压差就是唯一能促进室内通风的因素。

在白天利用自然通风有三个目标：
- 当时外温度低于室内温度时，降低室内温度；
- 降低建筑结构层温度；
- 直接降低人体温度（通过传导和蒸发）。

如果在夜间利用自然通风，其目的是利用建筑作为中间的热量储能介质，让我们在白天可以利用前一天晚上的储存在建筑中的冷量降温。（这只适用于不在夜间使用的办公建筑。）

2.3.2   自然通风及舒适度

2.3.2.1   人体的热量传递过程

图 2.15 所示为经过人体的热量，其中：H_D 为太阳直射光，H_d 为太阳漫射光，H_R 为周围物体反射的太阳辐射；ΔR_s 与 ΔR_c 为与周围表面交换的长波辐射；C_v 为空气对流，E 为蒸发率。

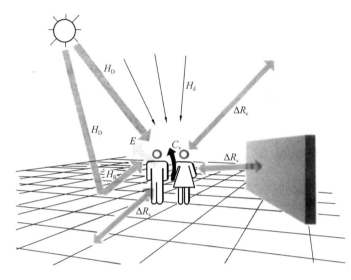

图 2.15   人体周围主要热流动

人体的热平衡为：

$$E_{sw} = M(1-\eta) + (\Delta R + C_v) - C_{res} - E_{res} - E_{dif} \tag{2.71}$$

其中，$M(1-\eta)$ 为净代谢产热，C_{res} 和 E_{res} 分别代表显热及潜热，E_{dif} 为体表扩散的热量。出汗调节 E_{sw} 是对热平衡方程的完善，给出了一个人体器官对热程度的适应结果的计算方法。

前文所提到的方程 2.7 也可以通过各种的假设和相关值计算。下面将简要回顾一下与其相关的所有的表达式（所有能量值均用 Wm^{-2} 表示）：

• 太阳辐射＋热传递

$$(R + C) = \tau_{cl}\alpha_{sk}(F_D H_D + F_d H_d + F_r H_r) + h f_{cl} F_{cl}(T_o - T_{sk}) \tag{2.72}$$

• 呼吸：

• 潜热：
$$E_{res} = 0.0173M[5.87 - HR_a P_v(T_a)] \tag{2.73}$$

• 显热：
$$C_{res} = 0.014M[34 - T_a] \tag{2.74}$$

• 体表扩散

$$E_{dif} = 0.41[P_v(T_{sk}) - HR_a P_v(T_a)] \tag{2.75}$$

其中：

τ_{cl} 为穿透衣服的短波辐射（～0.11）；

α_{sk} 为体表吸收的短波辐射（～0.7）；

F_D 为暴露在太阳下的身体部分（～0.5）；

F_d 人和天空之间视角因数；

F_r 为人与周围环境的视角因数；

H_D，H_d，H_r 分别为太阳直射光、太阳漫射光、周围物体反射的太阳辐射 $W\,m^{-2}$

f_{cl} 为服装方面的因素（$f_{cl} = 1 + 0.30\,I_{cle}$）；

F_{cl} 为服装自身的热系数（$F_{cl} = 1/0.155h\,f_{cl}\,I_{cle}$）；

I_{cle} 服装隔热效率（$I_{cle} = 0.524\sum I_{ol}^i + 0.056$）；

h 为对流辐射传递系数（$h = h_c + h_r$）$W\,m^{-2}K^{-1}$；

h_c 为对流传递系数（$W\,m^{-2}K^{-1}$）；

h_r 为辐射传递系数（$W\,m^{-2}K^{-1}$）；

T_{sk} 为体表平均温度（℃）；

T_o 为控制温度 $\left[T_o = (h_r\,T_r + h_c\,T_a)(h_r + h_c) \right]$（℃）；

T_a 为周边大气温度（℃）；

T_r 为平均辐射温度（℃）；

HR_a 为周围空气的相对湿度（%）；

$P_v(T)$ 为温度 T 时水蒸气的空气压力（kPa）。

图 2.16 所示为环境因素对人体热舒适度影响的示意图。一个舒适的热环境是多种因素的综合结果。

2.3.2.2 空气速度的影响以及适宜人体舒适度的墙面温度

在人体周围的空气速度以及墙体表面的温度分别通过对流和长波辐射的形式来调整方程平衡。

调整对流形式主要依靠增加热传递系数的方式。图 2.17 所示为 h_c 为室内空气速度的函数 $h_c = 2.7 + 8.7\,v^{0.67}$。

为了评价空气速度与墙体温度之间的影响程度，我们先来假设一个标准热舒适的室内环境：室内温度为 25℃，相对湿度为 50%，墙体的表面温度为 25℃，并且在使用者周围没有空气流动。我们可以通过不同变量的结合得到相同的人体能量平衡（同样的舒适度条件下）。

例如，图 2.18 和图 2.19 所示为运用不同通风策略的多种可能的结合，达到的标准舒适度图（所有相关的标准舒适度表面有同样的舒适度条件）。

检验图显示，如果我们得到了与标准情况相同的条件：

- 当气流速度为 $0.4\,m\,s^{-1}$ 时，室内温度为 28℃；
- 当墙面温度为 23℃ 且气流速度为 $0.4\,m\,s^{-1}$ 时，室内温度为 30℃；

2.3.3 建筑与自然通风

2.3.3.1 建筑中热量的转移与空气流动

在通常情况下，要模拟建筑热量和流体力学的行为，需要定义在室内外条件下影响建筑各部分在短时间段中的情况。

室外环境的影响包括了：

- 太阳辐射；

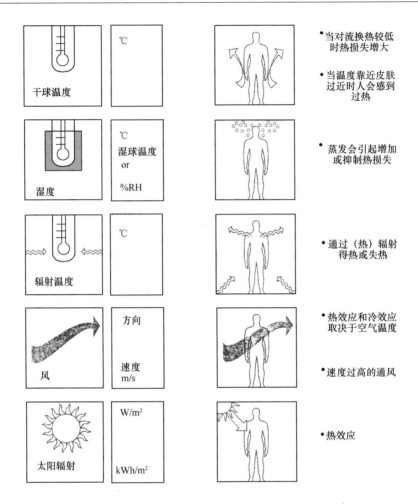

图 2.16   环境变量以及其对热舒适度的影响（改编自 Yanna）

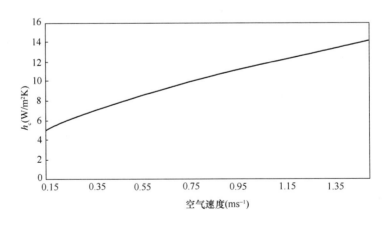

图 2.17   对流换热系数

- 室外气温；
- 其他室外温度，如天空、地面、周围表面；

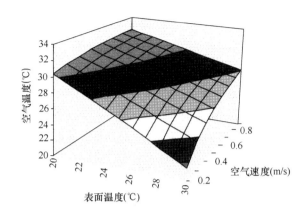

图 2.18 舒适度标准曲线

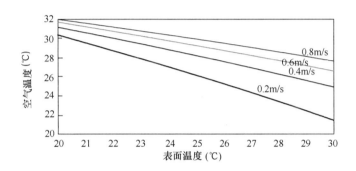

图 2.19 作为气流速度函数的舒适度标准曲线参数

- 风环境；
- 室外大气湿度；
- 室外污染物浓度。

室内环境的影响包括了：

- 从照明、使用者以及设备的得热；
- 湿度和污染源；
- 空调设备的显热和潜热影响。

一个建筑可以看作是一个由不同固体元素组成的复杂的闭合系统。在这个系统中，我们可以找出一系列热量与质量转移的要素，具体如下（图 2.20）：

A 外部对流（通常是被动的）：在外表面和室外空气之间；

B 内部对流（通常是自然的或混合型的）：内围护结构表面、室内生命体、照明灯具等与室内空气之间；

C 短波辐射：来源于太阳或者内部热源；

D 室外长波辐射：在建筑外表面与天空、周围建筑、地面之间；

E 室内长波辐射：在室内表面之间；

F 通过窗洞的空气流动：发生于建筑墙体裂缝或窗户等大开口之间的建筑内外空气流动；

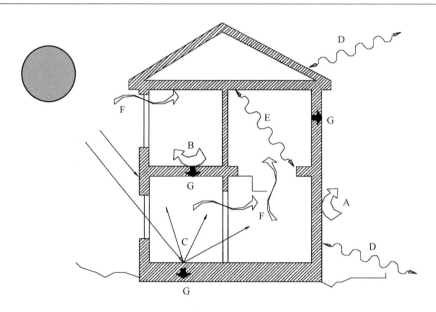

图2.20 建筑热表现的所有影响因素示意图

G 建筑元素中的对流（室内和室外）。

各个要素之间的相互影响使得模拟建筑非常的复杂。整合包括了以下三个层面：

● 在对流、热传递、太阳辐射等外部因素综合影响下，通过建筑外表面的热量转移（图2.21）。

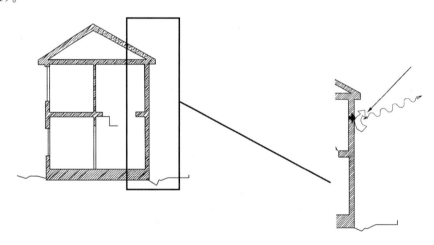

图2.21 建筑外表面行为的各项要素

● 在直接辐射和间接热传递综合影响下，通过建筑表皮的所有内表面的热量转移（图2.22）。

● 区域之间由于热传递（通过两个房间的隔墙）、辐射（通过两个空间的半透热介质）以及维护结构之间的气流引起的热量转移（图2.23）。

下一节我们将总体介绍上述因子的综合影响，主要考虑所有可能的变量，以及它们之间相互关系的数学表达。

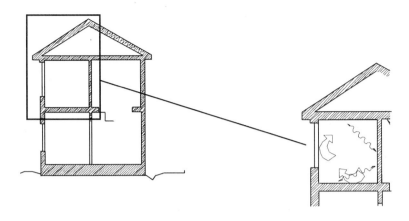

图 2.22　建筑内表面行为的各项要素

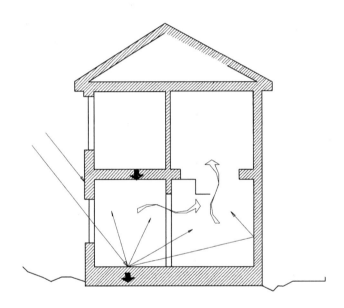

图 2.23　区域之间所有物理要素

表面热平衡

每一个室内或室外的等温表面温度都满足热传递、对流、辐射（长波辐射和短波辐射）的热力学平衡的定义。

热传递＝对流＋短波辐射＋长波辐射

用方程的表达式代替净通量 Φ_{neti} 为（2.44）：

$$-\lambda_i \frac{\partial T_{\text{air}}}{\partial x}\bigg|_i = h_{Ci}(T_i - T_{\text{air}}) - \alpha_i E_i + \sum_{j=1}^{N_i} C_{i,j}^{\text{R}}(T_i^4 - T_j^4) \tag{2.76}$$

其中：

$C_{i,j}^{\text{R}}$ 为表面 i 与表面 j 之间的长波辐射交换；

N_i 为在 i 上面的表面数量。

热传递：模拟建筑的热传递是基于分离建筑边界元素为有限数量 N 层，每一层有共同的温度和热流。

当增加离散边界时，这种方法更加接近真实结果。然而在多数情况下，这种方式大量简化了模型，只是保持其总体结果的严谨性（例如墙体的单向热传递）。

N 层的温度为连接处的变量。

表面的边界处及相关面热传递的温度与如下公式相关：

$$q(t) = [A(t)]T_s + P(t) \tag{2.77}$$

其中，矩阵 $[A(t)]$ 以及向量 $P(t)$ 是通过每一次的模拟计算出来的（对于不变的材料，$[A(t)]$ 为常数）。这个公式在所有讲述模拟方法的文献中都会出现。

对流：对流引起的热传递（q_{CV}）是运用表面（T_s）与接近表面空气（T_{air}）的温度差的函数表示的：

对应的常数 h_{CV} 为对流换热系数或者称为膜系数。这个著名的公式在模拟中被大量利用。

建模时的主要问题不在于公式本身，而是在各种不同情况下对精确的对流换热系数知识的了解。

辐射：在线性变化的长波辐射中，辐射引起的热气流（q）在不透明、半透明或完全透明的表皮的内表面上的公式分别可以写为：

$$q_{rad} = [K]T + [C_1]E_{ext} + [C_2]\Phi \tag{2.78}$$

其中：

q_{rad} 为辐射热流量向量；

T 为表面温度向量；

E_{ext} 为表面每一个受到辐射的外表面向量［只对于（半）透明表面］；

Φ 为表面每一个受辐射的表面（太阳辐射、室内得热等等）；

$[K]$，$[C_1]$，$[C_2]$ 为根据不同的使用方法计算出得辐射再分配矩阵。

上述的方程对于长波辐射与短波辐射都适用（对于不同的矩阵）。

房间质量平衡

这些是在每一个表皮和空间的焓值平衡。每一个区域的焓值平衡迫使区域热焓依时间的变化而不同，这相当于除了表面对流（从室内或从内表面得到的热量）和空气对流（进出于室外和其他区域的空气运动）外的全部进入区域内的热量：

$$V^z C_p \frac{d(\rho^z T_a^z)}{dt}$$

$$= Q_{ig}^z + \sum_{k=1}^{NS_z} h_{cvk} S_k (T_{sk} - T_a^z) + \sum_{j=0}^{NZ} \dot{m}_{jz} C_p T_a^j - \sum_{j=0}^{NZ} \dot{m}_{zj} C_p T_a^z \tag{2.79}$$

其中，上标的 z 表示区域编码，NZ 为建筑内区域的总数量，NS_z 为与区域 Z 对流的表面数量：

V 为空间体积；

C_p 为热空气特性；

ρ 为空气密度；

T_a 为空气温度；

T_{sk} 为区域内表面 k 的温度；

Q_{ig} 为从室内获得的对流的能量；

h_{cvk} 为区域内表面 k 的膜系数；

m_{jz} 为从区域 j 流向区域 z 的质量流（0 为室外环境）

热过程的公式矩阵

建筑热过程的数学解释可以看作是一个系统中的两个不同的表达式：

● 每一个等温面的表面热平衡；

● 每个区域空气的热平衡（完全混合）。

在这个系统的方程中，未知的元素为内表面温度以及区域内空气的温度。

例如假设一座有两个区域的建筑（如图 2.24），在区域 1 中有 8 个内表面，它们的温度为向量 $\{T_1\}$，区域 2 中有 7 个内表面，它们的温度为向量 $\{T_2\}$，两个区域的空气温度为向量 $\{T_{zone}\}$。

令所有温度都包含在向量 $\{T\}$ 中，包括第一个 $\{T_1\}$，第二个 $\{T_2\}$ 以及两

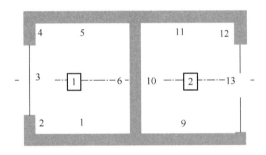

图 2.24 示例建筑横截面带表面编号

个空间的 $\{T_{zone}\}$。那么热平衡的方程可以被改写为一个矩阵系统：$[A]\{T\}=\{B\}$，这个矩阵中包含了系统方程中的所有参数，$\{T\}$ 为如前所述的温度向量，$\{B\}$ 为一个包含所有独立形式的向量。

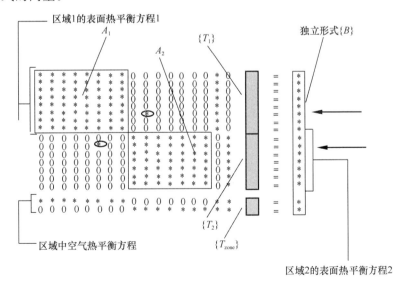

图 2.25 最终方程的结构

图 2.25 所示为两个区域的建筑中，区域之间不透明元素的最终矩阵。在这个方案中，星号代表非零关系。图 2.26 所示为对非零关系的详细描述。

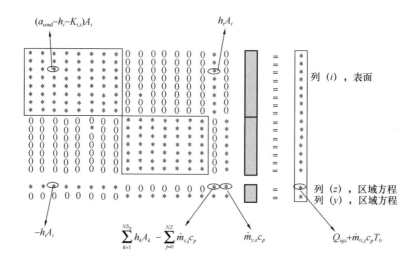

图 2.26　表示一些非零关系细节的最终方程结构

两张图中的箭头表示每一个空间一个室内墙面的表面平衡。对于一个有窗的建筑，表面的平衡方程会存在多个非零关系。Haghighat 与 Chandrashekar 对这个矩阵的自动匹配有了更进一步的发展。

2.3.3.2　气流对热表现的影响

表面平衡方程

在表面平衡方程中，膜系数直接影响到气流速率。膜系数的值取决于墙体周围的空气速率。图 2.27 对比了相对于静止空气来说，在不同气流速率下室内墙体的膜系数值。如图所示，膜系数随气流速度的增加而显著增加。这个关系还可以延伸至夜间自然通风使结构降温策略中，我们将会在后文中详细介绍。

室内空气平衡方程：白天通风

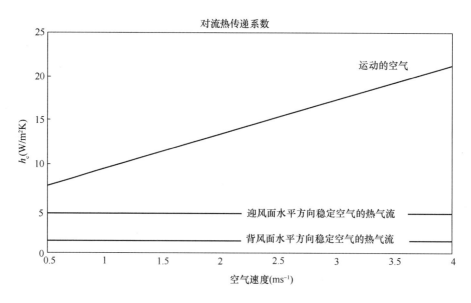

图 2.27　内墙面不同空气速度下的膜系数

在空气平衡方程中，主要影响气流速率的要素发生在从室外进入室内的对流热熵中。

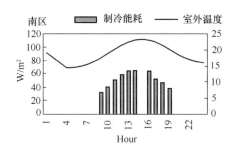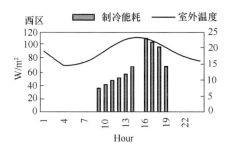

图 2.28 办公建筑不同区域的能耗分布

例如，我们通过一座假设建在葡萄牙波尔图市的办公建筑来检验对流热熵的潜在影响，设定室内温度为 25℃。图 2.28 所示为在典型制冷天气下，这座建筑的两个不同区域的制冷能耗分布情况。图 2.29 所示为提供不同组合形式的自然通风和调节室内外温度差的制冷功率的关系。

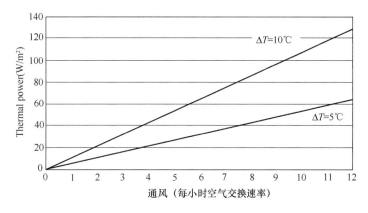

图 2.29 通风的制冷功率

如图所示，制冷需求的数量级即制冷所需的能量可以通过自然通风供给，因此可以非常确定的是，自然通风策略在不同的季节满足制冷需求方面占了很重要的部分。这个部分的延伸取决于气候和建筑的平衡点温度。

图 2.30 所示为在伊比利亚半岛同样的建筑，不同地区日间自然通风在满足降温需求方面的异同，假设平均风速为 9ach（每小时的空气交换）。

在给定的气候条件下，由于平衡点温度远远低于室内设定的温度，最主要的难题在于决定建筑日间自然通风是否是一个合适的选择。这种情况很少发生在住宅中（除非设计的建筑表面和朝向非常不适宜制冷季节），但是在商业和办公建筑中就非常常见。图 2.31 中的阴影区域表示了日间自然通风的潜在能力。

夜间通风

夜间通风策略表明存在一种利用储存介质的储能方式，即利用前一晚上产生的冷量提供次日制冷。

这里面包含了三种热参数：室外温度（$T_{outdoor}$），储存介质温度（$T_{storage}$），以及室内

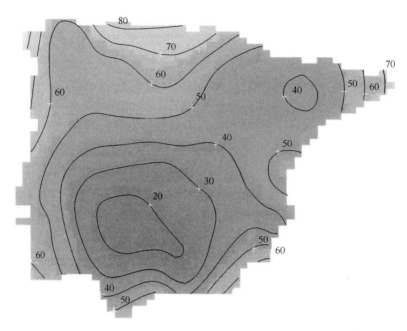

图 2.30   日间自然通风策略（9 ach）实现节能的百分比（％）

温度（T_{indoor}）。

尽管测量夜间通风能力需要模拟计算表面及空气温度，但是下一步我们将基于存储效率（SE）的概念简化测量过程。这个概念可以利用粗略的设计工具对比不同设计的效果以及当改变主要参数时的影响。被存储起来用于降低能耗的冷量一定程度上取决于建筑围护结构材料的蓄热能力 SE。

在夜间的某些时段，假设没有室内能耗，建筑构造所吸收的总能量为：

$$Q(t) = YA(T_{storage} - T_{indoor}) = \dot{m}c_p(T_{indoor} - T_{outdoor}) \tag{2.80}$$

其中 YA 为复合墙体有效面积的平均渗入系数。室内空气温度用一个平均值代表，这个值在任何情况下都高于室外空气温度。

那么能量传递可以写为：

$$Q(t) = \dot{m}c_p(T_{storage} - T_{outdoor})\mathrm{NTU}/(\mathrm{NTU}+1) \tag{2.81}$$

在方程 2.80 中，$NTU = YA/\dot{m}c_p$，是没有单位的数值，通常用来解释热交换并作为热单位的数量。

计算 Y 值非常复杂，且这个计算的价值因众多不确定对流换热系数仍值得怀疑。但是通过以下的假设，可以得到一个大约的数值：

- 所有空间的表面有共同的温度（例如辐射换热大大少于对流换热）；
- 在空气和表面之间热流阻力远远大于在围护结构中热流的阻力。

在这些假定的基础上，通过空间的对流换热可以确定一个大约的 Y 值。

存储温度的估算可用于当地典型的夜间时段，我们假设建筑在前一个白天结束时所需的存储温度足够高（当建筑需降温时），这个温度等于室内设定的温度。

相对应的方程为：

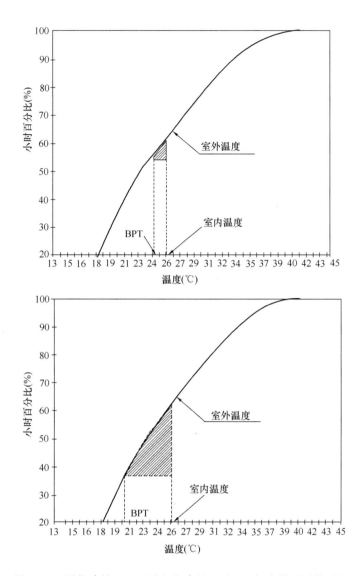

图 2.31 居住建筑（上）及办公建筑（下）日间自然通风的时段

$$-(Mc_p)_f = \frac{\mathrm{d}T_{\mathrm{storage}}(t)}{\mathrm{d}t} = \dot{m}c_p\big[T_{\mathrm{storage}}(t) - T_{\mathrm{outdoor}}\big](t)\mathrm{NTU}/(\mathrm{NTU}+1) \quad (2.82)$$

其中 $(Mc_p)_f$ 为围护结构的热容量。

如果假设在制冷期间的 t 小时，白天室外温度为一个常数，那么计算的方程为：

$$T_{\mathrm{storage}}(t) = T_{\mathrm{storage}}(0)\exp\Big(-\frac{\mathrm{NTU}}{\mathrm{NTU}+1} \cdot CR\Big) \quad (2.83)$$

其中 $CR = \dot{m}c_p t/(Mc_p)_f$ 为热容量比。

储存系数 SE 则可定义为实际通过维护结构获得的能量总量与最大吸收潜能下能量的比值。在数学上写为：

$$\text{SE} = \frac{T_{\text{storage}}(0) - T_{\text{storage}}(t)}{T_{\text{storage}}(0) - T_{\text{outdoor}}} = 1 - \exp\left(-\frac{\text{NTU}}{\text{NTU}+1} \cdot \text{CR}\right) \tag{2.84}$$

图 2.32 所示为以 NTU 和 CR 为函数的储存系数的方程。

例子：让我们再次回到波尔图那座假象的建筑中，我们可以得到在典型的制冷天气：

每天的制冷需求为：$500\text{W h}^{-1}\text{m}^{-2}$（南侧区域）；$-600\text{W h}^{-1}\text{m}^{-2}$（西侧区域）。

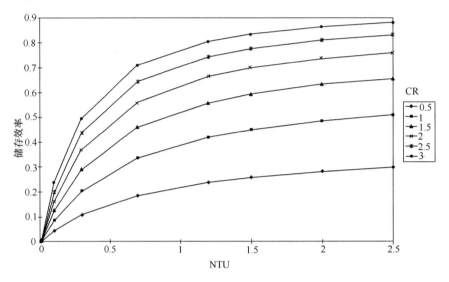

图 2.32   存储系数与 NTU，CR 之间的变化关系

夜间室外温度为：$\sim 15℃$ 从早晨 4 点至 9 点（5 个小时）。

室内设定温度为 25℃，当建筑的围护结构为中等重量的建造材料，约为 340kg m^{-2}，那么最大能储存的能量为：

若我们需要计算在一定通风速率下，例如 20ach 时的制冷需求的百分比，那么：

NTU＝1，SEF，由图 2.32 可得约为 0.36，这意味着：

$925 \times 0.36 / 500 = 0.666$

$925 \times 0.36 / 600 = 0.555$

即南侧区域的制冷需求为 66.6%，西侧区域为 55.5%。

作为一个例子，让我们假设将建筑的存储系数加倍，其他参数保持不变。在这种情况下，我们则有了一个新的 CR 值即 0.445 和一个新的 SE 值即 0.21。

那么制冷需求则变为：

$1850 \times 0.21 / 500 = 0.777$

$1850 \times 0.21 / 600 = 0.647$

类似的敏感性分析也可以通过其他设计变量得到，例如通风速率、围护结构的有效面积、膜系数、通风时长以及其他与之相关的变量。

2.3.3.3   气流对热性能的影响

在流体网格模型中，每一个区域的运动状态都通过一个参考压力来表示。气流方程定义存在于压力网格中间不同连接处的建筑行为。每一个空间中的空气质量平衡都是由这些压力共同作用而构成的非线性系统方程。

$$F_{\mathrm{J}}^{\mathrm{F}} = (P^1, \cdots, P^{\mathrm{J}}, \cdots, P^{\mathrm{NZ}}) = 0 \tag{2.85}$$

严格来说，这个方程需要包含每一个节点的空气密度。这些密度主要是在空气稳定方程中的绝对压强和温度的函数。

作为例子，图 2.33 所示为温度影响下的普通窗洞的气流。

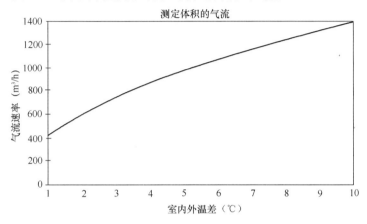

图 2.33　不同温度下的气流函数

2.3.3.4　解决策略

尽管气流非常重要，热模型仍然是模拟通风和空气渗透的一个简化方法。这可能会导致一个有问题的预测结果。在通常情况下，空气交换为一个假定合适的值或者一个假定的依时间变化的周期的结合。当空气交换完全取决于通风系统时，这个假设就可以成立。相反的，如果建筑是自然通风的，这种假设就不完全成立。

在热计算模型中，纳入气流算法的方法已在图 2.34 中总结出来，这个方法包括了：

● 顺序耦合。这是最直接的方法，包括了独立的运算网格和热量传递计算模型（图 2.34（a））。网格模型先通过假设的房间空气温度数值计算（如设计值）。由此产生的空气交换率或者气流特性再被纳入热模拟模型中。需要保证网格中热模型预测的空气温度是稳定的。这个方法应当在典型天气条件范围内重复计算，这样才可以在整个设计阶段（例如供热和制冷季节）建立一个热传递模型。

● 模型之间的"重复"或称"乒乓球"法。这种方法包括了同时运行一个网格（计算机模拟流体力学 CDF 模型）和一个热模型。这个模拟需要经过一系列的步骤，每一步中，热模型用来计算空气温度，将数据提供给下一步网格的气流模拟，并计算气体流速，再将其纳入下一步的热模拟计算中［图 2.32（b）］。这个方法的优势在于同时运用了两个独立的模型，但提供联合的计算方法。每一步骤得出的结果都是独立的，特别是对于模拟较大的窗子而言。策略需要经过两个以上的步骤（逐渐减少步骤），直到数据收敛证实才能得出。

● 直接结合——全集成。这个方法把气流和热运动方程同时包含在一个直接结合的能量平衡模型中［图 2.32（c）］。这种方法还在研究当中。最近似的方法例如计算机流体力学策略，其能量流方程包含了传递、对流和辐射，是整个气流网格的一个部分。

这个方法的局限性在于：

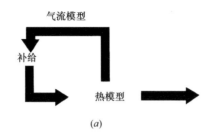

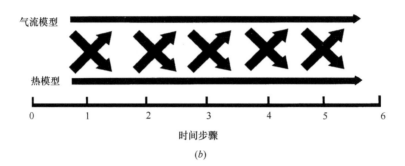

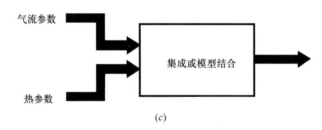

图 2.34 空气交换以及热计算方法

(*a*) 顺序；(*b*) "乒乓球" 法；(*c*) 集成

- 热量计算模型非常复杂且完全依赖于输入数据的质量和解释说明。
- 额外增加的气流模型会大大增加模型整体的复杂程度和错误的风险。
- 仍然需要更多的研发工作。特别是提供数据及数据利用保障方面，在合并模型之前可以常规应用。

参考文献

1. *Traité de Physique du Bâtiment* (1995). Centre Scientifique et Technique due Bâtiment, Tome I, p. 657. Louis Jean, Gap.
2. Peguy, Ch.P. (1970). *Précis de Climatologie*. Masson & Cie, Paris.
3. Queney, P. (1974). *Eléments de Météorologie*. Coll. Ecole Nationale Supérieure de Techniques Avancées. Masson & Cie, Paris.
4. Wieringa, J. (1991). 'Updating the Davenport Roughness Classification', 8th International Conference on Wind Engineering, London, Ontario, Canada, *Journal of Wind Engineering and Industrial Aerodynamics*, Vol. 4, pp. 357–368.

5. Sacré, C. (1988). Ecoulements de l'Air au-dessus d'un Site Complexe, 1ère partie: Etat des Connaissances Actuelles. Rapport CSTB EN-CLI 88. 12L, CSTB, Nantes.

6. Simiu, E. (1973). 'Logarithmic Profiles and Design Wind Speeds', *Journal of the Engineering Mechanics Division*, pp. 1073–1083.

7. ESDU 82026 (1982). 'Strong Winds in the Atmospheric Boundary Layer – Part 1: Mean Hourly Wind Speeds'. Engineering Sciences Data.

8. Papayannis, T. (1981). *Greece, Urban Growth in the 80's*. KEPE Editions, Ippokratous Str., Athens.

9. United States Environmental Protection Agency (1992). *Cooling our Communities. A Guidebook on Tree Planting and Light Coloured Surfacing*. United States Environmental Protection Agency, Washington, DC.

10. OCDE (1983), *Environmental Policies in Greece*. OCDE, Paris.

11. Oke, T.R. (1987). 'City Size and Urban Heat Island. Perspectives on Wilderness: Testing the Theory of Restorative Environments'. *Proceedings of the Fourth World Wilderness Congress*, vol. 7, pp. 767–779.

12. Oke, T.R. (1978). *Boundary Layer Climates,* 2nd edn. Methuen, New York.

13. Aynsley, R.M., W. Melbourne and B.J. Vickery. (1977). *Wind Tunnel Testing Techniques, Architectural Aerodynamics*, pp. 163. Applied Science Publishers, London.

14. Kula, H.G and H.E. Feustel. (1988). 'Review of Wind Pressure Distribution as Input Data for Infiltration Models', Lawrence Berkeley Laboratory Report LBL-23886, Berkeley, USA.

15. Allen, C. (1984).'Wind Pressure Data Requirements for Air Infiltration Calculations', Technical Note AIVC 13, Air Infiltrations and Ventilation Centre, Bracknell, UK.

16. Bala'zs, K. (1987). 'Effect of Some Architectural and Environmental Factors on Air Filtration of Multistorey Building', *3rd ICBEM Proceedings*, Vol. III, pp. 21–28. Presses Polytechniques Romandes, Lausanne, Switzerland.

17. Swami, M.V. (1987).'Procedures for Calculating Natural Ventilation Airflow Rates in Buildings', ASHRAE Research Project 448-RP, Final Report FSEC-CR-163-86, Florida Solar Energy Centre, Cape Canaveral, USA.

18. Wiren, B.G. (1985). 'Effects of Surrounding Building on Wind Pressure Distributions and Ventilation Losses for Single-Family Houses', *Bulletin* M85 (December), p. 19, National Swedish Institute for Building Research, Gavle, Sweden.

19. Liddament, M.W. (1986). *Air Infiltration Calculation Techniques – An Application Guide*. Air Infiltration and Ventilation Centre, Bracknell, UK.

20. Grosso M. (1994). Draft final report on CPCALC, PASCOOL European Project.

21. Saraiva, J.G. and F. Marques da Silva (1993–94). 'Determination of Pressure Coefficients over Simple Shaped Building Models under Different Boundary Layers', Minutes of the PASCOOL – CLI Meetings, Florence, May 1993, Segovia, November 1993; in *Wind Tunnel Reports*, Lisbon, January, March 1994.

22. Allard, F. and M. Herrlin. (1989). 'Wind Induced Ventilation', *ASHRAE Transactions*, Vol. 95, pp. 722–728.

23. Feustel, H. *et al.* (1990). COMIS (Conjunction of Multizone Infiltration Specialists) fundamentals, AIVC Technical Note 29, 115pp.

24. Allard, F. and Y. Utsumi. (1992). 'Airflow through Large Openings', *Energy and Buildings*, Vol. 18, pp. 113–145.

25. Walton, G.N. (1982). 'A computer Algorithm for Estimating Infiltration and Inter-Room Airflows', US Department of Commerce, National Bureau of Standards.

26. Roldan, A. (1985). 'Etude Thermique et Aéraulique des Enveloppes de Bâtiments'. Thèse de Doctorat, INSA de Lyon.

27. Santamouris, M and A. Argiriou (1996). PASCOOL Project Final report, EC DGXII, Ventilation and Thermal Mass Subtask Final Report, F. Allard and K. Limam eds.
28. Sacadura, J.F. (1993). 'Initiation aux Transferts Thermiques', 4th edn. Technique et Documentation Edit, Paris.
29. McIntyre, D.A. (1980). *Indoor Climate.* Applied Science Publishers, London.
30. Colin, J. and Y. Houdas (1967). 'Experimental Determination of Coefficient of Heat Exchange by Convection of the Human Body', *Journal of Applied Physiology*, Vol. 22, p. 31.
31. *ASHRAE Fundamentals* (1993). Chapters 3 and 22. ASHRAE, Atlanta, GA.
32. Haghighat, F. and M. Chandrashekar. (1987).'A System Theoretical Model for Building Thermal Analysis', *ASME Journal of Solar Energy Engineering*, Vol. 109, No. 2, pp. 79–88.
33. Yannas, S. and E. Maldonado (eds) (1996). *Handbook on Passive Cooling.* Vol. 1. Final product of the EC-JOULE II. PASCOOL project.
34. *CIBSE Guide A* (1980). Design data. Section A3. Thermal Properties of Building Structures. CIBSE, London.
35. Lamrani, M.A. (1987). 'Transferts Thermiques et Aerauliques à l'Interieur des Bâtiment'. Doctoral Dissertation Thesis, University of Nice.
36. Yannas, S. (ed.) (1994). *Solar Energy and Housing Design. Vol. I: Principles, Objectives, Guidelines.* Architectural Association, London.
37. Liddament, M.W. (1996). *A Guide to Energy Efficient Ventilation.* Air Infiltration and Ventilation Centre, Coventry, UK.

第3章 预 测 方 法

编者：M. Santamouris

影响自然通风的物理过程是非常复杂的，而对这些过程在通风效果中作用的解释也是一项很艰难的工作。经典流体力学已经很好地描述了在设定好边界条件下的气流现象。对这种现象的说明也已经在明确边界和内部条件下，通过利用纳维尔 — 斯托克斯方程和描述湍流影响的方程而达成。但是，考虑到风的各种特征，建立对边界和内部条件的完整知识体系是不可能的。

对于舒适性和能源问题，掌握在一个空间内特定空气流动的特点和周围建筑中的空气流动速度的知识是非常重要的。设计师们希望大致知晓从开敞空间到尺度较小的建筑窗户的风流速率，而工程师们则对在一个区域内风速分布感兴趣。在研究舒适度方面的专家们为了计算来自或者传入到人体的热对流量，需要了解在一个区域内风速的值，同时致力于空气质量的专家们则对流体速率、污染物的分散和通风效率产生兴趣。

根据需要的信息种类，各种各样的方法和工具可能会被使用。模型的范围从为了计算周围空气流动速率的非常简单的实证算法到解决了纳维尔－斯托克斯方程的先进计算流体力学技术。总之，基于模型复杂性的层级，在建筑自然通风情况下为了说明空气流动，有四种不同的结果以加以区分：

- 经验型模型
- 网络型模型
- 分区型模型
- CFD 模型

前文中提到的空气流动预测方法会在接下来的部分介绍。非常值得注意的是为了预测建筑中自然通风空气流动速率的确定性方法的运用，是以经常不能准确描述现实状况条件的假设为基础的。与测量值相比，这就影响了获得结果的准确性。

3.1 经验模型

简化了的经验模型可以提供大概的相关系数来计算空气流动速率或者一个区域中平均空气速度。为了给出一个建筑中空气流动速率或者空气速度的体积评价，这些说明结合了不同温度下的空气流动情况，风速可能还有波动期。这些工具非常有用，是因为它们提供了一个对空气流动速率或平均空气速度的快速初步评价，但是经常在使用时受到自身适用性的限制。在接下来的章节里，列出了两类实证方法：

- 预测空气流动速率的简化实证方法

● 预测建筑内部空气速度的简化方法

3.1.1 预测自然通风状态下建筑内部空气流动速率的简化方法

一些基于经验数据的简化程序已经被开发用于估计特定单一空间建筑的通风速率。这些模型可能在获得空气流动速率近似值的最初设计阶段时被使用。具有代表性的方法将在接下来的章节讲述。

3.1.1.1 英国标准方法

英国标准方法建议了很多在单边和对流通风形式下，关于计算空气渗透和通风的准则。方法中假设了通过建筑时两个方向的流动，忽略了内部所有的隔墙。表3.1和3.2纲要性地给出了上述关于空气流动方式和不同条件的建议准则。

单侧通风阐述 表 3.1

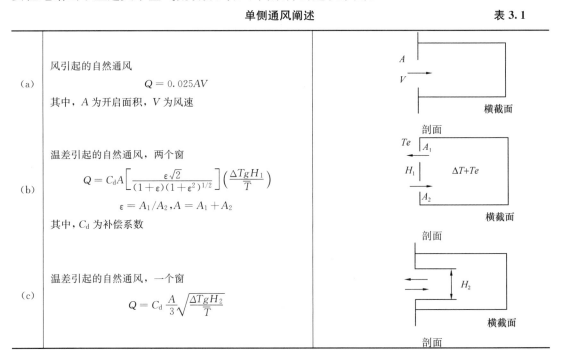

(a)	风引起的自然通风 $$Q = 0.025AV$$ 其中，A 为开启面积，V 为风速
(b)	温差引起的自然通风，两个窗 $$Q = C_{d}A\left[\frac{\varepsilon\sqrt{2}}{(1+\varepsilon)(1+\varepsilon^2)^{1/2}}\right]\left(\frac{\Delta TgH_1}{T}\right)$$ $$\varepsilon = A_1/A_2, A = A_1 + A_2$$ 其中，C_d 为补偿系数
(c)	温差引起的自然通风，一个窗 $$Q = C_d\frac{A}{3}\sqrt{\frac{\Delta TgH_2}{T}}$$

穿堂风的阐述 表 3.2

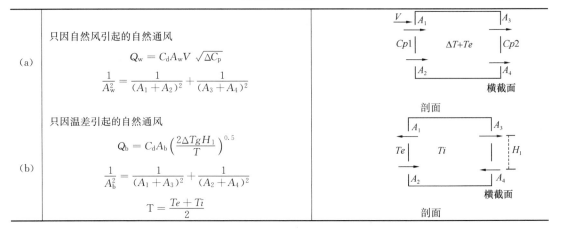

(a)	只因自然风引起的自然通风 $$Q_w = C_dA_wV\sqrt{\Delta C_p}$$ $$\frac{1}{A_w^2} = \frac{1}{(A_1+A_2)^2} + \frac{1}{(A_3+A_4)^2}$$
(b)	只因温差引起的自然通风 $$Q_b = C_dA_b\left(\frac{2\Delta TgH_1}{T}\right)^{0.5}$$ $$\frac{1}{A_b^2} = \frac{1}{(A_1+A_3)^2} + \frac{1}{(A_2+A_4)^2}$$ $$T = \frac{Te+Ti}{2}$$

续表

	因自然风和温差引起的自然通风 $$Q = Q_\text{b}\,\text{for}\ \frac{V}{\sqrt{\Delta T}} < 0.26\sqrt{\frac{A_\text{b}}{A_\text{w}}\frac{H_1}{\Delta C_\text{p}}}$$ $$Q = Q_\text{w}\,\text{for}\ \frac{V}{\sqrt{\Delta T}} > 0.26\sqrt{\frac{A_\text{b}}{A_\text{w}}\frac{H_1}{\Delta C_\text{p}}}$$ $$\Delta T = Ti - Te$$	
(c)		横截面 剖面

3.1.1.2 ASHRAE 法

这个方法要求对建筑中全部有效漏窗洞面积有所认知，而这些区域可以由加/减压技术确定，或参考表。根据这种方法，在一个单一区域内的建筑中绝大部分的空气流动速率，Q，可以表示为：

$$Q = A\sqrt{a\,\Delta T + bU_\text{met}^2}\,(\text{m}^3\text{h}^{-1}) \tag{3.1}$$

其中，

A 表示建筑中全部有效窗洞的面积（cm^2）

a 表示堆积系数（$\text{m}^6\text{h}^{-2}\text{cm}^{-4}\text{K}^{-1}$）

b 表示风系数（$\text{m}^4\text{s}^2\text{h}^{-2}\text{cm}^{-4}$）

ΔT 表示平均室内外温度差（K）

U_met 表示由气象数据测到的风速（ms^{-1}）

根据建筑的层数不同，系数 a 有 3 种不同的值。特别是：

$a=0.00188$（建筑层数为一层时）

$a=0.00376$（建筑层数为二层时）

$a=0.00564$（建筑层数为三层时）

根据一个建筑中层数的不同，同时也根据建筑物所在的当地遮蔽等级，系数 b 可取不同值。表 3.3 中给出了 5 种不同遮蔽等级下的 b 的取值。

系数 b 与建筑不同高度和当地遮蔽等级的关系　　　　　　　　表 3.3

遮蔽等级	层　　数		
	1	2	3
无障碍物	0.00413	0.00544	0.00640
轻质遮挡	0.00319	0.00421	0.00495
中度遮挡	000226	0.00299	0.00351
重度遮挡	0.00135	0.00178	0.00209
非常重度的遮挡	0.00041	0.00054	0.00063

3.1.1.3 Aynsley 法

就对流通风来说，Aynsley 提倡一种简单预测周围空气流动状况方法。假设建筑物两个相对的立面上有 2 个主要开口，这个方法运用定义的各个立面上的压强系数 $Cp1$ 和 $Cp2$

来计算通过建筑的空气流动速率。如果在两个开口中间强加质量守恒，那么可以得到下面关于全周空气流动：

$$Q = \sqrt{\dfrac{Cp1 - Cp2}{\dfrac{1}{A_1^2 C_{d1}^1} + \dfrac{1}{A_2^2 C_{d2}^2}} V_z} \tag{3.2}$$

其中 C_{d1} 和 C_{d2} 是由窗洞形式的功能得到的释放系数，A_1 和 A_2 分别表示开口 1 和开口 2 的面积，而 V_z 是参考风速。

这个方法的亮点在于，当粗略评价一个对流通风的建筑全周空气流动速率秩序的重要性时，所反映出的简便性和高效性。

3.1.1.4   De Gidds 和 Phaff 方法

大部分现存的自然通风关系不能预测在不考虑风和浮力效应情况下，所观察到的空气流动。实验结果显示，波动效应对单边通风或当风向与两个平行立面上的开口平行情况下的空气流动影响明显。波动流产生于进风的涡流特征或者建筑自身产生的涡流。空气流动中的涡流流经一个开口时会同时引起空气内部的正负压强波动。IEA 展示了一个关于整合了一个更为普遍的空气流动模型中涡流效应的经验关系。

根据 De Gidds 和 Phaff 方法，通过一个以温差、风速和波动条件为函数的开敞窗户，可以看到一个总体的关于通风速率 Q 的表达形式。基于单边通风和有效速度，可以定义 Ueff。它代表通过半个窗口的流动。有效速度可以用一般形式来定义：

$$U_{eff} = \dfrac{Q}{A/2} = \sqrt{\dfrac{2}{g}(\Delta p_{wind} + \Delta p_{stack} + \Delta p_{turb})} \tag{3.3}$$

从而，

$$U_{eff} = \dfrac{Q}{A/2} = \sqrt{C_1 U_{met}^2 + C_2 H \Delta T + C_3} \tag{3.4}$$

其中，U_{met} 表示气象风速，H 表示窗洞的垂直尺寸，C_1 是取决于风的无因次系数，C_2 是边界常数，C_3 是涡流常数。C_3 相当于一个没有堆积效应和稳定通风时，可以提供通风的有效涡流压。测量值和计算值的对比引出了下面的适当因素：$C_1 = 0.001$，$C_2 = 0.0035$ 和 $C_3 = 0.01$。

3.1.2   自然通风下建筑内空气速度评估的简化方法

对建筑设计师来说，对一个建筑物内的空气运动特征的认知是非常关键的。空气速度增加了人体的热传导和蒸发热损失，并且提高了热舒适性。最近的研究表明关于舒适性的空气涡流强烈程度影响也可以是非常重要的，而且对于涡流影响来说，可能会被整合到人体热舒适模型中去。

对于由建筑使用者引起的室内空气运动进行评估时，首先需要了解内部速度和涡流强烈程度分布。在过去的 50 年里，为了寻找预测建筑物内的空气运动方法，已经完成了一些重要的研究。厄内斯特运用方法论，将相关技术分为 5 个主要方面。

- 基于全规模的调查研究
- 基于计算机数字化模拟的研究

● 基于由参数风穴研究所获得数据的方法

● 基于对直接测量一个放置于边界层风穴中的建筑物模型中室内风速的调查的方法

接下来将讨论一些提倡的方法的主要特征、优缺点和局限性。

3.1.2.1 Givonni 法

Givonni 提倡一个普遍的相关方法，它是以实验数据为基础，可计算在一个包含方形地面和位于相向墙体上相同尺度的上风口和下风口的空间内部平均室内空气速度。根据这个方法，室内的平均速度可以表示为：

$$V_i = 0.45(1 - e^{-3.48x})V_r \tag{3.5}$$

其中 V_i 是平均室内速度，x 是窗墙比，V_r 是室外参考风速。

3.1.2.2 基于列表数据的方法

众所周知，建筑内部的空气速度无论如何也不是千篇一律的。模型研究很清楚地展示了低速的气流和面积。但是，当评判一个建筑中整个自然通风效率时，考虑一个室内空气速度平均值 V_i 是更为方便的。

对风洞实验的研究，使得在自然通风状态且不同风向下的空间内并且有着不同数量的孔洞和位置时的室内空气速度对比成为可能。Melaragno 为了不同孔洞宽度与孔洞所在墙体的两种比值不同，建议使用室内空气速度平均值和最大值。（表 3.4）

在自然通风状态且不同风向下的空间内并且有着不同数量的
孔洞和位置时的室内空气速度   表 3.4

条　　件	缝隙宽度/墙体厚度=0.66		缝隙宽度/墙体厚度=1	
迎风墙独立缝隙，风向垂直	13	18	16	20
迎风墙独立缝隙，存在一个风向角	15	33	23	36
背风墙独立缝隙，存在一个风向角	17	44	17	39
背风墙两个缝隙，存在一个风向角	22	56	23	50
迎风墙独立缝隙，还有另一个比邻的墙，风向垂直于入射窗	45	68	51	103
迎风墙独立缝隙，还有另一个比邻的墙，存在一个风向角	37	118	40	110
迎风墙独立缝隙，另一个位于背风墙上，风向垂直于入射窗	35	65	37	102
迎风墙独立缝隙，另一个位于背风墙上，存在一个风向角	42	83	42	94

室内空气速度体现为自由风速的百分比。

还因为不考虑室内隔墙的对流通风形式，采用进风口和出风口的函数，建议使用平均室内空气速度值。当进出口在一条直线上且风向为垂直时，表 3.5 中给出平均室内空气速度。

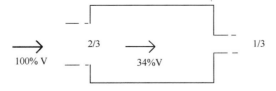

图 3.1 两堵相对墙面上进风口和出风口的尺寸对穿堂风的影响

交叉通风空间中进风口和出风口尺寸的影响；开口在对立墙体上；风垂直于进口　表 3.5

垂直风的条件	V_{aug}（%）
进风口宽/墙宽＝1/3，出风口宽/墙宽＝1/3	35
进风口宽/墙宽＝1/3，出风口宽/墙宽＝2/3	39
进风口宽/墙宽＝1/3，出风口宽/墙宽＝1	44
进风口宽/墙宽＝2/3，出风口宽/墙宽＝1/3	34
进风口宽/墙宽＝2/3，出风口宽/墙宽＝2/3	37
进风口宽/墙宽＝2/3，出风口宽/墙宽＝1	35
进风口宽/墙宽＝1，出风口宽/墙宽＝1/3	32
进风口宽/墙宽＝1，出风口宽/墙宽＝2/3	36
进风口宽/墙宽＝1，出风口宽/墙宽＝1	47

　　如图所示，增加出口尺寸同时保持进口尺寸为常数，基本不会改善循环。因此，当进口和出口同时取最大值时，可以得到最大效率；当进口尺寸最大且出口尺寸最小时，可以得到最小效率。

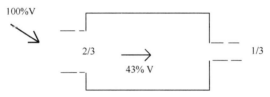

图 3.2　开口在对立墙体上；风倾斜于进风口

交叉通风空间中进风口和出风口尺寸的影响；开口在对立墙体上；风倾斜于进风口　表 3.6

倾斜的入射风的条件	V_{avg}（%）
进风口宽/墙宽＝1/3，出风口宽/墙宽＝1/3	42
进风口宽/墙宽＝1/3，出风口宽/墙宽＝2/3	40
进风口宽/墙宽＝1/3，出风口宽/墙宽＝1	44
进风口宽/墙宽＝2/3，出风口宽/墙宽＝1/3	43
进风口宽/墙宽＝2/3，出风口宽/墙宽＝2/3	51
进风口宽/墙宽＝2/3，出风口宽/墙宽＝1	59
进风口宽/墙宽＝1，出风口宽/墙宽＝1/3	41
进风口宽/墙宽＝1，出风口宽/墙宽＝2/3	62
进风口宽/墙宽＝1，出风口宽/墙宽＝1	65

　　表 3.6 显示了入射风为 45°时对进风口的影响。与垂直风向的对比我们发现，在所有情况下斜向的风起到了更有效改善通风的作用。

　　这再一次证明了，即使为斜风时，当进风口和出风口为最大情况时，即可达到最有效的通风。当进风口和出风口位于相邻墙体上时，对于尺寸的影响是不同的。表 3.7 和 3.8 分别说明了对流通风空间中开口在相邻墙体上且风向垂直于进风口和倾斜于进风口时的平均室内速度。

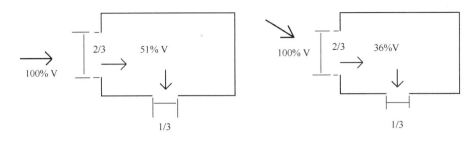

图 3.3　对流通风空间中进口和出口尺寸的影响；开口在相邻墙体上；
风向垂直于进风口和倾斜于进风口

对流通风空间中进风口和出风口尺寸的影响；开口在相邻墙体上；风向垂直于进风口

表 3.7

垂直入射风的条件	V_{avg}（%）
进风口宽/墙宽＝1/3，出风口宽/墙宽＝1/3	45
进风口宽/墙宽＝1/3，出风口宽/墙宽＝2/3	39
进风口宽/墙宽＝1/3，出风口宽/墙宽＝1	51
进风口宽/墙宽＝2/3，出风口宽/墙宽＝1/3	51
进风口宽/墙宽＝1，出风口宽/墙宽＝1/3	50

对流通风空间中进风口和出风口尺寸的影响；开口在相邻墙体上；风向倾斜于进风口

表 3.8

倾斜的入射风条件	V_{avg}（%）
进风口宽/墙宽＝1/3，出风口宽/墙宽＝1/3	37
进风口宽/墙宽＝1/3，出风口宽/墙宽＝2/3	40
进风口宽/墙宽＝1/3，出风口宽/墙宽＝1	45
进风口宽/墙宽＝2/3，出风口宽/墙宽＝1/3	36
进风口宽/墙宽＝1，出风口宽/墙宽＝1/3	37

对于垂直风向而言，最小的效率出现在当进风口的窗墙比为 1/3 且出风口为 2/3 时。

当进风口风向为 45°时，最大效率出现在当进风口比率为 1/3 且出风口为 1 时。另一方面，当进风口比率为 2/3 且出风口为 1/3 取最小效率。

3.1.2.3　CSTB 方法

CSTB 法是为了预测风引起的室内空气运动而利用建筑模型获取数据的一种方法。它是一种基于"全周通风系数"评估 C_G 的一种方法，可定义为，平均室内速度比 V，与 1.5m 处室外空气速度 $V_{1.5}$ 之间的比率。根据这种方法，通风系数取决于：

- 基地特征
- 建筑朝向与风向
- 建筑的外部特征
- 建筑内部和内部空气流动特性

因此这种方法运用 4 种相关的系数，C_{site}，$C_{orientation}$，$C_{Arch.Exter.}$，$C_{Aero.Inter.}$。那么，一个

特定空间中的全周通风系数 C_G，就等于前述 4 个系数中的最小值。

$$C_G = \min(C_{site}, C_{orientation}, C_{Arch. Exter.}, C_{Aero. Inter.}) \tag{3.6}$$

对于对每个系数的评价，一个完整又具体但相当复杂的方法得到了推广，它是基于在一个参考单元中通风情况的考虑。如 C_0，$C_x = f(C_0)$，我们测试后发现，在风洞试验中 $C_0 = 0.6$。参考模型是一个 $30m^2$，$3\sim4m$ 高的单一空间，其天花板斜向风向的主要方向为 $10°$。进风口和出风口开口为相应迎风面和背风立面的 30%，而建筑的轴线平行于主风向的主轴线。此外，这个单元是位于平整地面且没有遮挡的情况下的。

基地的影响：C_{SITE} 评价

基地对建筑中通风的影响取决于以下因素：

● 基地地形特征，它可以对建筑的自然通风产生有利或不利影响。为了说明地形的影响，我们用系数 C_{TP} 来代替。

● 周边环境的特征（植被的存在，周边建筑等等），为了说明这些影响，我们用系数 C_{EP}。

● 基地的城市关系。我们建议用 C_{PM} 来说明建筑区位的影响。

为了评判 C_{site}，必须首先确定系数 C_{TP}，C_{EP} 和 C_{PM}。接下来的内容说明了如何确定这些系数的具体方法。

地形影响—C_{TP}。我们用区分有利和不利地形的方法。不利地形由下列几点来判定：

● 上风向区域位于较低的山体上；$C_{TP} = 0.6C_0$

● 下风向区域位于较低的山体上；$C_{TP} = 0.5C_0$

● 山谷几乎不朝向当地风向；$C_{TP} = 0.3C_0$

● 悬崖地带；$C_{TP} = 0.7C_0$

那么有利的区域就是：

● 在两个山体中间且有适当朝向当地通风的区域；$C_{TP} = 1.1C_0$（图 3.4a）；

● 在山顶上且有一个顺风向的屋顶的区域；$C_{TP} = 1.2C_0$——如果屋顶倾斜角度高于山体角度，参见以下情况（图 3.4b）；

● 处于山顶上且屋顶斜度与山体斜度一致的区域；$C_{TP} = C_0$（图 3.4c）；

● 处于山顶上且迎风面屋顶角度比山体斜度大 $20°$ 的区域；$C_{TP} = 1.3C_0$（图 3.4d）。

这种方法检验了建筑是否位于偏远地区还是中低城市密度的区域。对于城市化密集度地区，自然通风也不是一个非常有效的技术。对于偏远地区或者低城市密集区来说，高大的树木或者其他障碍物，一般 $5\sim10m$ 高，且处于建筑物的迎风面前，会显著降低自然通风的潜在作用。在这种情况下，建筑应该放置于离这些障碍物较远的位置。这个方法中提供了下面几点建议：

● 如果障碍物平行于风向的轴线，那么建筑应该放置于离障碍物至少为障碍物 12 倍高之外的地方。（图 3.5a）。

● 如果障碍物与风向轴线基本符合，建筑物应该放置于离障碍物 4 倍障碍物高的地方。（图 3.5b）。

● 如果上述两种条件都满足，那么 $C_{EP} = C_0$；否则 C_{EP} 取 $0.1 C_0 \sim 0.5 C_0$ 之间。（图 3.5c）。

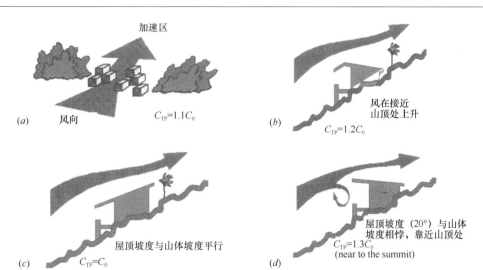

图 3.4 CSTB 法—基地的影响：地形的影响

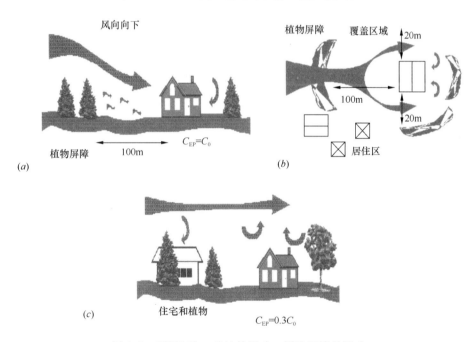

图 3.5 CSTB 法—基地的影响：周边环境的影响

如前所述，这种方法只能处理位于偏远地区或者城市化密度低的地区。对于一个单独的建筑来说，我们认为 $C_{EP} = C_0$。那么也检验了两种相关建筑群。

- 建筑物都处在平行线上（图 3.6*a-c*）；
- 一个 π 型的建筑群。（图 3.6*d*）。

位于平行直线上的建筑群组是以直线的数量 n 为特征的。同时，a 为在相同直线上建筑物之间的距离，b 为在连续直线之间的距离。从图 3.6*a* 可以看出，如果风向的角度平行于窗洞的轴线，$\theta = 0$，对于第一条直线上的建筑物来说系数 C_{PM} 可以通过一个以 a 的函数来取得。如图，当 $a = 3\text{m}$，$C_{PM} = 1.3C_0$。对于位于不同直线上的建筑当角度相同时，系

数 C_{PM} 可以通过一个以 a 和 b 的函数来得到，如果 3.6b 所示。当 $a = 2m, b > 30m$，或者 a 在 $7 \sim 8m$ 之间，$b > 15m$ 时，$C_{PM} = C_0$。根据这种方法，当风向角度在 $\pm 20°$ 范围内时，可以获得同样的结果。如果范围在 $\pm 45°$ 之间时（图 3.6c），那么

$$C_{PM(\phi = \pm 45°)} = 0.75 C_{PM(\phi = 0)}$$

方法对于一个 π 型建筑群，建议 $C_{PM} = 1.2 C_0$。如果风向平行于建筑窗洞的轴线，那么 $C_{PM} = 0.6 \sim 0.7 C_0$。

当 C_{TP}，C_{EP} 和 C_{PM} 已经计算出来，系数 C_{Site} 可以根据下面的方法加以计算。

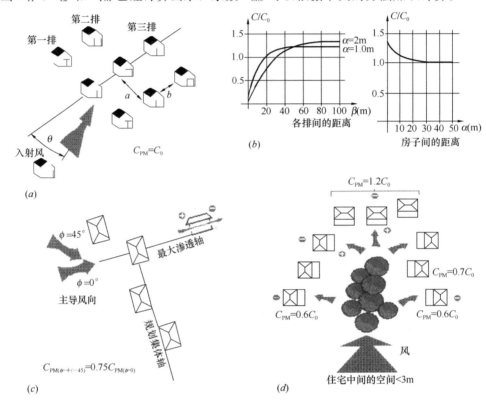

图 3.6 CSTB 法—基地的影响：建筑物的相关位置的影响

1. 当建筑与比邻的障碍物满足如上文所述的条件时，那么 $C_{Site} = C_{EP} = C_0$。当这些条件不满足时，那么说明 C_{EP} 的值较小，$C_{EP} = 0.1 \sim 0.5 C_0$，则自然通风的潜力就非常低。当满足上述条件且 C_{TP} 高于或等于 C_0，且 a 和 b 与比邻建筑之间的距离恰当，那么 $C_{Site} = (C_{PM} + C_{TP})/2$。

2. 当第一个条件满足且 C_{TP} 低于 C_0，那么 $C_{Site} = C_{TP}$。

3. 当建筑在一个区域内的山顶，有一个大于山体坡度 $20°$ 的迎风坡屋顶，且与周围建筑有合适的距离，风的瞬时角度与开窗的轴线平行时，$C_{Site} = 1.5 C_0$。

4. 当建筑在一个区域内的山顶，有一个与山体坡度相同的迎风坡屋顶，且与周围建筑有合适的距离，风的瞬时角度与开窗的轴线平行时，$C_{Site} = 1.3 C_0$。

在本章的最后，会通过一个实例来解释上述方法。

瞬间风向角的影响：$C_{orientation}$ 值。建筑受到瞬时风向角影响取决于如下参数：

● 开窗轴线与风向轴线之间的夹角 θ (图 3.7a)；

● 城市平面布局的朝向与风向轴线之间的夹角 ϕ (图 3.7b)；

● 城市平面布局的自然因素和特性。

为了估算 $C_{\text{orientation}}$ 系数, 我们使用如下方法：

1. 当 $\theta = 0$ 或者小于等于 $\pm 20°$ 时, $C_{\text{orientation}} = C_0$。

2. 当 $\theta = \pm 45°$ 时, $C_{\text{orientation}} = 0.75 C_0$。

3. 当 $\theta = 90°$ 时, $C_{\text{orientation}} = 0.5 C_0$。

建筑外部特性的影响：C_{Archi} 值。建筑外部特性的影响取决于以下参数：

● 开窗特点, 系数 C_P 引入这个方法中用来考虑其影响；

● 建筑屋顶的设计, 系数 C_T 引入这个方法中用来考虑其影响；

● 可开启屋面存在, 系数 C_{ET} 引入这个方法中用来考虑其影响；

● 混凝土支柱存在, 系数 C_{PL} 引入这个方法中用来考虑其影响；

● 翼墙的存在, 系数 C_J 引入这个方法中用来考虑其影响；

在下面一个段落中, 我们将利用

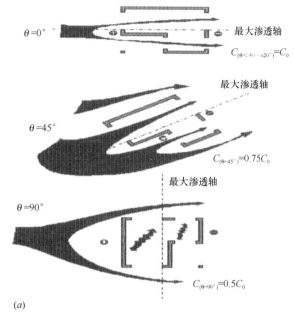

(a)

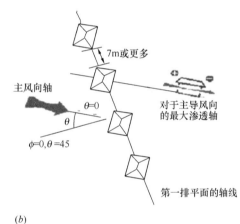

(b)

图 3.7 CSTB 方法——瞬时风速的影响

这个方法推演计算各个系数, 即 C_P, C_T, C_{ET}, C_{PL} 及 C_J, 以此来计算它们描述的 C_{Archi} 的值。

屋顶的影响：C_T 值。系数 C_T 的值是基于建造在平或坡地之上的建筑而言的。对于建造在平地上的建筑来讲, 有如下几种情况（图 3.8）：

● 向外延伸的平台, $C_T = 0.6 C_0$；

● 坡屋顶, 最高的部分朝向风的方向, $C_T = 0.65 C_0$；

● 四坡屋顶, $C_T = 0.7 C_0$；

● 简单的平台, $C_T = 0.8 C_0$；

● 两坡屋顶, $C_T = 0.9 C_0$；

● 坡屋顶, 最低的部分朝向风的方向, $C_T = C_0$；

● 建筑距地面抬高 1.5m, 坡屋顶且最低的部分朝向风的方向, $C_T = 1.1 C_0$。

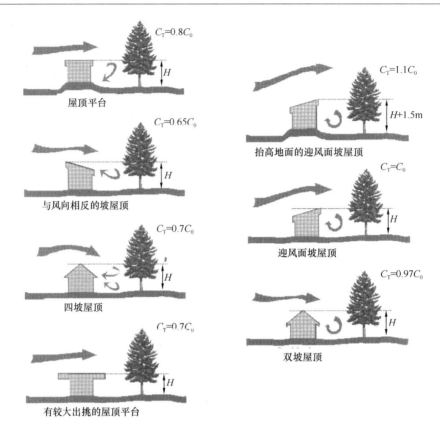

图 3.8　CSTB 方法—建筑外部特性的影响：屋顶的影响

对于建造在山坡上的建筑，其坡屋顶的方向与山体方向相反时，$C_T = 1.3 C_0$。

屋顶天窗的影响：C_{ET} 值。如果开窗的一部分被挡风立面替代并且其他立面为背风面，屋顶天窗才有效。全部表面的开窗需要足够大，为 $2\sim3\ \text{m}^2$ 每间。

有两种情况，如图 3.9 所示。第一种情况是当最高的天窗在迎风面上，那么 $C_{ET} = 1.4 C_0$。而在第二种情况下，当最高的天窗在背风面上，$C_{ET} = 1.15 C_0$。

开窗的自然因素和特性的影响：C_P 值。为了提高自然通风的效果，建筑主要开窗的轴线应当与主导风向的轴线平行。如前所述，风的进入角度随系数 C 值的减小而有巨大的变化。

建筑的开窗面积和墙面的面积比值是通过类似于某表面的"孔隙率"的方法定义的。根据这个方法，表皮的窗墙比应当高于 15%。下面所述的 C_P 值被假定为对于迎风面和出风面"窗墙比"的函数（图 3.10）。

当迎风面和出风面窗墙比等于 15% 时，$C_P = 0.7 C_0$；

当迎风面和出风面窗墙比等于 30% 时，$C_P = C_0$；

当迎风面和出风面窗墙比等于 40% 时，$C_P = 1.2 C_0$。

如果迎风面和背风面的窗墙比不同时，那么背风面的窗墙比应当略高。又如假设迎风面和背风面的窗墙比分别为 40% 和 30%，那么 $C_P = 1.1 C_0$，但对于相反的情况，$C_P = 1.3 C_0$。

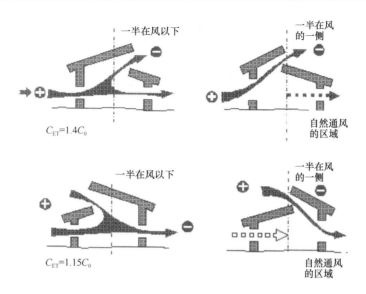

图 3.9 CSTB 方法—建筑外部特性的影响：天窗的影响

侧面开窗的影响总是积极的。例如一个建筑的迎风面和背风面的窗墙比均等于 30%，侧窗的窗墙比为 10%，那么 $C_P = 1.2C_0$。当背风面的窗墙比为零时，那么可以通过开侧窗补偿，即使不能达到对于迎风面开窗的完全的补偿。例如当迎风面和背风面的窗墙比分别为 30% 和 0%，侧立面的窗墙比为 20% 时，则 $C_P = 0.7C_0$。

混凝土支柱的影响：C_{PL} 值。混凝土支柱的存在使开窗可以大于 1 米，那么风可以自由地吹进室内，提高室内通风效率。该方法建议为 $C_{PL} = 1.2C_0$。

翼墙的影响：C_J 值。当翼墙设置合理时，会增加压强引导空气通过开窗进入室内。根据这种方法，翼墙的高度至少要在 2.5 米以上，且最低不应低于 2 米。如果存在这样的翼墙，那么，$C_J = 1.1C_0$。

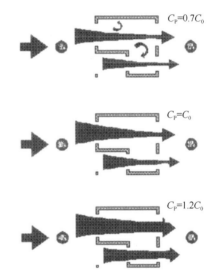

图 3.10 CSTB 方法—建筑外部特性的影响：开窗的自然因素和特性的影响

如果这些系数 C_P, C_T, C_{ET}, C_{PL} 及 C_J 的值确定，那么就可以通过他们用准确的方法计算出 C_{Archi}。这个方法按下述两个情况来说明：

- 在迎风面和背风面均开窗的一个空间的建筑；
- 在迎风面和背风面和屋顶均开窗的多个空间的建筑。

对于第一种情况而言，有如下步骤：

1. 迎风面的窗墙比至少高于背风面窗墙比 15%。若背风面的窗墙比为零，即没有开窗，那么侧窗的窗墙比则至少为 20%。在这样的条件下，如果下述 2～4 条不满足，那么

$C_{\text{archi}} = C_{\text{P}}$。如果对于本条的绝对条件也不满足，那么这座建筑不适宜做自然通风。

2. 当上述条件 1 满足时，且空间内有设计良好的天窗，那么 $C_{\text{archi}} = (C_{\text{P}} + C_{\text{ET}})/2$。

3. 如果建筑中安装混凝土支柱或者翼墙，那么 $C_{\text{archi}} = (C_{\text{P}} + C_{\text{PL}} + C_{\text{T}})/3$ 或者 $C_{\text{archi}} = (C_{\text{P}} + C_{\text{J}} + C_{\text{T}})/3$。此时建筑的 C_0 值也提高了 $C_{\text{T}} = C_0$。

4. 当迎风面和背风面的窗墙比为 30%，建筑建造在一个小山坡上，其屋顶的坡度与山体的坡度相反，那么 $C_{\text{archi}} = 1.3 C_0$。

对于第二种情况而言，这个方法包含了如下步骤：

1. 如果没有翼墙，那么 $C_{\text{archi}} = C_{\text{ET}}$。

2. 如果建筑中安装翼墙和混凝土支柱，那么 $C_{\text{archi}} = (C_{\text{ET}} + C_{\text{J}})/2$ 或者 $C_{\text{archi}} = (C_{\text{ET}} + C_{\text{PL}})/2$。

建筑室内特征的影响：$C_{\text{AERO. INTER}}$ 值。建筑室内的布置应当允许气流穿过建筑，且在建筑内保持一个相对的均匀性。在此方法中需要考虑到的参数如下：

- 室内分区，为考虑其影响，在这个方法中使用系数 C_{c}。
- 家具，这个方法中不考虑它的影响。

室内分区的影响：C_{c} 值。为了使空气顺畅的进入室内，室内分区应当与气流方向平行（图 3.11a）。在这种情况下 $C_{\text{c}} = C_0$。如果室内分区的门和其他室内开窗与气流平行且其窗墙比高于 50% 时，$C_{\text{c}} = 0.9 C_0$。

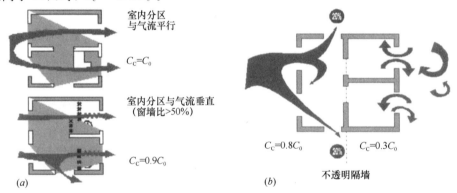

图 3.11   CSTB 方法—建筑室内特征的影响：室内分区的影响

当室内分区与气流方向不同（图 3.11b）且其窗墙比很低，低于 20% 时，或者分区是不透明的，那么在背风区 $C_{\text{c}} = 0.3 C_0$。在这种情况下，区间内迎风区只有在开有侧窗且窗墙比大于 20% 时才能实现自然通风。此时，对于迎风区的开窗来讲 $C_{\text{c}} = 0.8 C_0$。

基于以上考虑，该方案为：$C_{\text{Aero. Inter}} = C_{\text{c}}$。

举例

如图 3.12 为一个 4 个区域的建筑。建筑坐落在一个小山坡上，风的入射角为 $\theta = 30°$。迎风面、背风面和侧立面的窗墙比分别为 40%，30% 和 20%。建筑中的开窗都装有混凝土支柱，在区域 3 和 4 中安装有天窗。计算每一个区域的系数 C_{G} 以及进入和流出室内外的空气速度。

1. 计算 C_{Site}：由于周围没有障碍物得 $C_{\text{EP}} = C_0$。同样建筑是独立存在的，得 $C_{\text{PM}} =$

C_0 。最后建筑的屋顶坡度并不完全合适，得 $C_{TP} = C_0$ 。因此 $C_{Site} = C_0$ 。

2. 计算 $C_{orientation}$ ：由于当 $\theta = 20°$ 时，$C_{orientation} = C_0$ ，当 $\theta = 45°$ 时，$C_{orientation} = 0.75C_0$ 。那么我们可以得到它们中间的值即，当 $\theta = 30°$ 时，$C_{orientation} = 0.85C_0$ 。

3. 计算 C_{archi} ：

区域 2：因为安装了混凝土支柱，那么 $C_{PL} = 1.2C_0$ 。同样的，迎风面和背风面的窗墙比均为 30％ 且存在侧窗，$C_P = 1.2C_0$ 。因此，$C_{archi} = \dfrac{(1.2+1.2)C_0}{2} = 1.2C_0$ 。

区域 1：由于背风面没有超出迎风面窗墙比的 15％，且侧窗的窗墙比为 20％，那么 $C_P = 0.7C_0$ 。在这种情况下，不用考虑混凝土支柱的影响，故而 $C_{archi} = C_P = 0.7C_0$ 。

区域 3 和 4：已知给出的混凝土支柱 $C_{PL} = 1.2C_0$ ，此外天窗为 $C_{ET} = 0.9C_0$ ，那么 $C_{archi} = \dfrac{(0.9+1.2)C_0}{2} = 1.05C_0$ 。

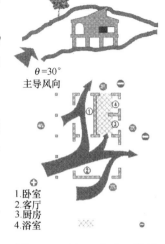

图 3.12　CSTB 方法—举例

4. 计算 $C_{Aero. Inter}$ ：

区域 2：由于内部分区与气流方向平行，$C_{Aero. Inter} = C_0$ 。

区域 1：由于内部分区不透明且安装有侧窗，$C_{Aero. Inter} = 0.8C_0$

区域 3 和 4：由于存在天窗，综合考虑侧窗和背风面开窗，$C_{Aero. Inter} = C_0$ 。

那么，因为 $C_G = \min(C_{Site}, C_{orientation}, C_{Archi. Exter}, C_{Aero. Inter})$ ，我们得到：

- 区域 1：$C_G = \min(C_0, 0.85C_0, 0.7C_0, 0.8C_0) = 0.7C_0$ 或 0.42 。
- 区域 2：$C_G = \min(C_0, 0.85C_0, 1.2C_0, C_0) = 0.85C_0$ 或 0.51 。
- 区域 3 和 4：$C_G = \min(C_0, 0.85C_0, 1.05C_0, C_0) = 0.85C_0$ 。

3.1.2.4　厄内斯特方法

厄内斯特方法，利用边界层风洞试验中建筑缩小模型得到的数据，提出一个预测风环境下室内空气运动的经验模型。这个模型需要输入气候数据，例如风向、建筑周围的气压分布情况，同样还要输入跟建筑自身有关的数据资料，例如建筑尺寸、窗户特性以及室内分区情况。这个方法预测了平均室内气流速度系数 C_v 的值，用来定义平均室内速率与屋檐高度的平均室外自由气流的速率的比值，它代表了水平面上通过室内空间的室内气流的相对强度的计算。因此这个方法决定了室内空气流速的分布是基于平面面积的累积百分比，超过一定数值速度也会过大，但并没有确定空间内具体地方的气流速度。为此，在这个计算中引入了空间变化的系数 C_{sv} ，将其定义为：

$$C_{sv} = \sigma_s(V_i)/(V_e C_v) \tag{3.7}$$

其中 $\sigma_s(V_i)$ 为 n 个平均室内气流速度的标准偏差，V_e 为在屋檐高度下室外自由气流的参考速度，C_v 为前述平均气流速度系数。明确的是 C_{sv} 计算的是在空间内分布相对均匀的气流。一个较低数值 C_{sv} 表明气流是均匀的，但数值较高则说明空间内气流分布不均匀。最后，这个方法是为了计算平均湍流系数 C_t ，计算室内湍流程度的方程为：

$$C_t = 1/N \sum_{i=1,N} \sigma_t(V_i)/(V_e C_v) \tag{3.8}$$

其中 $\sigma_t(V_i)$ 为在室内 i 处，平均气流速度的波动分量的标准偏差。模型可以通过配置参数的范围来生成。

计算平均室内气流速度系数 C_v 的公式如下：

$$C_v = f_1(C_p, \theta) f_2(\varphi) f_3(P_n, \theta) f_4 \tag{3.9}$$

其中，

C_p 为压力系数；

θ 为风向；

φ 为建筑的窗墙比；

P_n 为室内分布形式；

$f_1(C_p, \theta)$ 为影响压力分布和风向的系数；

$f_2(\varphi)$ 为影响开窗尺寸的系数；

$f_3(P_n, \theta)$ 为影响室内分区系数；

f_4 为影响窗户附件的系数。

计算系数 $f_1(C_p, \theta)$ 的经验表达式如下：

$$f_1(C_p, \theta) = [A\Delta C_p + BC_{p,i}\cos\theta + CC_{p,o}\cos\theta + D\cos\theta + E]^{0.5} \tag{3.10}$$

其中 $C_{p,i}$ 为迎风面开窗面的平均压强系数，$C_{p,o}$ 为背风面平均压强系数，$\Delta C_p = |C_{p,i} - C_{p,o}|$。

生成厄内斯特（Ernest）模型的各个参数的范围　　　　表 3.9

迎风地面的粗糙度	调研了三种不同地形粗糙度：农场，村庄和城郊
风向	对每一座建筑形式，测量了七种入射风风向：0°，15°，30°，45°，60°，75°，90°
迎风面的临时障碍物	障碍物排列于迎风面十个不同的位置
建筑高度及屋顶几何形态	调研了一座两层的建筑和三种类型的坡屋顶
建筑体形	调研了共五种建筑体形：长方形（两种），L形，U形，Z形
建筑外轮廓投影	调研了两种翼墙类型以及两种出挑建筑。此外，还研究了屋顶挑檐和山墙面。
窗户尺寸	调研的窗户尺寸的范围为窗墙比为 6%～25%。
窗户的位置	检测进风口和出风口位置，且开窗的位置或位于中心，或位于建筑的一侧。
室内分区	两种室内分区形式，三种不同的位置，以及两种不同的高度。具体的关于室内分区的测试会在下文表述。

在这个方程中的经验系数为：$A = 0.0203$，$B = 0.0296$，$C = -0.0651$，$D = -0.0178$，$E = 0.0054$。

计算系数 $f_2(\varphi)$ 的表达式为：

$$f_2(\varphi) = A\varphi + B \tag{3.11}$$

其中 $A = 3.48$，$B = 0.42$。当建筑的窗墙比（φ）（$0.06 < \varphi < 0.25$）时，计算的表达式如下：

$$\varphi = 2A_i A_0 / [A_w(2A_i^2 + 2A_0^2)^{0.5}] \tag{3.12}$$

其中 A_i 为进风口面积，A_0 为出风口面积，A_w 为包含进风口的室内墙体面积。

计算室内分区的影响 f_3，使用者需要从图 3.13 中选取一种情况，分区的位置、高度、风向的值的范围如下：

Dip 为进风口和隔墙之间的距离；

Lir 为房间进风口和出风口之间的距离；

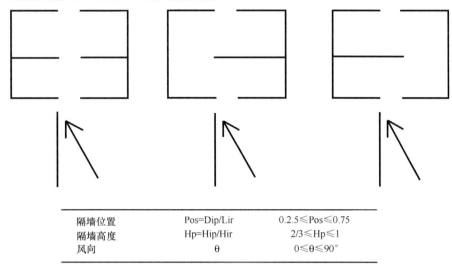

隔墙位置	Pos=Dip/Lir	0.2.5≤Pos≤0.75
隔墙高度	Hp=Hip/Hir	2/3≤Hp≤1
风向	θ	0≤θ≤90°

图 3.13　室内分布形式

Hip 为室内隔墙的高度；

Hir 为室内高度（层高）。

通过这些形式，可以得出 4 中经验函数，总结图表 3.10。

系数 f_3 [9]　　　　　　　　　　　　　　　　　　　　　表 3.10

隔墙类型	f_3 （p_n, θ）	A	B	C	D
类型 1	$A+B\, Hp\, Pos+C\cos 6\theta$	0.770	0.287	0.045	—
类型 2，$H_p=1$	$A+B\sin\theta$	0.882	0.057	—	—
类型 2，$H_p=2/3$	$A+B\,P_{os}+C\sin\theta+D\,P_{os}\sin\theta$	0.646	0.381	0.442	−0.699
类型 2，$H_p=1$	$A+B\,P_{os}+C\sin\theta+D\cos 6\theta$	0.628	0.300	0.064	0.042

计算 f_4 系数是 Swami 和 Chandra 建议值，见表 3.11。

系数 f_4 [13]　　　　　　　　　　　　　　　　　　　　　表 3.11

窗户类型	f_4
开启的窗户，60%孔隙度的纱窗	0.85
完全开启的窗，无纱窗，带雨棚	0.75
开启的窗户，60%孔隙度的纱窗，带雨棚	0.65

举例 A_o 计算室内平均气流速度系数，室内分区为类型 1，$H_p=0.75$，$P_{os}=0.33$，$\theta=30°$。假设 $C_{p,i}=-0.04$，$C_{p,o}=-0.51$，窗户为 60% 孔隙度的纱窗，建筑的窗墙比为 20%。

运用方程（3.10）来计算 $f_1(C_p, \theta)$：

$$f_1(C_p, \theta) = [A\Delta C_p + B C_{p,i}\cos\theta + C C_{p,o}\cos\theta + D\cos\theta + E]^{0.5}$$
$$= [(0.0203)(0.47) + (0.0296)(-0.04)(0.866) + (-0.0651)$$
$$(-0.51)(0.866) + (-0.0178)(0.866) + (0.0054)]^{0.5}$$
$$= 0.165$$

运用方程（3.11），得：

$$f_2(\varphi) = A\varphi + B = (3.48)(0.20) + 0.42 = 1.116$$

同样，从表 3.10 中得：

$$f_3(P_n, \theta) = A + B H_p P_{os} + C\cos 6\theta$$
$$= (0.770) + (0.287)(0.75)(0.33) + (0.045)(-1)$$
$$= 0.796$$

最后，从表 3.11 中我们得到 $f_4 = 0.85$。因此通过方程（3.9）我们可以得到：

$$C_v = f_1(C_p, \theta) f_2(\varphi) f_3(P_n, \theta) f_4 = (0.165)(1.116)(0.796)(0.85) = 0.125$$

证明空间变异系数：C_{sv}。在厄内斯特（Ernest）研究的空间形态中，下面所列的方程用米计算空间变异系数 C_{sv}：

$$C_{sv} = A + B f_1(C_p, \theta) + C\sin\theta + D\sin 4\theta \tag{3.13}$$

其中，经验系数为：$A = 0.252$，$B = 0.958$，$C = 0.080$，$D = -0.056$。

举例 B。计算 L 形建筑的 C_{sv} 值，$\theta = 30°$。

利用方程（3.10）我们得到 $f_1(C_p, \theta) = 0.165$，再通过方程（3.13）我们得到：

$$C_{sv} = A + B f_1(C_p, \theta) + C\sin\theta + D\sin 4\theta$$
$$= 0.252 + (0.958)(0.165) + (0.08)(0.5) + (-0.056)(0.866)$$
$$= 0.402$$

确定室内气流速度分布：确定室内气流分布的表达式如下：

$$\frac{V(p)}{V_e} = (1 + \Omega(p)C_{sv}) C_v \tag{3.14}$$

其中：

P 为面积百分比（$0.05 \leqslant p \leqslant 1$）；

$V(p)$ 为面积超过 $p\%$ 的平均风速；

V_e 为屋檐高度，平均室外参考自由气流速度；

$\Omega(p)$ 为面积超过 $p\%$ 减少的平均速度；

C_{sv} 为空间变异系数（$0.20 \leqslant C_{sv} \leqslant 0.70$）；

C_v 为平均气流速度系数（$0.050 \leqslant C_v \leqslant 0.35$）；

那么减少的速度分布为：

$$\Omega(p) = A\ln(p) + B \tag{3.15}$$

方程中的系数为：$A = -1.262$，$B = -1.109$。

举例 C。计算 L 形建筑，面积超过 33%，$\theta = 30°$，$C_v = 0.125$，$C_{sv} = 0.495$ 的气流速度。

运用公式（3.15），我们得到：

$$\Omega(p) = A\ln(p) + B = (-1.262)(-1.11) - 1.109 = 0.290$$

那么运用方程 3.14，我们得到：

$$\frac{V(p)}{V_e} = (1 + \Omega(p)C_{sv})C_v = [1 + (0.290)(0.495)](0.125) = 0.143$$

这个值意味着在面积超过 33% 的情况下，室内气流速度会高于或等于 $0.71\mathrm{m\,s}^{-1}$。

举例 D。当室内气流速度超过目标流速 $1\mathrm{m\,s}^{-1}$ 时，$\left(\dfrac{V(p)}{V_e} = 0.2\right)$ 计算面积百分比 (p)。L 形建筑，$\theta = 30°, C_v = 0.125, C_{sv} = 0.495$。

通过计算 $\Omega(p)$ 的方程 3.14，我们得到：

$$V(p)/V_e = [1 + \Omega(p)C_{sv}]C_v$$
$$\Rightarrow \Omega(p) = V(p)/[(V_e C_v) - 1]/C_{sv}$$
$$= [(0.2/0.125) - 1]/0.495$$
$$= 1.212$$

求解方程（3.15）中的 p 值，我们得到：

$$\Omega(p) = A\ln(p) + B$$
$$\Rightarrow p = \exp\{[\Omega(p) - B]/A\}$$
$$= \exp[(1.212) + (1.109)/(-1.262)]$$
$$= 0.159$$

这个值意味着当低于这个条件时，在该建筑面积条件下室内空气速率超过了目标速率 $1\mathrm{m\,s}^{-1}$ 约 15%。

3.2 网络模型

3.2.1 介绍

经验模型是以简化公式为基础的，必须在合理的范围内谨慎应用。此外，因为它们基于简单的假设，只能期望它们提供可当做单独区域的建筑大体积空气流量的估计。然而，在实际情况下，因为各个区域通过内部开口的相互影响非常重要，所以将建筑作为一个单个体积的估计没有价值。在这种情况下，需要进行多区域空气流动网络分析。

根据空气流动网络模型的概念，一个建筑由一组网格表示，该网格由一些代表所模拟区域和外部环境的节点组成。不同区域之间的相互影响由连接它们各自节点的气流路径表示。这样，建筑的房间由节点表示，开口由连接的气流路径表示。室外环境的影响由连接室内外节点的气流路径表示。所有内部的和外部的节点都赋予压力值。

如下面章节将要分析的，通过建筑开口的空气流量与开口两边的压力差直接相关。外部节点的压力已知。根据网络模型概念，为了最终推断空气流量，内部节点的压力值必须确定。

应用于网络模型中的、自然通风所涉及的现象的数学诠释，在下面的章节中阐释。

3.2.2 自然通风物理机制的诠释

自然通风的所有情况下，驱动力都归因于建筑结构上的各种开口上产生的压差。压差产生于两种机制的共同作用，风和温差。

3.2.2.1 风的作用

正压产生于建筑面向风的面（迎风面），而负压区在相反的面（背风面）。这样造成了建筑内部的负压，足以引入大量的气流通过建筑的开口。一般情况下，空气由建筑迎风面流入，由建筑背风面流出。

风对于外部开口压差的贡献量按照下面表达式计算：

$$\Delta P_w = 0.5 C_\rho \rho U^2 \tag{3.16}$$

这里 ΔP_w 是风引起的压力（Pa），$C\rho$ 是风压系数，ρ 是空气密度（$\mathrm{kg m^{-3}}$），U 是参考高度上的风速，通常取建筑高度（$\mathrm{m s^{-1}}$）。

风速值是根据典型气象数据的可利用的风速测量值计算出来的。在固定高度上的风速测量值是可以利用的，通常取地面以上 10m 的高度。因此，实际风速（U）必须被合理调节到一个具体的高度，并且要考虑到建筑的定位，位置的地形和来流风向上周边地区的粗糙度。这可以用三个风速轮廓线计算：

● 幂定律风速轮廓线

实际风速 U_1 通过下面表达式估计：

$$\frac{U_1}{U_{10}} = K z_1^a \tag{3.17}$$

这里系数 K 和指数 a 是依据地面粗糙度的常数。典型的 K 值和 a 值由表 3.12 中给出。

● 对数风速轮廓线，在第 2 章中提到过，根据该公式风速是高度的对数函数：

$$\frac{U_l}{U_m} = \frac{U_{*,l}}{U_{*,m}} \left[\frac{\ln \dfrac{z_{ll} - d_l}{z_{0,l}}}{\ln \dfrac{z_m - d_m}{z_{0,m}}} \right] \tag{3.18}$$

这里

$$\frac{U_{*,l}}{U_{*,m}} = \left[\frac{z_{0,l}}{z_{0,m}} \right]^{0.1} \tag{3.19}$$

这里 U_m 是气象数据中的风速（$\mathrm{m s^{-1}}$），U_* 是大气的摩擦速度（$\mathrm{m s^{-1}}$），z_0 是地面粗糙度（m），d 是地面的当量长度（m）。典型的 z_0 值和 d 值由表 3.12 给出。

● 另一种的幂定律风速轮廓线，由劳伦斯伯克利实验室研发：

$$\frac{U_l}{U_m} = \frac{\alpha \, (z/10)^g}{\alpha_m \, (z_m/10)^{g_m}} \tag{3.20}$$

这里 α，g 是依赖于地形的常数，典型取值由表 3.12 给出。

无量纲风压系数 Cp 是导出的经验参数，表征了由环境障碍物对当地盛行风特征的影响所引发的风压变化。它的值根据风向、建筑表面方向和风向上地形和粗糙度而变化。基于实验结果的典型设计数据由表 3.13 给出。

地面参数典型取值 表 3.12
(高度＝建筑高度)

地形	K	a	z_0	d	α	g
开阔平坦的乡村	0.68	0.17	0.03	0.0	1.00	0.15
有分散的风障的乡村	0.52	0.20	0.1	0.0	1.00	0.15
农村			0.5	0.7h	0.85	0.20
城镇	0.35	0.25	1.0	0.8h	0.67	0.25
城市	0.21	0.33	＞2.0	0.8h	0.47	0.35

每组数据由 16 个不同风向的 Cp 值组成(风与表面所成角度为：0°，22.5°，45°，67.5°，90°，112.5°，135°，157.5°，180°，202.5°，225°，247.5°，270°，292.5°，315°，337.5°，从上面看是顺时针方向进行的)。

表 3.13 由 29 个风压系数数据组组成，与同等数量的考虑到立面朝向、尺度、暴露情况的不同立面构造相对应。表中给出的 Cp 值可以用于最高为 3 层的低层建筑，它们表示每个建筑外立面的平均值。

Cp 参数的局部(不是墙面平均的)估计值是空气渗透模型最难的方面之一。在下一节中将阐释一个最新研发的 Cp 计算模型。

压力系数组 表 3.13

编号	立面描述	AR *	Exp⁺	Cp 数组
1	墙	1：1	E	0.7, 0.525, 0.35, −0.075, −0.5, −0.45, −0.4, −0.3, −0.2, −0.3, −4, −0.45, −0.5, −0.075, 0.35, 0.525
2	屋顶，坡度＞10°	1：1	E	−0.8, −0.75, −0.7, −0.65, −0.6, −0.55, −0.5, −0.45, −0.4, −0.45, −0.5, −0.55, −0.6, −0.65, −0.7, −0.75
3	屋顶，坡度＞10°～30°	1：1	E	−0.4, −0.45, −0.5, −0.55, −0.6, −0.55, −0.5, −0.45, −0.4, −0.45, −0.5, 0.55, −0.6, −0.55, −0.5, −0.45
4	屋顶，坡度＞30°	1：1	E	−0.3, −0.35, −0.4, −0.5, −0.6, −0.5, −0.4, −0.45, −0.5, −0.45, −0.4, −0.5, −0.6, 0.5, −0.4, −0.35
5	墙	1：1	SE	0.4, 0.25, 0.1, −0.1, −0.3, −0.325, −0.35, 0.275, −0.2, −0.275, −0.35, −0.325, −0.3, −0.1, 0.1, 0.25
6	屋顶，坡度＜10°	1：1	SE	−0.6, −0.55, −0.5, −0.45, −4, −0.45, −0.5, −0.55, −0.6, −0.55, −0.5, −0.45, −0.4, −0.45, −0.5, 0.55
7	屋顶，坡度 10°～30°	1：1	SE	−0.35, −0.4, −0.45, −0.5, −0.55, −0.5, 0.45, −0.4, −0.35, −0.4, −0.45, −0.5, 0.55, −0.5, −0.45, −0.4
8	屋顶，坡度＞30°	1：1	SE	−0.3, −0.4, −0.5, −0.55, −0.6, −0.55, −0.5, −0.5, −0.5, −0.5, −0.5, −0.55, −0.6, −0.55, −0.5, −0.4

编号	立面描述	AR*	Exp+	Cp 数组
9	墙	1：1	S	0.2，0.125，0.05，0.1，−0.25，−0.275，−0.3，−0.275，−0.25，−0.275，−0.3，−0.275，−0.25，−0.1，0.05，0.125
10	屋顶，坡度<10 deg	1：1	S	−0.5，−0.5，−0.5，−0.45，−0.4，−0.45，−0.5，−0.5，−0.5，−0.5，−0.5，−0.45，−0.4，−0.45，−0.5，−0.5
11	屋顶，坡度 10°～30°	1：1	S	−0.3，−0.35，−0.4，−0.45，−0.5，−0.45，−0.4，−0.35，−0.3，−0.35，−0.4，−0.45，−0.5，−0.45，−0.4，−0.35
12	屋顶，坡度>30°	1：1	S	0.25，−0.025，−0.3，−0.4，−0.5，−0.4，−0.3，−0.35，−0.4，−0.35，−0.3，−0.4，−0.5，−0.4，−0.3，−0.025
13	长墙	2：1	E	0.5，0.375，0.25，−0.125，−0.5，−0.65，−0.8，−0.75，−0.7，−0.75，−0.8，−0.65，−0.5，−0.125，−0.25，−0.375
14	短墙	1：2	E	−0.9，−0.35，0.2，0.4，0.6，0.4，0.2，−0.35，−0.9，−0.75，−0.6，−0.475，−0.35，−0.475，−0.6，−0.75
15	屋顶，坡度<10°	2：1	E	−0.7，−0.7，−0.7，−0.75，−0.8，−0.75，−0.7，−0.7，−0.7，−0.7，−0.7，0.75，−0.8，−0.75，−0.7，−0.7
16	屋顶，坡度 10°～30°	2：1	E	−0.7，−0.7，−0.7，−0.7，−0.65，−0.6，−0.55，−0.5，−0.55，−0.6，−0.65，−0.7，−0.7，−7，−0.7
17	屋顶，坡度>30°	2：1	E	0.25，0.125，0，−0.3，−0.6，−0.75，−0.9，−0.85，−0.8，−0.85，−0.9，−0.75，−0.6，−0.3，0，0.125
18	长墙	2：1	SE	0.5，0.375，0.25，0，−125，−0.5，−0.65，−0.8，−0.75，−0.7，−0.75，−0.8，−0.65，−0.5，0.125，0.25，0.375
19	短墙	1：2	SE	−0.9，−0.35，0.2，0.4，0.6，0.4，0.2，−0.35，−0.9，−0.75，−0.6，−0.475，−0.35，−0.475，−0.6，−0.75
20	屋顶，坡度<0°	2：1	SE	−0.7，−0.7，−0.7，−0.75，−0.8，−0.75，−0.7，−0.7，−0.7，−0.7，−0.7，−0.75，−0.8，−0.75，−0.7，−0.7
21	屋顶，坡度 10°～30°	2：1	SE	−0.7，−0.7，−0.7，−0.7，−0.65，−0.6，−0.55，−0.5，−0.55，−0.6，−0.65，−0.7，−0.7，−0.7，−0.7
22	屋顶，坡度>30°	2：1	SE	0.25，0.125，0，−0.3，−0.6，−0.75，−0.9，−0.85，−0.8，−0.85，−0.9，−0.75，−0.6，−0.3，0，0.125

编号	立面描述	AR＊	Exp⁺	Cp 数组
23	长墙	2：1	S	0.06，－0.03，－0.12，－0.16，－0.2，－0.29，－0.38，－0.34，－0.3，－0.34，－0.38，－0.29，－0.2，－0.16，－0.12，－0.03
24	短墙	1：2	S	－0.3，－0.075，0.15，0.165，0.18，0.165，0.15，－0.075，－0.3，－0.31，－0.32，－0.32，－0.26，－0.2，－0.26，－0.32
25	屋顶，坡度＜10°	2：1	S	－0.49，－0.475，－0.46，－0.435，－0.41，－0.435，－0.46，－0.475，－0.49，－0.475，－0.46，－0.435，－0.41，－0.435，－0.46，0.475
26	屋顶，坡度 10°～30°	2：1	S	－0.49，－0.475，－0.46，－0.435，－0.41，－0.435，－0.46
27	屋顶，坡度＞30°	2：1	S	－0.43，－0.4，－0.43，－0.46，－0.435，－0.41，－0.435，－0.46，－0.475，0.06，－0.045，－0.15，－0.19，－0.23，－0.42，－0.6，－0.51，－0.42，－0.51，－0.6，－0.42，－0.23，－0.19，－0.15，－0.045
28	墙	1：1	S	0.9，0.7，0.5，0.2，－0.1，－0.1，－0.2，－0.2，－0.2，－0.2，－0.2，－0.1，－0.1，0.2，0.5，0.7
29	屋顶，无坡度	1：1	S	－0.1，－0.1，－0.1，－0.1，－0.1，－0.1，－0.1，－0.1，－0.1，－0.1，－0.1，－0.1，－0.1，－0.1，－0.1，－0.1，

＊AR 是朝向比（长宽比），⁺Exp 暴露情况：E 完全暴露；SE 半暴露；S 完全遮挡

风压系数计算参数模型

模型（Grosso）基于两个风洞测试结果的参数分析，测试由 Hussein、Lee、Akins、Germak 实施。模型由一些矩形外形的建筑模型风压系数和多个影响参数之间的关系组成，分为三种：

● 气候参数，包括风速轮廓线指数 a 和风入射角 anw。图 3.14 展示了建筑立面上风入射角度。参数 anw 定义为风入射角度的绝对值。迎风面为 $0°<anw<90°$，背风面为 $90°<anw<180°$。

● 环境参数，包括平面区域密度（pad）和相对建筑高度（rbh）。平面区域密度定义为建筑占地面积与总面积的比例。这个比例要在半径范围为，所考虑建筑高度的 10～25 倍之内进行计算。图 3.15 表示了一个长为 L 宽为 W 的建筑的平面区域密度。相对建筑高度为建筑高度和周边建筑高度之比，后者假定为规则的方盒子，高度都相同。

● 建筑参数，包括正面面比（far），侧面面比（sar），相对垂直位置（zh）和水平位置（xh）。正面面比定义为建筑立面的长度和高度之比。正面面比与所考虑的立面有关，侧面面比与紧邻的立面有关，不用考虑风向相对于立面的角度。面要素的相对水平和垂直位置的定义与立面上的参考点有关，如图 3.16 中阐释的。

与上面提到的两个风洞试验共同的参数范围被用作参考。它与模型迎风面和背风面的垂直中心线上的 Cp 曲线相一致，风向垂直于模型立面，位于一典型城郊边界。模型假定

Cp 的参考水平分布不随平面区域密度、相对建筑高度、面比、风速轮廓线指数而改变。

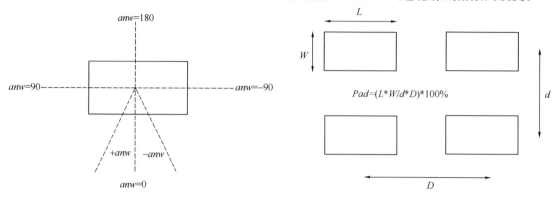

图 3.14　正面的风入射角度（°）（俯视）　　　图 3.15　平面区域密度计算

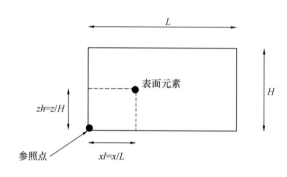

图 3.16　面要素位置

作为垂直方向相对位置 zh 的函数，参考曲线为三次或五次多项式：

$$Cp_{ref}(zh) = a_0 + a_1(zh) + a_2(zh)^2 + \cdots + a_n(zh)^n \tag{3.21}$$

这里 $n=3$ 针对迎风面，$n=5$ 针对背风面。

参考曲线为下面参数定义：

$a=0.22$；pad=0.0；rbh=1.0；far=1.0；sar=1.0；$anw=0°$（迎风面）；$anw=0°=180°$（背风面）。

考虑到与参数的参考值相一致，其余的 Cp 数据为每个参数正定化。因此，为参数 i，j 和 d 的值 n，m 和 t 正定化的 Cp 值分别为：

$$Cp_{norm_{i_n, j_m, d_t}} = \frac{Cp_{i_n, j_m(d_t)}}{Cp_{i_n, j_m(d_{ref})}} \tag{3.22}$$

正定化后的 Cp 值作为多个参数的函数给出，背风侧为 1～5 次多项式，迎风侧为 1～3 次多项式。迎风面（$0° < anw < 90°$）多项式系数由表 3.A1-6 给出（附录 A 在章节结尾），背风面（$90° < anw < 180°$）多项式系数由表 3.A9-14 给出。非多项式函数将正定化后的 Cp 值与参数 far 和 sar 联系起来，far>1.0，sar>1.0（见章节末附录 A 表 3.A7-8，3.A15-16）。

$$Cp_k = Cp_{ref}(zh) \times CF \tag{3.23}$$

这里 CF 是整体修正因子，定义为：

$$CF = Cf_{zh}(a) . Cf_{zh}(pad) . Cf_{zh,pad}(rbh) \times Cf_{zh,pad}(far) . Cf_{zh,pad}(sar) . Cf_{zh,pad}(xl)$$

$$(3.24)$$

这里

$$Cf_{i_n,j_m(d_t)} = Cp_{norm\ i_n,j_m,d_t} \qquad (3.25)$$

如果参数 i 和 j 的值 n 和 m 和表中给出的不同,修正因子计算为最接近其两个值的线性插值。

上面所描述的理论受到一定限制,因为每个参数定义了变动范围。模型尤其不能应用于:

- 高地面粗糙度($a > 0.33$)或者高密度的周边建筑(pad>50);
- 周边建筑错列的或者不规则的格局安排;
- 周边建筑的 pad>12.5,当所考虑建筑高度和周围建筑不一样或者形状不是立方体;
- 建筑比周围建筑高四倍或低一半;
- 建筑形状不规则或悬出;
- 规则建筑的面比小于 0.5 或者大于 4。

章节末的附录 A 中有对这个理论的案例研究。

3.2.2.2 烟囱效应

当一个区域和它紧邻的环境存在温差时,就会发生由烟囱效应导致的空气流动,它可能是另外一个区域或者外部,被照明加热的空气上升,从温暖的区域流出,同时较冷气流进入(图 3.17)。烟囱效应发生在高层建筑,特别是有垂直通道的地方,如楼梯井、电梯或者通风井。在这种情况下气体流动随着温差增大而增强。

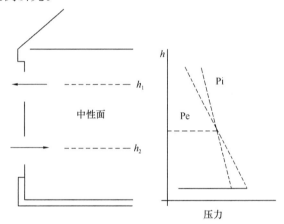

图 3.17 浮力驱动下通过两个垂直开口的空气流

如果 P_0 为一个区域底部的静压,那么如果只考虑烟囱效应的作用,区域中高度为 z 处的压力为:

$$P_s = P_0 - \rho g z (Pa) \qquad (3.26)$$

这里 P_0 和 P_s 分别为区域底部的压力和高度为 z 处的压力(Pa),g 为重力加速度(ms^{-2}),ρ 为温度与室内空气温度 T 相等时的空气密度(kgm^{-3})。

假设空气是理想气体,密度可以按照如下表达式计算:

$$\rho = \rho_0 \frac{T_0}{T} (kgm^{-3}) \qquad (3.27)$$

这里 T 为绝对温度(K),ρ_0 和 T_0 为参考密度和空气温度(即 $T_0 = 273.15K$,$\rho_0 = 1.29kgm^{-3}$)。

由方程(3.27)很清楚烟囱压力随高度减小。在两个等温区域的情况下,内部出组件(门或窗)连接,高度 z(m)处组件两边的压差为:

$$\Delta P_s = P_{1,0} - P_{2,0} + (\rho_1 - \rho_2)gz\,(\text{Pa}) \tag{3.28}$$

这里 $P_{1,0}$ 和 $P_{2,0}$，为参考高度（即区域底部）处的静压，ρ_1 和 ρ_2 分别为区域 1 和 2 的空气密度。

这个理论假定区域内的温度不随高度变化（等温区域）。一个更复杂的模型被提出，来更详细地表达大开口的性能。模型通过如下假定说明温度分层和紊流作用：

- 流体为非黏性且不可压缩的稳定流动；
- 开口两侧线性密度分层；
- 紊流作用用等效压差曲线表达。

因此，在开口的每一边，线性密度分层假定为：

$$\rho_i(z) = \rho_{0i} + b_i z\,(\text{kgm}^{-3}) \tag{3.29}$$

引入线性压差，来模拟紊流作用：

$$\Delta P_t = P_{t0} + b_t(z)\,(\text{Pa}) \tag{3.30}$$

将这两项代入方程（3.28），考虑到重力流动（没有风的作用）：

$$\Delta P_s = P_{1,0} - P_{2,0} - g\left[\left(\rho_{01}z + \frac{b_1 z^2}{2}\right) - \left(\rho_{02}z + \frac{b_2 z^2}{2}\right)\right] + (P_{t0} + b_t z)\,(\text{Pa}) \tag{3.31}$$

3.2.2.3 风与温差的联合作用

为了计算开口两侧总压差，动压项必须加入烟囱效应的表达式。因此，联立方程（3.16）和（3.28）得到：

$$\Delta P = P_{1,0} - P_{2,0} + \frac{\rho_1 C_p U_1^2}{2} - \frac{\rho_2 C_p U_2^2}{2} + (\rho_1 - \rho_2)gz\,(\text{Pa}) \tag{3.32}$$

这里 U_1 和 U_2 是开口两侧风速（ms^{-1}），ρ_1 和 ρ_2 是内部联通的区域的空气密度（kgm^{-3}）。

对于外部开口，$U_2 = 0$，U_1 与风速 U 相等，在建筑高度上，ρ_1 是室内空气密度 ρ_i，ρ_2 是室外空气密度 ρ_o。P_0 是开口所属的区域的参考压力。因此外部开口的方程（3.32）可以写成：

$$\Delta P_{\text{ext}} = P_0 - \frac{\rho_i C_p U^2}{2} + (\rho_i - \rho_o)gz\,(\text{Pa}) \tag{3.33}$$

对于内部开口，$V_1 = V_2 = 0$。如果在内部联通的区域中不考虑密度变化，对于内部开口，方程（3.32）变成：

$$\Delta P_{\text{int}} = P_{1,0} - P_{2,0} + (\rho_{i,1} - \rho_{i,2})gz\,(\text{Pa}) \tag{3.34}$$

如果考虑温度分层，高度 z 处产生的压差由方程（3.26）和方程（3.31）联立导出：

$$\Delta P = P_{1,0} - P_{2,0} - g\left[\left(\rho_{01}z + \frac{b_1 z^2}{2}\right) - \left(\rho_{02}z + \frac{b_2 z^2}{2}\right)\right] + (P_{t0} + b_t z)\,(\text{Pa}) \tag{3.35}$$

3.2.3 通过大开口和缝隙的空气流动

依据尺寸，定义两种不同的开口：

- 大开口，尺寸大于 10mm；
- 缝隙，尺寸小于 10mm。

因此，窗户和门属于大开口的种类，而其他建筑结构上的小开口认定为缝隙。

网络模型基于两个假设：

● 通过开口的空气流是非黏滞性且不可压缩的。

● 所研究区域的空气温度是一致的。

空气流量和通过开口的压差之间的关系通常表示为幂方程的形式：

$$Q = K(\Delta P)^n (m^3 s^{-1}) \tag{3.36}$$

这里 K 是流动系数，n 是流动指数。

流动系数 K 是开口几何形状的函数，而流动指数 n 依赖于流动特征且在 $0.5 \sim 1.0$ 的范围内变化。n 为 0.5 时对应充分紊流，n 为 1.0 时对应层流。

上面提到的两种开口的流动方程在下面章节中给出。

3.2.3.1 缝隙空气流动

如果直接应用流动方程（方程 3.36），系数 K 和 n 可以用如下表达式推导出来 [20]：

$$K = L_{cr} 9.7(0.0092)^n / 1000 (m^3 s^{-1} Pa^{-n}) \tag{3.37}$$

$$n = 0.5 + 0.5 \exp(-500 W_{cr}) \tag{3.38}$$

对于典型尺寸小于 10mm 的开口的同一方程的另一种形式为：

$$Q = k L_{cr} (\Delta P)^n \tag{3.39}$$

这里系数 n 的范围从 $0.6 \sim 0.7$。表 3.14 总结了 $n = 0.67$ 的安置在关闭窗户周围的缝隙的系数 k 值的变化范围。

窗周围缝隙的典型流动系数 K 值（$n = 0.67$）　　　　　　　　表 3.14

窗户类型	平均值	范围
滑动	8	$2 \sim 30$
转动	21	$6 \sim 80$
转动（weatherstripped）	8	$0.5 \sim 20$

3.2.3.2 大开口—常用孔方程

假设稳定、非黏滞性、不可压缩流体经过一个开口，流体中点 1 和点 2 处的伯努利方程如下（图 3.18）：

$$p_1 + \frac{1}{2}\rho V_1^2 = p_2 + \frac{1}{2}\rho V_2^2 \tag{3.40}$$

假设流体在区域 1 和区域 2 的速度曲线是一致的，则连续性方程如下：

$$Q = A_1 V_1 = A_2 V_2 (m^3/s) \tag{3.41}$$

这里 A_2 和 A_1 相比很小。联立两个方程可得到如下的理论空气流速：

$$V = \sqrt{\frac{2(p_1 - p_2)}{\rho[1 - (A_2/A_1)^2]}} (m/s) \tag{3.42}$$

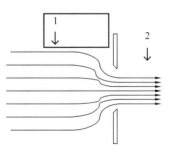

因为在建筑大开口 $A_2 \ll A_1$ 的情况下，A_2/A_1 项可以忽略，因此得到孔流方程为：

图3.18　存在开口情况下的流体变化

$$V = \sqrt{\frac{2(p_1 - p_2)}{\rho}} \, (\text{m/s}) \qquad (3.43)$$

这个方程描述了理想情况，在这种情况下黏滞性的影响被忽略。实际上，因为收缩的影响，面积 A_2 比开口小不知道多少。此外，孔洞附近的涡流和紊流运动引入了非理想影响。为了计算这些"真实世界"的影响，引入流出系数 C_d，方程（3.43）变成：

$$V = C_d \sqrt{\frac{2(p_1 - p_2)}{\rho}} \, (\text{m/s}) \qquad (3.44)$$

通过大开口上的一小块面积 dA 的空气流量 dQ 为：

$$dQ = VdA = VWdz \, (\text{m}^3 \text{s}^{-1}) \qquad (3.45)$$

这里 W 是开口的宽度（m）。

如果 V 用等式（3.44）代换，等式（3.45）变成：

$$dQ = C_d \sqrt{\frac{2(p_1 - p_2)}{\rho}} Wdz \, (\text{m}^3/\text{s}) \qquad (3.46)$$

流出系数是温差、风速和开口几何形状的函数。一些用于计算其表达式被提出，特别是对于内部开口。实际建筑中区域间的热质流动的测量已经给出流出系数的如下表达式，在内部开口的情况下：

$$C_d = 0.0835 \, (\Delta T / T)^{-0.3} \qquad (3.47)$$

对于稳定状态的、浮力驱动的流动，内部开口的流出系数可以通过如下表达式计算：

$$C_d = (0.4 + 0.0075 \Delta T) \qquad (3.48)$$

为了将内部开口的流出系数表示为温差、空气流速和开口高度的函数，已经对实验结果进行分析。证明 C_d 的值与开口尺寸密切相关。对于小的内部开口，流出系数的一个有代表性的值是 0.65。对于大的内部开口，C_d 的值与整体关系密切。针对标准开口提出的平均值为 $C_d = 0.78$。

Pelletret 以及其他人尝试过对作为开口高度函数的流出系数进行估计。对于开口高度范围 $1.5 < H5 < 2m$，提出的关系式为 $C_d = 0.21H$。根据 Limam 及其他人，C_d 的值可以在 $0.6 \sim 0.75$ 的范围内根据合理的准确度进行选择。

Dauliel 和 Lane Serff 已经用水在一个 $18.6 \times 60 \times 40$ cm 的盒子和 199×9.4 cm 的管道中进行了实验。他们已经测量出一个接近 0.311 的 C_d 系数。

在一个实验单元中通过分隔了两个区域的大开口的空气流动测量已经表明，流出系数 C_d 在 $0.67 \sim 0.73$ 之间变化。这个实验用了安置在每个区域尽头处的冷和热的垂直平面进行实验，结果本应产生一个显著的边界层流流动。

Khord Mneimne 用电加热器作为热源在一个全尺寸的实验中发现，对于 $0.9 \sim 2m$ 的开口，应该用平均为 0.87 的 C_d 值。

3.2.3.3 中间面

在网络模型中，通过大开口的空气流动认为是双向的。在无风情况下，温暖轻柔的空气通过开口较上面的部分，而冷空气从另一个方向通过开口较下面的部分。因此，可以定义一个没有空气流动，即没有压差发生的平面。这个平面称为中间面，位于距区域底面高度为 H_{NL} 的位置，可以通过等式（3.32），（3.33），（3.34），（3.35）中的一个与 $\Delta P = 0$

联立得到。如果选择等式（3.32）或（3.33）或（3.34），会发现 H_{NL} 可能存在于下面几种情况之中（图 3.19）：

- 高于开口（H_{NL}＞开口顶端）；
- 低于开口（H_{NL}＞开口底端）；
- 在开口顶端和底端之间。

在前面两种情况中，流动是单向的，而在第三种情况中，流动是双向的。因为等式（3.35）是二次多项式，如果应用等式（3.35），可以推导出中间面的两种可能位置（图 3.20）。一旦中间面的高度 H_N 计算出来，不同部分的空气流量可以通过结合等式（3.49）推导出来。在一般情况下：

$$Q_{lower} = \int_{HB}^{H_{NL_1}} C_d \sqrt{\frac{2(p_1 - p_2)}{\rho}} W dz$$

$$Q_{lower} = \int_{H_{NL_1}}^{H_{NL_2}} C_d \sqrt{\frac{2(p_1 - p_2)}{\rho}} W dz$$

$$Q_{lower} = \int_{H_{NL_2}}^{HT} C_d \sqrt{\frac{2(p_1 - p_2)}{\rho}} W dz \tag{3.49}$$

3.2.4 数学方法

网络模型依据的概念是，建筑的每个区域都能用压力节点代表。边界处的节点也可以用来表示建筑外部环境。节点被流径互相连接来建立起一个网络，如缝隙、窗户、门和竖井。图 3.21 所示为一个多区域建筑的网络表达。

根据网络方法，一个有 N 个区域的建筑用一个有 N 个压力节点的网络表示出来。其中一些与已知压力的外部节点沟通，而其他只与内部节点相连。内部节点压力是非已知的。空气流径可以是缝隙，或者窗户和门。非已知压力的计算通过每个节点的质量平衡方程应用而推导出来。

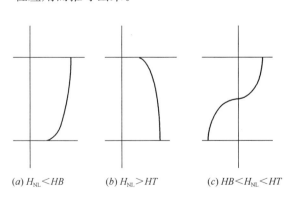

(a) $H_{NL} < HB$ (b) $H_{NL} > HT$ (c) $HB < H_{NL} < HT$

图 3.19 通过大开口的空气流动（无密度梯度）

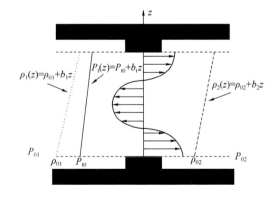

图 3.20 通过大开口的空气流动（有密度梯度）

在区域 i 和 j 的流径应用质量平衡方程为：

$$\sum_{k=1}^{j} \rho_i Q_{ik} = 0 \qquad (3.50)$$

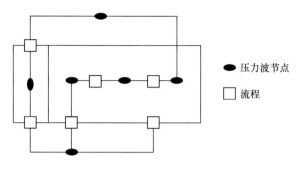

● 压力波节点

□ 流程

这里 Q_{ik} 是区域 i 到区域 k 的体积流动（$m^3 s^{-1}$），ρ_i 是这个流动方向上的空气密度（$kg s^{-1}$）。

网络中每个内部节点的质量平衡的应用导致了一系列同时的非线性方程，每个方程的解给出了内部节点的压力。因此，通过对每个节点应用方

图 3.21　多区域建筑网络表示

程（3.50），建立起 N 个方程组成的非线性系统。系统的解基于 Newton-Raphson 迭代理论。根据该理论，一系列初始压力赋值给未知压力。方程（3.50）所表征的系统中的方程右侧不为零，直到达到收敛。为了减小这些值（残差），在每次迭代中计算每个节点压力的新的估计值。对于第 k 次迭代，新的一组压力值可以通过下面式子推导：

$$P_n^{k+1} = P_n^k - X_n^k \qquad (3.51)$$

对于每次迭代，这里压力修正值 [X] 矩阵用下面的方程定义：

$$[J][X] = [F] \qquad (3.52)$$

这里 [J] 是所模拟建筑的 Jacobian 矩阵（N×N），[F] 是方程（3.50）应用于每个区域的残差矩阵（N×1）。矩阵中的每个元素根据方程（3.50）来计算：

$$f(P_n) = \sum_{m=1}^{N} \rho_{nm} Q_{nm} \qquad (3.53)$$

流量 Q_{nm} 是通过开口的压差 ΔP_{nm} 的函数，根据 ΔP_{nm} 的符号可以是正的或者负的：

$$\Delta P_{nm} = P_n - P_m \qquad (3.54)$$

如果 $\Delta P_{nm} > 0$，那么 $Q_{nm} > 0$，$\rho_{nm} = \rho_n$，空气从节点 n 流向节点 m（流出），然而，如果 $\Delta P_{nm} < 0$，那么 $Q_{nm} < 0$，$\rho_{nm} = \rho_n$，空气从节点 m 流向节点 n（流入）。

为了考虑流动符号，PASSPORT-AIR 利用了下面的公式计算 $f(P_n)$：

$$f(P_n) = \sum_{m=1}^{N} \rho_{nm} Q_{nm} [|Q_{nm}|/Q_{nm}] \qquad (3.55)$$

Jacobian 矩阵是对称的。矩阵的元素通过节点 n 对节点 m 求导来计算：

对角线元素：　　　　　$J(n,n) = \partial f(P_n)/\partial P_n \qquad (3.56)$

非对角线元素：　　　$J(n,m) = J(m,n) = \partial f(P_n)/\partial P_m \qquad (3.57)$

根据应用的复杂性，预先定义一个最大可接受误差（MAXRES）（通常这个值取 0.001）。Jacobian 元素在每次迭代中进行计算，从矩阵 [F] 的元素中选出最大的误差值。如果这个误差的绝对值比 MAXRES 大，那么用等式（3.51）计算出一组新的修正值，且推导出一组新的压力值赋值给未知压力节点。迭代继续直至收敛。

为了加速收敛，引入了各种方法。根据 Walton，在每次迭代中可以计算出一个松弛因子 $RF(n)$，对于每个节点如下：

$$RF_n = 1/(1-r) \qquad (3.58)$$

这里：

$$r = X_n(当前代)/X_n(先前代) \tag{3.59}$$

因此，等式（3.51）修改为如下形式：

$$P_n^{k+1} = P_n^k - RF_n^k X_n^k \tag{3.60}$$

基于网络模型概念的计算机工具使用更快捷和简单。输出包括针对用户指定的建筑结构和实时气候条件的空气流动预测值。

对于现有的五个计算机工具（AIRNET，BREEZE，ESP，PASSPORT-AIR，COMIS)的一项比较研究表明，对于大量的测试过的结构，它们的预测值是很好地吻合的。一个有代表性的比较案例如下。

图 3.22 展示了所模拟建筑的平面图。在模拟中只使用三个区域，即区域 A，区域 B，区域 C。图中表示出了每个区域的尺寸(区域高度为 4.5m)。

用五个计算机工具模拟将所有窗户和门打开进行通风的情况。窗户 W_1 的风入射角为 292.5°（从北向开始顺时针），风速为 1.5ms^{-1}。周围环境温度为 26.8℃，区域 A 室内温度为 26.4℃，区域 B 为 25.8℃，区域 C 为 25℃。所有计算机工具的模拟结果由表 3.15 和表 3.16 给出。

内部和外部开口的流动特征 kgs^{-1}　　　　　　　　　　　　　　　　表 3.15

	W1	W2	W3	W4 流入	W4 流出	P1	P2
AIRNET	2.54	1.32	2.21	0.24	1.90	2.54	1.66
ESP	2.48	1.18	2.30	0.33	1.77	2.50	1.43
BREEZE	2.23	1.01	1.93	0.10	1.40	2.23	1.30
PASSPORT	2.19	1.24	2.00	0.22	1.65	2.18	1.43
COMIS	2.38	1.04	2.06	0.82	1.95	2.38	1.14
标准差	0.15	0.13	0.15	0.28	0.22	0.16	0.19
标准误差	0.07	0.06	0.07	0.12	0.10	0.07	0.09

区域流动特征 kgs^{-1}。最大差定义为最大值和最小值之差与最大值的比例（%）表 3.16

	区域 A（流出）	区域 B（流出）	区域 C（流出）
AIRNET	2.54	3.87	1.89
ESP	2.50	3.73	1.77
BREEZE	2.23	3.23	1.40
PASSPORT	2.19	3.42	1.65
COMIS	2.38	3.43	1.95
最大差距（%）	13.9	16.5	28.2

3.2.5　利用实验数据的内部模型比较

3.2.5.1　单侧自然通风的模拟

1993 年夏季在希腊雅典进行了 22 个单侧自然通风实验。实验在雅典国家天文台，一

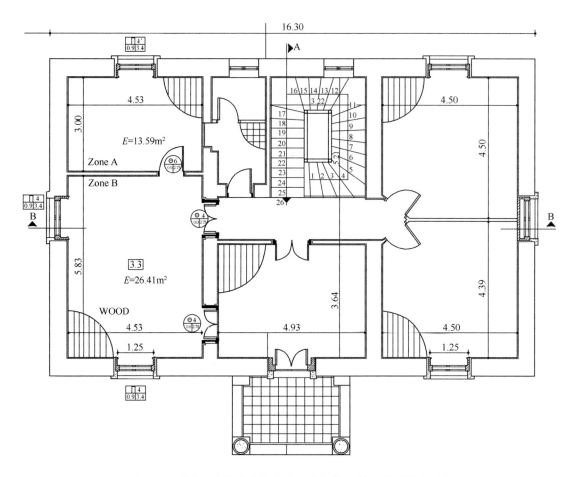

图 3.22 雅典国家气象台气象学和大气物理研究所一层平面图

个 PASSYS 测试单元中进行。表 3.17 总结了每个实验的主导气候条件、测试的开口结构和根据实验得到的空气流量。每个实验的气候数据作为五个空气流动计算机工具（ESP，BREEZE，AIRNET，COMIS，PASSPORT-AIR）的输入量。得到的模拟结果总结为表 3.18。

希腊雅典国家天文台单侧自然通风实验的气象数据，开口尺寸和测量的流量（区域体积：61m³）

表 3.17

实验序号	开口面积 （m²）	环境平均温度 （℃）	室内平均温度 （℃）	10m 高度平均 风速（m/s）	测量流量的平均值 （m³/h⁻¹）
1	2.02	24.1	23.4	3.3	198±27
2	2.02	24.7	24.3	2.5	202±39
3	2.02	25.7	26.2	3.8	245±65
4	2.02	25.6	26.6	3.6	322±62
5	0.68	31.3	31.4	6.8	123±1
6	1.20	32.6	31.8	3.0	174±4
7	0.66	30.6	32.1	5.0	193±3
8	0.94	32.5	31.8	6.7	182±1
9	1.88	30.5	31.5	1.7	216±13
10	1.86	28.8	29.2	1.6	317±10

续表

实验序号	开口面积 （m²）	环境平均温度 （℃）	室内平均温度 （℃）	10m 高度平均 风速（m/s）	测量流量的平均值 （m³/h⁻¹）
11	2.40	30.2	31.0	3.6	482±20
12	1.94	29.6	31.0	3.1	279±8
13	1.94	28.2	31.0	3.4	431±33
14	1.00	31.2	31.7	5.4	336±15
15	1.86	30.7	31.8	4.9	379±7
16	1.34	30.8	31.0	4.2	332±14
17	1.60	27.6	28.8	2.0	253±15
18	1.60	30.1	31.6	5.0	390±18
19	2.40	27.0	31.2	3.7	434±32
20	1.86	31.2	31.8	4.1	427±28
21	2.40	30.8	31.4	4.0	503±24
22	2.40	30.8	31.3	3.6	449±18

五个计算机工具得到的空气流动模拟结果（m³/h⁻¹）　　　　　表 3.18

实验序号	ESP	PASSPORT-AIR	COMIS	AIRNET	BREEZE
1	609	632	646	620	626
2	454	467	463	459	438
3	535	539	52	526	423
4	733	762	766	766	689
5	30	28	34	34	35
6	240	193	229	229	242
7	138	116	135	135	136
8	205	171	211	205	209
9	499	413	499	499	507
10	354	296	360	360	364
11	657	560	669	669	674
12	597	664	682	874	634
13	842	898	1061	804	1093
14	220	182	220	168	182
15	391	324	321	269	376
16	193	224	270	190	224
17	533	451	437	401	541
18	607	516	507	440	631
19	1624	1355	1594	1606	1612
20	428	344	414	415	423
21	595	508	598	598	606
22	578	473	557	555	562

　　每个实验中所有工具预测的空气流量很接近。观察到的差别可以归因于每个工具采用的不同数字解算机。将一个网络模型（PASSPORT-AIR）的空气流动预测值与实验值进行比较，"简单模型"的预测值不能与实验数据很好地吻合。进一步研究表明以上实验的特征是大风速和小室内外温差。这些是自然通风建筑在炎热气候下的普遍特征。然而，网络模型实际上忽略了单侧通风情况下风的影响。为了提高网络模型在预测空气流量在惯性支配的单侧通风情况下的准确度，一个新研发的算法被整合到上述模型中的一个（PASS-PORT－AIR），生成的改进模型用于模拟上述实验。

　　该算法是尝试研究实验值和预测值之间的差与描述惯性和重力作用的相对重要性的指数之间的关联性的结果。因此，用"修正因子"CF乘以"简单"网络模型的初步预测值，得到单侧通风模拟的更为准确的结果：

$$Q_{predicted} = CFQ_{network(Cd=1)} \qquad (3.61)$$

修正因子 CF 用如下表达式计算：

$$CF = 0.08 \, (Gr / \mathrm{Re}_D^2)^{-0.38} \qquad (3.62)$$

这里 $Gr = g\Delta TH^3/Tv^2$ 是格拉晓夫数，$\mathrm{Re}_D = VD/v$ 是雷诺数，特征长度 H 和 D 分别为开口高度和房间进深。房间进深定义为单侧通风区域中开口所在墙面和与之相对的墙面之间的距离。

表 3.19 总结了采用和未采用修正因子的网络模型预测的流量值，及单侧通风实验的实验结果。

单侧通风实验网络模型模拟结果　　　　　　　　　　　　　　　　　　表 3.19

实验序号	"简单"网络模型 ($m^3 h^{-1}$)	使用 CF 的网络模型 ($m^3 h^{-1}$)	实验结果 ($m^3 h^{-1}$)
1	632	354	123
2	467	297	174
3	539	391	193
4	762	318	182
5	28	227	216
6	193	208	316
7	116	449	482
8	171	366	279
9	413	413	431
10	296	226	336
11	560	373	379
12	664	284	332
13	898	190	253
14	182	402	390
15	324	413	198
16	224	311	202
17	451	440	245
18	516	454	322
19	1355	568	434
20	344	429	427
21	508	476	503
22	473	429	449

图 3.23. 给出了比较结果。观察得到的"简单网络模型"预测值和实验值之间的差别归因于这种类型的模型在模拟风主导的单侧自然通风实验时的不准确。如图 3.23，修正因子的使用提高了网络模型预测的准确度。图 3.24 给出了实验测量值和简单的或者使用了修正因子 CF 的网络模型预测值之间的差。通过模拟更多的实验并与实验结果进行比较，发现当使用修正因子时，实验数据和模型预测值之间的关联系数接近 0.75。

3.2.5.2　穿堂风模拟实验

在一个全尺寸建筑的两个区域中进行六个不同的穿堂风实验，该建筑位于法国里昂的国立国家市政工程学院—ENTPE（缩写）。这是一个一层的自然通风建筑，为 ENTPE 校园的医疗中心，位于半城市环境中。

该建筑中有相同体积（34.32m³），高度为 2.6m 的两个区域，被选来做实验。每个区域有一个推拉窗，宽 2.1m，高 1.1m。窗户的下沿高于底面 1.05m。通风的最大有效窗户面积为 1.155m²。

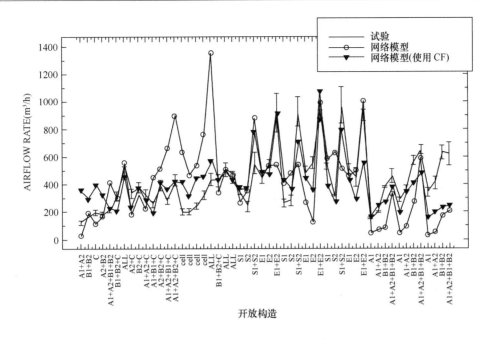

图 3.23　网络模型预测值与实验结果比较

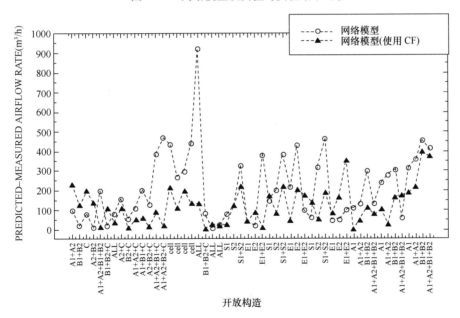

图 3.24　实验测量值与网络模型预测值之间的差

窗户位置相对，位于两个有遮蔽的立面上。两个区域通过一个面积为 $1.6m^2$ 的门联通。连接区域和相邻区域内部的门保持关闭，在整个实验过程中密封起来。最终进行了总共六个不同的实验，如表 3.20 所示。

除了窗户开启面积之外所有实验条件都是相同的。其中三个实验条件完全一样，但是是在不同的日子不同的外界条件下进行的。

每个实验的气象数据和测量的两个区域的室内温度如表 3.21 所示。在实验中，室外风速相当低，最大值大约 $3.0 \mathrm{ms}^{-1}$。

用 COMIS 网络模型对上述实验进行模拟。

对于窗户来说，流出系数 Cd 的值设定为 0.85，而对于室内，Cd 值设定为 0.65。对应的风压系数用对于低层建筑有效的简化模型进行计算。窗户平面上的风速是用气象站测量的风速进行计算的，根据劳伦斯伯克利实验室空气渗透模型曲线进行修改。依赖的参数用城市地形来估计，当地风速减小因子为 0.6804。

穿堂风实验特征值 表 3.20

实验编号	区域 1 开启面积（m²）	区域 2 开启面积（m²）	Total number of analysed opening sequences
1	1.155	1.155	3
2	1.155	1.155	5
3	0.506	0.583	3
4	0.891	0.891	2
5	0.275	0.275	1
6	1.155	1.155	4

实验中测量的气象和室内温度 表 3.21

实验开启次序	风		温度		
	方向（°）	速度（ms⁻¹）	室外（℃）	区域 1（℃）	区域 2（℃）
1，1	203	2.12	11.33	22.95	20.64
1，2	200	1.74	11.20	23.20	20.50
1，3	223	2.13	11.16	23.37	20.58
2，1	116	0.00	7.28	22.85	19.85
2，2	176	0.62	7.89	23.12	19.93
2，3	161	0.58	8.08	22.76	19.94
2，4	202	0.95	8.16	23.12	20.01
2，5	245	0.21	8.20	22.98	19.85
3，1	177	1.14	11.80	24.83	20.84
3，2	197	2.04	11.88	24.39	20.71
3，3	166	1.56	11.91	24.04	20.54
4，1	137	1.82	12.60	23.46	20.09
4，2	170	3.00	12.62	23.61	20.67
5，1	176	3.69	12.64	24.85	20.53
6，1	150	1.46	12.16	24.08	20.21
6，2	187	1.41	11.30	23.89	20.54
6，3	186	2.33	11.05	24.40	20.76
6，4	210	2.02	11.06	23.75	20.65

进入和离开每个区域的空气流量和进入每个区域的室外空气总量在表 3.22 中列出。这个表包括了每个实验的每个结果，每个区域中四个测点的最大、平均和最小测量值，和相应的用 COMIS 计算出来的值。

交叉流动实验实施利用相当低的主导室外风速。在这种类型的气象条件下，全局流动能够用 COMIS 合理地估计。压力和流出系数在估计区域与室外之间开口的具体空气流动方面的不准确性，会导致重大错误。

3.2.5.3 模拟浮力支配下的自然通风实验

在瑞士洛桑的 LESO 建筑（图 3.25）中进行自然通风实验。

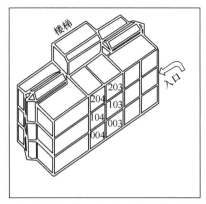
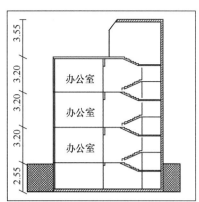
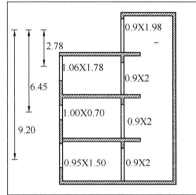
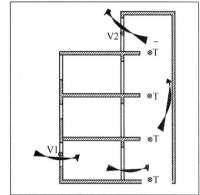

图 3.25　LESO 建筑

交叉自然通风实验的测量和计算空气流量　　　　　　　　　　　　　表 3.22

实验编号	区域1空气流量（kgh⁻¹）COMIS				区域2空气流量（kgh⁻¹）COMIS				室外空气流量（kgh⁻¹）COMIS			
	测量	最大	平均	最小	测量	最大	平均	最小	测量	最大	平均	最小
1，1	1179	1037	966	1547	1418	989	590	1453	1054	771	505	1710
1，2	1943	1646	1041	1566	1465	1348	1072	1454	1152	1027	759	1692
1，3	2670	2033	1569	1645	1579	1436	1391	1536	1682	1541	1430	1761
2，1	1343	1281	1218	1712	1376	1349	1324	1602	1509	1445	1383	1967
2，2	1551	1464	1384	1719	2133	1936	1823	1601	2466	2214	1984	1931
2，3	2016	1749	1488	1654	1784	1632	1502	1547	2188	1953	1722	1897
2，4	2277	2192	2133	1719	1589	1578	1567	1605	2498	2390	2288	1926
2，5	2563	2060	1963	1695	1507	1506	1177	1599	2357	2295	2231	1894
3，1	1077	1061	1047	1178	1192	1060	932	1154	870	574	379	794
3，2	1316	1298	1280	1014	1254	1178	1102	1142	714	670	625	795
3，3	1420	1408	1407	1114	1627	1540	1446	1095	912	871	833	765
4，1	918	824	735	1349	996	923	851	1222	849	742	638	1154
4，2	2139	2024	1914	1342	1914	1876	1836	1240	1298	1235	1171	1222
5，1	1217	1198	1180	1040	1119	1094	1071	1003	439	418	397	1003
6，1	2006	1793	1602	1647	1740	1622	1610	1472	2187	2178	2167	1586
6，2	1767	1763	1721	1635	1345	1325	1307	1495	1695	1624	1567	1737
6，3	1299	1281	1264	1726	1130	1122	1094	1580	1535	1474	409	1769
6，4	1805	1714	1649	1683	1903	1899	1895	1561	2304	2127	1955	1776

这是一座办公建筑，它的结构可以用来研究烟囱效应。楼梯间从地下一层（地下室）延伸到地上三层（屋顶太阳房），这样起到一个12m高的烟囱的作用，这样就有条件使用高于底面的不同水平面的开口。在该建筑中实施的两个系列实验在无风条件下利用PASSPORT-AIR进行模拟。这使无风情况下测试伯努利理论预测空气流量准确性成为可能。

第一个系列实验（B_3, B_6, B_7）实施用一个顶部开口和一个底部开口。实验实施针对三个不同位置和尺寸的底部开口，除此之外还有三个不同的室内外空气温差。参考高度为底部开口中心。第二个系列实验（C_2, C_3, C_4）在一层一间办公室内进行。在实验C_3和C_4中，两个开口连续打开，而在上一个实验中它们同时打开。在两种情况下，连通办公室和楼梯间的内部门敞开。表3.23总结了模拟输入数据。流出系数在所有模拟中取0.7。

上述实验的PASSPORT-AIR预测值在表3.23和3.24给出。如图3.26所示，两组数据很好地吻合。

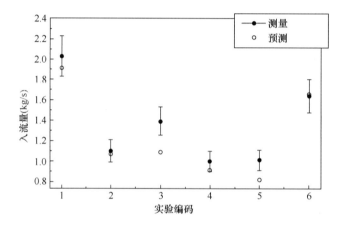

图3.26　LESO建筑中浮力作用下通风实验—空气流量预测值和测量值的比较

LESO建筑中的实验特征值　　　　　　　　　　　　　　　表3.23

实验	B_3	B_6	B_7	C_2	C_3	C_4
H_{total}（m）	9.2	6.45	2.76	6.45	6.45	6.45
S_1（m²）	1.43	0.70	1.68	0.70	0.70	0.70+0.70
S_2（m²）	1.78	1.78	1.78	1.78	1.78	1.78
T_i（℃）	18.9	18.9	18.5	19.2	19.2	19.2
T_O（℃）	9.1	9.1	10.0	9.1	9.1	9.1

LESO建筑中空气流量预测值（PASSPORT-AIR）和测量值　　　表3.24

LESO建筑实验	测量（kgs⁻¹）		预测（kgs⁻¹）	
	流入	流出	流入	流出
B_3	2.03	1.90	1.91	1.92
B_6	1.10	1.16	1.07	1.07
B_7	1.39	1.41	1.09	1.09
C_2	1.00	1.16	0.91	0.92
C_3	1.01	1.13	0.82	0.83
C_4	1.64	1.76	1.66	1.68

3.3 分区模型和 CFD 模型

3.3.1 介绍

迄今为止一直在讨论的建模方法基于充分混合区域假设。虽然这个假设在某些情况（即，受热房间中大的分层现象）下不成立，从整体角度来看这些模型的预测很好地对应于建筑的真实性能。

然而近年来，新的建筑观点迅速发展。例如，除了针对室内空气品质的污染物聚集，建筑内部的舒适条件还密切地依赖于室内温湿度分布和空气流动。与这些主题相关的新理念和新策略强调了用于预测温度和空气流动模式的新理论的必要性。

为了尝试应对以上需求，两种新的建模方法已经研发出来：分区和 CFD（计算流体力学）建模方法。为了推导温度场和空气流场，两种方法都基于将建筑体积离散化为次级体积，对每个次级体积应用质量、能量、动量守恒方程。这些建模方法将在下面章节中讨论。

3.3.2 分区建模

预测温度和空气流速室内模式的各种简化分区模型的基本准则是：

- 将所研究范围拆分成一些肉眼可见的次级区域；
- 建立质量和能量守恒方程，再加上动量方程或者确定主要流动。

在最初的方法中，没有建立动量方程。因此，在每个次级区域中只建立质量和能量守恒方程。由于所有的次级区域都通过区域间的空气流量联系起来，未知数数量远远超过了方程数量。为了解决这个问题，两种方法要针对温度模型和压力模型区别开来。

对于温度模型，建筑内部的空气流动模式是强加的。为了恰当地定义这种模式，更为细致的模型的实验研究和结果是必需的。因此，温度模型不能应用于任何一种几何结构。

对于压力模型，缺少的动量方程的简单表达式作为补充方程。一个常见方法是引入伯努利式的空气流动方程。因此，这些模型比温度模型更普遍，因为不需要预先定义空气流动模式。

分区建模是介于网络建模和 CFD 建模之间的方法。它具有提供详细结果的优势，与 CFD 建模相比，温度场和空气流场具有相对较低的复杂性。

下一节展示了一个最近研发的分区模型。

3.3.2.1 一个分层预测模型

这个模型基于将区域分割成有竖直和水平边界的更小的次级体积。次级体积有两种类型：

- 羽状区域：受内部热源的浮力作用影响的区域；
- 直角区域：剩余区域。

问题的未知数是次级体积之间每个直角边界上的垂直通量（或者流速），及每个次级体积的两个标量变量：静压和温度。

模型的基础依赖质量、焓、动量平衡方程在空间坐标系的建立，在每个区域中有如下假定：

- 假设每个直角区域是静态的，温度为 T 不变，静压为 P。
- 区域间的界面认为是完全可透过的表面。
- 两个直角区域（i，j）之间的空气流动通过一个幂函数（伯努利方程）建立模型，将微分质量流量 dm_{ij} 与此处边界分开的两侧静压差联系起来：

$$dm_{ij} = K_{ij}\rho_i \Delta P_{ij}^n dA \qquad (3.63)$$

这里 K_{ij} 是边界的渗透率，n 是流动指数。在羽状区域中上升的流量通过完整的垂直方向的动量方程形式建立模型，假定一抛物线形式的速度分布曲线。与固体墙面接触的区域通过对流交换热量（q）：

$$q = h(T_i - T_s) \qquad (3.64)$$

这里传热系数 h 是用平面在不同方向上的自然对流关系计算出来的。

对每个次级体积建立质量平衡方程，稳定状态条件下，次级体积中空气流动的总量为零。焓平衡建立为，次级体积中热流总量为零。这些包括：

- 通过空气对流进入次级体积的焓；
- 来自温度不同的墙体或者紧邻的次级体积的表面热流；
- 次级体积内部点热源的对流部分。

动量平衡方程通过三个坐标表达，包括下面几项平衡：

- 进入次级体积的动量的净通量。
- 体积力（主要是重力）对次级体积的作用。
- 表面的正压力。
- 在面的两侧由不同的平行的流速导致的摩擦力。根据功能将这些力按比例建立模型，而动能则是基于面两侧间的相对进度上。比例常数为摩擦系数，是通过基于上面提到的相对流速的雷诺数的标准平板关系式得到的。就墙体表面而言，用平行于表面的次级体积的绝对速度计算摩擦力。在每个次级体积中，摩擦力的符号是相反的，趋于使两个速度减小（如果它们相对）或者减小较大的那个（如果它们同向）。

最终，加入下面边界条件来闭合问题：

- 墙体的存在意味着法向速度为零。
- 大开口规定了压力或者法向速度的表面条件（依赖问题的未知量）
- 缝隙的处理是将空气流量作为开口压差的函数。认为压差只影响质量平衡和焓平衡，忽略动量方程。
- 压力对于两个次级体积之间的内部表面的影响包含在动量平衡中。

用该模型得到的结果与用 CFD 程序的预测结果在质量上进行比较。

第一个测试是一个简单的案例，用众所周知的分层模式：一个有两面水平方向绝热墙体和两面竖直方向等温墙体（一面冷、一面热）的方形腔。图 3.27 所示为用粗糙网格（4×4）和精细网格（6×10）得到的结果。与这个案例的 CFD 结果比较得出在温度分布上的相似趋势。虽然精细网格给出了改进的结果，粗糙网格更可取，因为它没有不合理地增加节点数，预测了几乎一样的结果。在所研究范围内离散化次级体积数量的规则必须设定在

CFD 的极小网格尺寸和网络模型的完全混合区域假定之间。一米的典型尺寸一般是恰当的。

用对流通风案例对模型进行进一步测试：一个 3m×3m 的二维单元，相对的两个垂直立面上有位于中心的 0.5m 高的开口。

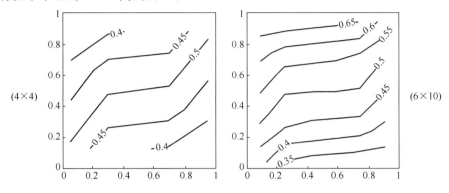

图 3.27　简单案例的区域模型预测

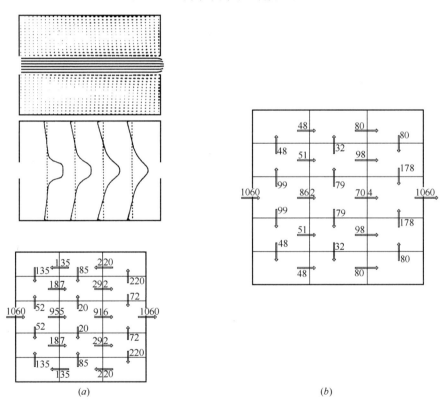

图 3.28　采用动态区域模型的成功测试

为了强制均匀的进口风速 $0.5\mathrm{ms}^{-1}$，在左边的开口设定均匀的过压，右边的开口为低压。如图 3.28 所示，这些结果也可以用区域模型确定，用一些同一高度上相对立面上有开口的对流通风案例。

在相对立面上有两个不同高度的开口的对流通风情况下，为了得到真实的空气流动模式，模型需要改进。不断发展的未来研究活动包括：
- 为了确保在所有可能的结构下都有真实的结果，需要对区域模型进行改进；
- 用更详细的模型（CFD）与实验结果或数值解法结果进行比较；
- 将模型与热模拟工具整合。

3.3.3 计算流体力学

在过去的几年之间，大量的努力被投入到计算流体力学的发展中，进行建筑空气流动的预测。CFD 程序以 N-S 方程的解为基础，即质量、动量和能量守恒方程。CFD 模型主要应用于稳态问题，预测建筑内部的温度场和速度场，及建筑外部的压力场。章节末尾的附件 B 阐述了 CFD 模型所依据的方程基本理论。

3.3.3.1 控制方程总结

CFD 模型所基于的运动控制方程是 N-S 方程，这些在附件 B 中进行了分析性的阐释。本节以守恒的形式，对非黏滞和不可压缩流体总结了这些方程：

连续性方程：

$$\frac{\partial \rho}{\partial t} + \bigtriangledown \cdot (\rho V) = 0 \tag{3.65}$$

动量方程：

x 方向：
$$\frac{\partial (\rho u)}{\partial t} + \bigtriangledown \cdot (\rho u V) = -\frac{\partial p}{\partial x} + \rho f_x \tag{3.66}$$

y 方向：
$$\frac{\partial (\rho v)}{\partial t} + \bigtriangledown \cdot (\rho v V) = -\frac{\partial p}{\partial y} + \rho f_y \tag{3.67}$$

z 方向：
$$\frac{\partial (\rho w)}{\partial t} + \bigtriangledown \cdot (\rho w V) = -\frac{\partial p}{\partial z} + \rho f_z \tag{3.68}$$

能量方程：

$$\frac{\partial}{\partial t}\left[\rho\left(e+\frac{v^2}{2}\right)\right] + \bigtriangledown \cdot \left[\rho\left(e+\frac{v^2}{2}\right)V\right] = \rho q - \frac{\partial (up)}{\partial x} - \frac{\partial (vp)}{\partial y} - \frac{\partial (wp)}{\partial z} + \rho f.V$$
$$\tag{3.69}$$

上述方程对表征所研究建筑及其周围环境的二维或三维网格的所有点进行求解。未知压力和速度分量依据给出的边界条件和初始条件决定。

3.3.3.2 边界条件

CFD 模型提供结果的准确性密切地依赖于流动边界上定义的物理量的准确性，除此之外，还有将这些量和流动主体联系起来的方法。与其他边界一样，流动条件必须在固体边界定义，如流动进口和出口。

CFD 模型已经应用于很多空气流动问题，取得了令人鼓舞的结果。然而，结果的准确性依赖于使用者的经验和数值模拟技术。此外，结果的准确性也受到表征模拟空间的网格密度的影响。为了分析局部解的梯度，需要足够细化的计算网格。因此，成功应用 CFD 程序不仅需要一个有经验的研究者，还需要一部功能强大的计算机。

CFD 模型提供的结果的质量，还有它们当前状态下用户的需求，让这种模型更适合作为一个研究工具，而不适合建筑设计的目的。

3.3.3.3 CFD 模型在模拟通过大开口空气流动方面的应用

Schaelin 等人已经应用 CFD 模型模拟内部有加热器和通向室外的大开口的房间内部空气流动,重点在于主体流动,不考虑近墙流动细节、传热等。在这种情况下,热空气从开口较上面部分离开房间,冷空气从较下面部分进入室内。热空气在浮力作用下作为热烟流在室外上升。计算在无风条件(自然对流)下进行,垂直进入开口的风速为 $1 \mathrm{ms}^{-1}$。房间 4.2m 长,3m 高,4m 宽,有一个 2.2m 高、1m 宽的门。加热器为 50℃,0.6m 高,3m 宽,在与门正对的角落上,在房间内部驱动空气流动。

Rosten 和 Spalding 研发的计算机程序应用于联合标准 $k-\varepsilon$ 湍流模型来解有限体积形式的守恒方程,求解压力 p,速度分量 u,v 和 w;能量 h;湍流能量 k 和湍流能量损耗 ε。

变量 u,v,w 和 T 的值与分析预测值及实验数据进行比较,而计算得到的 k 和 ε 的场用于验证羽状流是湍流。图 3.29 给出了有边界的计算范围的示意图。

在建筑(内部和外部)的地面、天花板和墙体,提供墙体摩擦和速度边界层的对数壁面函数。认为这些表面(1,5)是绝热的。将加热器模型建立成为一个被加热的空气体积,有固定的温度或者加热速率。开放空气边界附近的法向导数必须为零。这是数值边界条件强加的:在开放表面 $p = p_0 = 0$。计算区域足够大以保证在开放空气边界 $\mathrm{d}p/\mathrm{d}n = 0$。

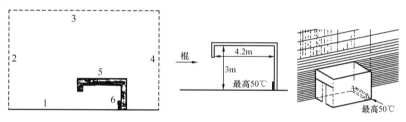

图 3.29 计算区域和边界:1 地面;2,3,4 开放空气空间;5 建筑墙体
(对空气流动封闭);6 加热的空气体积(对空气流动不封闭)

2D 计算区域定为 46m×46m 的网格,水平方向和垂直方向为 34m×72.2m。3D 计算区域为 41m×31m×31m 网格,x,y,z 方向分别为 34m×25m×18.7m。在有风情况下,风速设定为 $1 \mathrm{ms}^{-1}$,从左边界进入,不考虑风速轮廓线。地面摩擦力导致的实际曲线大约在 10m 以后。

图 3.30 阐释了无风(图 3.30a)和有风(图 3.30b)情况下 3D 模拟得到的计算风速值和温度值。在第二种情况下,图中所示热烟流被风吹走了。

为了比较 2D、3D 模型预测值和测量值,使用单侧通风实验数据。图 3.31 展示了计算的和测量的风速曲线。为了比较的目的,从 Mahajan 得到的风速值进行了一定比例的缩放。3D 模拟曲线的形状更好地和实验结果吻合。

三维 CFD 计算得到更准确的结果,但是计算成本更高。为了节约计算成本,Schaelin 等人总结出,有大开口的建筑,其计算区域只从房间向外扩大一点,可以得到非常好的结果。在自由对流情况下,附加的区域长度可以设定为开口高度的一半,附加的区域必须依赖于建筑高度或者局部风速曲线。

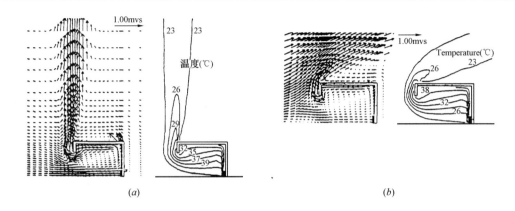

图 3.30　用 3D CFD 模型推导出的风速场和温度场：

(a) 无风；(b) 风速 1ms^{-1}

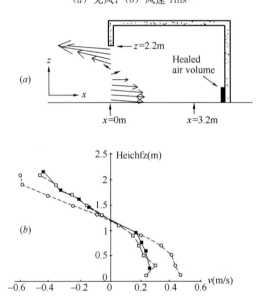

图 3.31　CFD 预测值（无风情况）和测量的开口空气流速曲线

3.3.3.4　结论

综上所述，很明显 CFD 模拟在夏季供冷情况下具有预测空气流速模式和温度分布的潜力。然而，如本章其他部分指出的那样，夏季供冷自然通风是有着复杂边界条件的非稳态问题。由于准确预测需要很长的计算时间，所以目前用 CFD 研究实际案例是不可行的。

3.4　确定开口尺寸的方法

3.4.1　介绍

通过建筑的空气流动可以是风或者热力作用引发的，或者是两种共同作用。估计开口面积和分布以得到空气流动的确定值，气候条件数据、局部阻碍和窗户特征是必需的。几种用来计算开口表面积的开口理论已经被提出了，特别是对于对流通风结构。现有的理论主要可以分为两种：

- 简化的经验方法；
- 计算机迭代方法。

简化的经验方法基于计算单个房间或单个建筑对流通风结构的进风面积和出风面积的简单分析表达式。这些方法只考虑风的作用，忽略与室内外环境温差有关的现象。这些方法应用简单，可以很方便地运用于建筑的前期设计阶段。

计算机迭代方法基于 3.2 节中阐释过的网络模型。网络空气流动模型将风和温差的作用结合起来，对简化经验方法没有限制。如果利用它们的计算机形式，这些工具可以用来对更大范围的输入数据执行快速的计算，为用户提供设计特征对建筑自然通风效果的相对影响的敏感性分析。

在下面的章节中阐释了六个更为重要的简化经验模型及计算机工具。章节结束阐释的比较分析展示了所观察到的预测开口所需表面面积的方法的区别。

设计者很清楚上述所有方法应该应用于它们的适用性所限制的范围之内。用来执行计算的气象数据应该尽可能的有代表性。如果设计目的是确定供冷用开口尺寸，应该用出现最大冷负荷的月份的气象数据。

然而，很清楚的是，对于一些输入数据，尤其是建筑周围压力分布，有一定程度的不确定性和模糊性。因此，这些方法可以被看作粗略确定进口和出口尺寸的工具，而不是作为精确的建筑自然交叉通风空气流动计算的精确方法。

最后，为了确定有内部分隔阻碍空气流通的多区域建筑的开口尺寸，应该用 3.2 节中讲到的多区域计算机网络模型来替代。

3.4.2 简化的经验方法

表 3.25 总结了 6 种简化的开口尺寸确定方法的主要特点和限制。

3.4.2.1 佛罗里达太阳能方法-1

佛罗里达太阳能中心研发的确定窗户尺寸方法假定进口和出口面积相等。该方法可以应用于微小差别，如进口面积＝总面积×40%。该方法不考虑温差引起的空气流动。对于二层建筑应该逐层计算。对于进口面积和出口面积差别很大的情况，提出使用另一种方法，是由同一作者研发的。

	6 种针对建筑自然交叉通风设计开口的简化经验方法的特点	表 3.25
理论	开口特点	流动驱动
佛罗里达太阳能中心理论-1	考虑相同的进口和出口。计算全部开启面积。考虑孔隙率为 0.6 的遮蔽物。	只考虑风的作用。提出风向、地形类型、周边建筑和开口高度的修正因子。
佛罗里达太阳能中心理论-2	考虑不同的进口和出口。计算有效窗户面积。提出考虑到遮蔽物和窗户空隙的方法。	只考虑风的作用。考虑由风引起的压力系数。提出周边建筑和开口高度的修正因子。
ASHRAE 理论	考虑不同的进口和出口。提出探究开口作为进风角度的函数的有效性的系数。	考虑风和温差的作用。不考虑风和温差的联合作用。

续表

理论	开口特点	流动驱动
雅典大学的简化理论	考虑不同的进口和出口。进口面积/出口面积<2 有效。	只考虑风的作用。不考虑风引起的压力系数。
Aynsley 理论	考虑不同的进口和出口。	只考虑风的作用。不考虑风引起的压力系数。
英国标准机构理论	考虑不同的进口和出口。	考虑风和温差的作用。提出联合作用的准则。

根据方法，为了得到一定数量的每个小时的空气变化 ach，需要的全部开启面积 TOA，进口面积加出口面积，可以通过下面表达式计算：

$$TOA = 0.00079V(ach)/(Wf_1 f_2 f_1 f_4) \qquad (3.70)$$

这里：

TOA 是总开启面积（ft^2）。

V 是建筑体积（ft^3）。

ach 是设计每小时空气变化率。

W 是风速（mph），由最近的气象站测量。

f_1是进口与 10m 处风速比。这个系数是风进口角度的函数，由表 3.26 给出。数据主要来自于 Vickery 和 Baddour 风道。当风垂直于建筑表面时入射角度为零。

f_2是地面修正系数。这个系数是建筑位置和通风策略的函数。可以从表 3.27 得到。

f_3是周边修正系数。这个系数是迎风建筑墙体高度 h，还有建筑和紧邻的迎风建筑之间的间隔 g。f_3的值在表 3.28 中给出，作为 g/h 的函数，是从风道结果的推算数据。

f_4是高度增加因子。如果为二层或者支柱上的住宅确定窗户尺寸，f_4等于 1.15。否则，f_4等于 1。

等式（3.71）假定遮蔽物孔隙率为 0.6。如果没有遮蔽物，该等式的结果需除以 1.67。等式（3.71）认为门框和窗框大约占总面积的 20%，因此，为了计算净开启面积，结果应除以 1.25。

例. 对于一个给定的地点 $W=8.8$mph。还有，当入射角度为 10°时，$V=10672$ft³，ACH=30。建筑坐落于城郊，24 小时通风。迎风建筑墙体高度 $h=8$ft，而 $g=24$ft。使用 $f_4=1$。确定总开启面积。

进口与 10m 处风速比，f_1 表 3.26

风入射角度（°）	f_1	风入射角度（°）	f_1
0~40	0.35	70	0.20
50	0.30	80	0.14
60	0.25	90	0.08

地面修正系数，f_2,		表 3.27
地面类型	f_2：24 小时通风	f_2：只夜间通风
海滨或 3 英里外有水	1.30	0.98
机场，或有被孤零零的墙体隔开的建筑的平原	1.00	0.75
农村	0.85	0.64
城郊或工业区	0.67	0.50
大城市中心	0.47	0.35

f_3，周边修正因子		表 3.28
比例 g/h	周边修正因子 f_3	
0	0.00	
1	0.41	
2	0.63	
3	0.77	
4	0.85	
5	0.93	
6	1.00	

由表 3.26～3.28，我们可以得到：$f_1 = 0.35$，$f_2 = 0.67$，$f_3 = 0.77$。那么由等式（3.71）：

TOA＝0.00079V（ach）/（W$f_1 f_2 f_1 f_4$）＝0.00079×（10672×30）/［8.8×0.35×0.67×0.77×1］＝159.1ft^2

3.4.2.2　佛罗里达太阳能方法-2

这个方法由 Chandra 等人研发，是确定交叉通风房间窗户进口和出口面积尺寸的简单步骤。该方法基于通过进口和出口的压差系数，可以进行窗户有效面积 A 的计算，将进口面积和出口面积结合起来。该方法不考虑由室内外温差引起的空气流动。提出的步骤针对有一个有效进口和一个有效出口的房间；假定所有进口受到完全相同的正压，所有的出口受到完全相同的负压。

有效窗面积 A 通过下面的表达式定义：

$$A = A_o A_i / (A_o^2 + A_i^2)^{0.5} \quad (\text{ft}^2) \qquad (3.71)$$

这里 A_o 和 A_i 分别为开启的出口和进口。

为了计算 A，该方法提出如下表达式：

$$A = 0.000296 V ach / [W (f_3 f_4 PD)^{0.5}] \qquad (3.72)$$

这里 V，ach，W，f_3，f_4 如之前定义过的。参数 PD 是通过进口和出口的压差系数，由下式得到：

$$PD = WPC - LPC \qquad (3.73)$$

这里 WPC 是迎风面压力系数，LPC 是背风面压力系数。

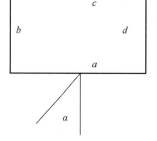

图 3.32　建筑四个立面的风入射角度

该方法主张使用表 3.29 给出的针对住宅建筑的四个立面的压力系数，图 3.32。

为了计算遮蔽物、部分开启的窗户等阻塞物的影响，提出孔隙率 PE，定义为遮蔽物孔隙率 IPF 和窗户孔隙率 WPF 的作用结果：

$$PF = IPF \times WPF \qquad (3.74)$$

不同类型的遮蔽物和窗户的 IPF 和 WPF 的值由表 3.30 和表 3.31 给出。那么，总的而不是开启的进口和出口面积，TA_i 和 TA_o，由下面表达式得到：

$$TA_i = A_i/PF \tag{3.75}$$

$$TA_o = A_o/PF \tag{3.76}$$

推荐的压力系数 PC，对于其他空隙的值为：

- 有翼墙辅助的进口，PC＝0.40；
- 有翼墙辅助的出口，PC＝－0.25；
- 屋顶出口，例如，Venturi 型，PC＝－0.30。

压力系数 PC，作为风入射角度的函数　　表 3.29

风入射角度 φ（°）	压力系数 PC，表面 a	压力系数 PC，表面 b	压力系数 PC，表面 c	压力系数 PC，表面 d
0.0	0.40	－0.40	－0.25	－0.40
22.5	0.40	－0.06	－0.40	－0.60
45.0	0.25	0.25	－0.45	－0.45
67.5	－0.06	0.30	－0.55	－0.40
90.0	－0.4	0.40	－0.40	－0.25

遮蔽物孔隙率，IPF　　表 3.30

遮蔽物类型	典型 IPF
无遮蔽	1.00
青铜，14wires/inch	0.80
玻璃纤维，18wires/inch	0.60

窗户孔隙率 WPF；这些假定内部窗帘和遮阳不会阻塞风　　表 3.31

窗户类型	典型 WPF
单挂或双挂	0.40
雨篷、漏斗、百叶窗或保护物，可以通过旋转水平铰链打开	0.60
窗扉	依据固定的窗扇数量而变化。需要测量孔隙率

例　一座建筑体积为 $1536ft^3$，所需每小时换气次数为 30，风速为 8.8mph，迎风面入射角度 φ 为 45°，而在表面 d 出口有辅助翼墙。建筑在城市内。比例 g/h 为 3（见之前的例子）。计算：（a）所需有效开启面积 A；（b）进口面积和出口面积，如果要求进口和出口相等；（c）如果考虑玻璃纤维遮蔽物和雨篷窗户，总的而非开启的进口和出口窗户面积。

（a）由表 3.28 我们得到 $f_3=0.59$，$f_4=1$。由表 3.29 我们得到 WPC＝0.25，LPC＝－0.25，PD＝0.5。那么，应用表达式（3.73）：

$$A = 0.000296V\ ACH/\ [W\ (f_3 f_4 PD)^{0.5}]$$
$$= 0.000296 \times (1536 \times 30)\ /\ [18.8 \times 0.59^{0.5} \times 0.5^{0.5}]$$
$$= 2.85ft^2$$

（b）如果 $A_o=A_i$ 那么 $A_i=1.41A$。因此，$A_i=A_o=4.01ft^2$。

（c）由表 3.30 我们得到 IPF＝0.6，WPF＝0.60，那么 PF＝0.36。因此，$TA_i=TA_o=4.01/0.36=11.14ft^2$。

3.4.2.3　ASHRAE 方法

ASHRAE 提出了一个计算自然通风建筑开口表面的简单方法。

根据这种方法，如果流动主要由风引起，进口和出口面积相等的建筑的自由进口面积

A 可以用下面的表达式计算：

$$A = Q/(EW) \tag{3.77}$$

这里 Q 是设计空气流量，W 是风速，E 是开口有效性。参数 E 对垂直表面的风应取 0.5～0.6，对斜向的风应取 0.25 至 0.35。

根据这种方法，当进口和出口相等时，开口单位面积流量最大。如果进口和出口不能相等，那么可以用等式（3.78）计算最小的开口。

计算开口的步骤因此如下。对于给定进口和出口比例的开口，流量增大的百分比 x 由图 3.33 得到。那么设计空气流量 Q 被 x 分割，最终的流量用于等式（3.78）中计算开口的最小面积。

如果当地风速不重要，空气流动主要由室内外环境温差引起，ASHRAE 建议用另一个公式来计算开口面积。

如果进口和出口相等，那么进口和出口面积 A 可以由下面的等式计算：

$$A = Q/\left[116\sqrt{h(T_i - T_o)}\right] \tag{3.78}$$

这里 Q 是设计空气流量（litre s^{-1}），h 是进口至出口的高度（m），T_i 和 T_o 分别是室内外平均温度。

如果进口和出口不相等，那么对于

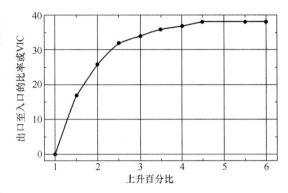

图 3.33 多余开口引起的空气流量上升

一给定的出口和进口的比例，或者反过来也是一样，流量增加百分比按照图 3.33 来取。设计空气流量 Q 被 x 分割，最终的流量用于等式（3.79）计算开口的最小面积。

例. 对于一个给定地点，设计风速为 2ms^{-1}，垂直于自然通风建筑的开口。区域的计算体积是 200m^3，所需换气次数为每小时 8 次。此外，由于建造限制，出口与进口的比等于 1.5。计算进口和出口的面积。

设计流量为 1600m^{3}h^{-1} 或 0.444m^{3}s^{-1}。由图 3.33 可知由开口的不相等导致的空气流量的增加为 17.5%。因此，相应于较低开口的流量为 0.444/1.175＝0.38m^{3}s^{-1}。由方程（3.78），进口面积为 A_i = 0.38/（0.5×2）= 0.38m^2，而出口面积为 A_o = 0.38×1.5 = 0.57m^2。

例. 先前的例子认为空气流动主要由于室内外环境的温差。进口和出口的高度差为 4m。室内外设计温差为 4℃。计算每小时换气次数为 8 的空气流动所必需的进口和出口。

如先前案例计算，较低开口相应的空气流量为 0.38m^{3}s^{-1}。由方程（3.79），进口面积应为 A_i = 380[116$\sqrt{16}$] = 0.82m^2，而出口面积 A_o 为 A_o = 0.82×1.5 = 1.22m^2。

3.4.2.4 Aynsley 方法

由 Aynsley 提出的方法已经在 3.2 节中讲过。该方法计算由风引起的空气流动，忽略由建筑室内外温差引起的现象。

对于一个交叉通风建筑的简单案例，迎风面开口面积为 A_1，背风面开口面积为 A_2，

空气流量 Q（$m^3 s^{-1}$）由下面公式计算：

$$Q = W \left[(Cp_1 - Cp_2)/(1/A_1^2 Cd_1^2 + 1/A_2^2 Cd_2^2) \right]^{0.5} \tag{3.79}$$

这里 W 是用于压力系数定义的参考风速。还有 Cp_1 和 Cp_2 是两个立面的压力系数，Cd_1 和 Cd_2 是两个开口的流出系数。

对一个定义的迎风面或者背风面开口 A_i 的面积，第二个开口 A_{ii} 面积可以通过等式（3.82）计算。在这里使 $Cd_i = Cd_{ii}$，可以得到：

$$A_{ii} = A_i B \left[1/(A_i^2 - B^2) \right]^{0.5} \tag{3.80}$$

这里

$$B = \left[1/(Cp_1 - Cp_2) \right]^{1/2} \left[Q/(WCd) \right] \tag{3.81}$$

例. 对于一个给定地点，设计风速为 $2 m s^{-1}$，垂直于自然通风建筑的开口。出口位于与进口相对的立面上。所要计算的区域体积为 $600 m^3$，所需的换气次数为每小时 8 次。此外，由于建造限制，背风面开口面积为 $3 m^2$。若每个开口的流出系数 Cd 为 0.6，计算迎风面开口面积。

由表 3.29 可知进口和出口的压力系数分别为 0.4 和 -0.25，因此 $\Delta Cp = 0.65$。还有 $Q = 1.33 m^3 s^{-1}$。因此计算：

$$B = \left[1/(Cp_1 - Cp_2) \right]^{1/2} \left[Q/(WCd) \right] = \left[1/0.65 \right]^{1/2} \left[1.33/(2 \times 0.6) \right] = 1.37$$

然后：

$$A_1 = BA_2 \left[1/(A_2^2 - B^2) \right]^{0.5} = 1.37 \times 3 \left[1/(9 - 1.89) \right]^{0.5} = 1.53 m^2$$

英国标准机构针对由风引起空气流动的交叉通风结构提出了几乎完全一样的方法。

3.4.2.5 英国标准方法

英国标准方法提出不同的表达式来计算由风和室内外环境温差引起的自然通风结构的空气流动。此外还提出了将风和温差的影响联合起来的标准。该方法已经在 3.2 节中详细讲到。正如如已经提过的那样，该方法与风的作用相关的部分几乎与 Aynsley 方法完全一致，因此读者可以参考前面的章节。

对于主要由于室内外温差引起流动的情况，该方法提出下面公式来计算空气流量 Q（$m^3 s^{-1}$）。

$$Q = CdA_b \left[2\Delta TgH/T \right]^{0.5} \tag{3.82}$$

这里 Cd 是流出系数，ΔT 是室内外平均温差，H 是较低和较高窗户之间的平均高度，T 是室内外温度平均值（K），A_b 由如下表达式定义：

$$\frac{1}{A_b^2} = \frac{1}{A_1^2} + \frac{1}{A_2^2} \tag{3.83}$$

这里 A_1 和 A_2 分别是进口和出口（较低和较高开口）。

基于上述内容，对于达到空气流量 Q 所必需的进口或者出口面积 A_i，可以通过下面的表达式针对给定的进口或者出口面积 A_{ii} 计算：

$$A_i = DA_{ii} \left[1/(A_{ii}^2 - D^2) \right]^{0.5} \tag{3.84}$$

这里：

$$D = Q/\left[Cd(2\Delta THg/T)^{0.5} \right] \tag{3.85}$$

定义流动主要归因于温差还是风的准则已经在 3.2 节中讨论过。然而，这些准则只能应用于开口面积定义好了以及必须计算空气流动的计算步骤。

例. 对于一个给定地点,室内设计温度为 27℃,室外平均温度为 31℃。所要计算的区域体积为 600m³,所需的换气次数为每小时 8 次。此外,由于建造限制,出口面积为 3m²,进口和出口的垂直距离为 6m。如果每个开口的流出系数为 0.6,计算进口面积。

可以得到 $Q=1.33\text{m}^3\text{s}^{-1}$。那么:

$$D = Q/\left[Cd(2\Delta THg/T)\right]^{0.5} = 1.33/\left[0.6(2\times4\times9.81\times6)/302\right]^{0.5} = 1.76$$

因此:

$$A_i = DA_{ii}\left[1/(A_{ii}^2 - D^2)\right]^{0.5} = 1.76\times3\times(1/9 - 3.9)^{0.5} = 2.17\text{m}^2$$

3.4.3 计算机网络方法

计算机网络方法基于 3.2 节讨论的网络方法,可以用于确定建筑开口面积和方向以达到所需要的空气流量。网络空气流动模型将风和温差的作用结合起来,没有体现出之前提到的简化方法的限制。此外,因为它们的计算机化的特点,这些方法可以用于针对大范围的输入数据执行快速计算,为用户提供设计特征值的相对影响的敏感性分析。

开口面积计算应执行当地的主导风向和风速以及预期的室内外平均温差。可以使用单区域和多区域模型。单区域模型在使用中是最简单的,可以在设计阶段前期使用。

例. 考虑一个体积为 700m³ 的单独的工业区域。房间高度是 3.5m。开口应该位于墙体的中间高度处。夏季主导风向是北向,平均风速为 3ms⁻¹。室内外环境设计温差是 3℃。受到设计约束条件制约,开口只能设计在北向和南向立面。为了达到夏季每小时 15 次的换气次数,计算北向迎风面开口面积 A_1 以及南向背风面开口面积 A_2。

使用单个网络空气流动模型 NORMA,完成迎风面开口 A_1 和背风面开口 A_2 的敏感性分析。计算结果由表 3.32 给出。对两个开口使用 0.6 的流出系数。考虑到所需要的空气流量为 10500m³h⁻¹,可以得到如下可能的解:

- A_1 比 2m² 大比 3m² 小,A_2 为 3m²;
- A_1 比 2m² 大比 3m² 小,A_2 为 4m²。

很明显敏感性分析可以提供更进一步的解(图 3.34)。

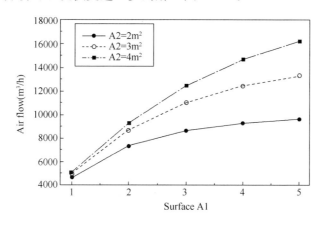

图 3.34 敏感性分析结果

3.4.4 比较分析

为了比较上述所有理论的预测值，对一些建筑结构执行计算。因为不同的理论以各种类型的限制为特征，关联风和温差的作用，还有开口面积比，所考虑的案例必须足够简单，以满足所有理论的限制。

3.4.4.1 例1 一个简单案例

计算一个 $700m^3$ 的自然通风建筑的进口和出口净面积。所需要的空气流量为每小时 6 次换气。设计季节平均风速为 $2ms^{-1}$，与建筑主轴线平行。室内外温差可以忽略。考虑到风速是在接近建筑的地方测量，不需要修正地面。此外，周边建筑影响可以忽略。最后，认为进口和出口相等，位于一层两面相对的墙上，垂直于建筑主轴线，无遮蔽物。

佛罗里达方法 1

这个方法认为进口和开口几乎相等，不考虑温差的作用。它用到 4 个系数 f_1，f_2，f_3，f_4 来计算风向、地面修正、周边建筑和开口高度。考虑到例子的假定，很明显有 $f_2 = f_3 = f_4 = 1$。开口总面积（ft^2），用下面的公式预测：

$$TOA = 0.00079V(ach)/(Wf_1f_2f_3f_4)$$

这个等式假定了一个孔隙率为 0.6 的遮蔽物。因为这里没有遮蔽物，上面等式的结果应该除以 1.67。此外，这个等式认为门和窗户的框面积为总面积的 20%，因此计算净开启面积时应将结果除以 1.25。

数据的替换给出 $TOA = 6.88m^2$，因此进口或出口面积为 $3.44m^2$。

如果考虑到没有遮蔽物，用该方法计算总面积，进口和出口的净开启面积为 $A_o = A_i = 3.44/1.67/1.25 = 1.64m^2$。

佛罗里达方法 2

该方法认为进口和出口不等，并且提出了有效窗户开口的计算。它不考虑温差的作用。它用两个系数 f_3 和 f_4 来计算周边建筑和开口高度。如果考虑例子的假设，很明显 $f_3 = f_4 = 1$。开口总面积（ft^2）用等式（3.73）来预测：

$$A = 0.000296Vach/[W(f_3f_4PD)^{0.5}]$$

由表 3.29$WPC = 0.4$，$LPC = -0.25$。那么：

$$PD = WPC - LPC = 0.65$$

将数据代入得到 $A = 1.12m^2$，所以进口和出口面积为 $A_o = A_i = 1.41A = 1.58m^2$。

ASHRAE 方法

该方法考虑了风和温差的作用，但是不考虑风和温差的联合作用。它认为进口和出口不等。它提出一个系数 E 来计算开口作为风入射角度的函数的效力。基于例子中的数据，E 为 0.5。所以：

$$A = Q/(EW) = 1.16m^2$$

Aynsley 方法

该方法可以计算由风引起空气流动的自然通风结构上的进口和出口面积。它认为进口和出口不等。对于一个定义好的迎风面或背风面开口的面积 A_i，另一个开口 A_{ii} 可以由等式（3.80）计算出来。在这种情况下，如果进口和出口的流出系数相同，那么：

$$Q = W \left[(Cp_1 - Cp_2)/(1/A_i^2 Cd_1^2 + 1/A_o^2 Cd_2^2) \right]^{0.5}$$

如果 $Cp_1 = 0.4$，$Cp_2 = -0.25$，且 $Cd_1 = Cd_2 = 1$，那么 $A_o = A_i = 1.01 \text{m}^2$。

	由网络模型得到的结果	表 3.32
A_i （m²）	A_o （m²）	Q （m³h⁻¹）—ach
1.0	1.0	4103—5.86
1.2	1.2	4965—7.09
1.1	1.1	4513—6.45
1.05	1.05	4308—6.15
1.02	1.02	4185—5.98

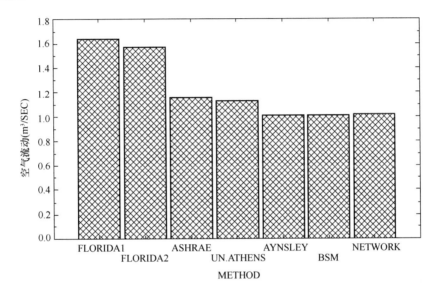

图 3.35　第一个例子的空气流动预测值

英国标准方法

如已经提过的，该方法针对室内外温差可以忽略的结构与 Aynsley 方法预测了同样的结果。因此，$A_o = A_i = 1.01 \text{m}^2$。

计算机方法

一个网络计算机方法已经应用于计算样例建筑的空气流动和不同的进口和出口面积。得到的结果由表 3.32 给出。

因此，$A_i = A_o = 1.02 \text{m}^2$。

由所有的方法得到的结果由图 3.35 给出。计算标准差为 0.27。

3.4.4.2　例 2　温差的作用

第二个例子和之前的那个相同，但是室内外有 3℃ 的温差。因此，例子如下：

例．计算体积为 700m³ 的自然通风建筑的进口和出口净面积。所需要的空气流量为每小时 6 次换气。设计季节的平均风速为 2ms⁻¹，方向与建筑的主轴线平行。室内外环境温差为 3℃。考虑到风速是在靠近建筑的地方测量的，不需要修正地面。而且，周边建筑的影响可以忽略。最后，进口面积和出口面积相等，位置在一层相对的两面墙上，垂直于建筑的主轴线上，没有遮蔽物。两个开口垂直方向的距离是2m。

如已经提到的，佛罗里达1和2方法、雅典大学和Aynsley方法没有考虑温差的作用。因此，用这些方法预测的空气流量几乎与第一个例子是完全一样的。

ASHRAE方法提出两个表达式来计算某一个空气流动所需要的开口。第一个针对风的作用，第二个针对温差的作用。它没有提出共同作用的表达式。如前面计算的，当只考虑风的作用时，所需要的输入和输出面积等于1.16m²。如果只考虑温差作用，那么由方程3.79，必须的进口-出口面积为8.5m²。

英国标准方法提出了针对由风支配的现象和温差支配的现象的方法。它还提出应选择什么公式的准则。使用这些准则，在3.2节中讲过，风的作用处于支配地位，因此$A_o = A_i = 1.01m^2$。

使用计算机方法，得到所需的进口和出口面积等于0.97m²。

附件 A

风压系数计算的参数化模型

一个案例研究

计算建筑围护结构上的两个点的压力系数：点（1）在立面（1）上，点（2）在立面（2）上（图3.A1）。

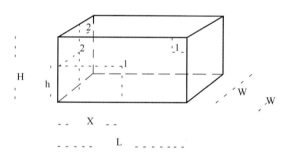

图3.A1 建筑立面的示意图

环境和几何参数如下：

$pad = 0.0$, $rbh = 1$, $a = 0.22$, $L = 6m$, $H = 3m$, $W = 3m$,
$x = 3m$, $w = 1.5m$, $h = 1.5m$, $anw(1) = -45°$, $anw(2) = -135°$

立面（1）和立面（2）正面的面比为：

$$far(1) = L/H = 2, far(2) = W/H = 1$$

立面（1）和立面（2）侧面的面比为：

$$sar(1) = W/H = 2, sar(2) = L/H = 2$$

点（1）和点（2）的相对位置是：

$$xl(1) = x/L = 0.5, xl(2) = w/W = 0.5$$

$$zh(1) = zh(2) = h/H = 0.5$$

面 1—迎风面

$$Cp_{\text{ref}}(zh = 0.5) = 1.21 \qquad \text{（由等式 3.21）}$$

$$Cp_{\text{norm0.5}}(a = 0.22) = 0.999 \qquad \text{（由表 3.A1）}$$

$$Cp_{\text{norm0.5}}(pad = 0) = 0.979 \qquad \text{（由表 3.A2）}$$

$$Cp_{\text{norm0.5,0}}(rbh = 1) = 0.957 \qquad \text{（由表 3.A3）}$$

$$Cp_{\text{norm0,0.5}}(far = 2) = 0.874$$

由表 3.A7 利用线性内插法，在 $Cp_{\text{norm0,0.4}}(far = 2)$ 和 $Cp_{\text{norm0,0.6}}(far = 2)$ 之间。

$$Cp_{\text{norm0,0.5}}(sar = 1) = 1 \qquad \text{（由表 3.A8）}$$

$$Cp_{\text{norm0.5,45}}(xl = 0.5) = 0.464 \qquad \text{（由表 3.A6）}$$

$$Cp(1) = Cp_{\text{ref}}(zh = 0.5) \times Cp_{\text{norm0.5}}(a = 0.22) \times Cp_{\text{norm0.5}}(pad = 0)$$

$$\times Cp_{\text{norm0.5,0}}(brh = 1) \times Cp_{\text{norm0,0.5}}(far = 2) \times Cp_{\text{norm0.5}}(sar = 1)$$

$$\times Cp_{\text{norm0.5,45}}(xl = 0.5) = 0.459$$

因此，$Cp(1) = 0.459$

面 2—背风面

$$Cp_{\text{ref}}(zh = 0.5) = -0.454 \qquad \text{（由等式 3.21）}$$

$$Cp_{\text{norm0.5}}(a = 0.22) = 0.954 \qquad \text{（由表 3.A9）}$$

$$Cp_{\text{norm0.5}}(pad = 0) = 1.034 \qquad \text{（由表 3.A10）}$$

$$Cp_{\text{norm0.5,0}}(rbh = 1) = 0.998 \qquad \text{（由表 3.A11）}$$

$$Cp_{\text{norm0,0.5}}(far = 1) = 1 \qquad \text{（由表 3.A15）}$$

$$Cp_{\text{norm0,0.5}}(sar = 2) = 0.645$$

由表 3.A6 利用线性内插法，在 $Cp_{\text{norm0,0.4}}(sar = 2)$ 和 $Cp_{\text{norm0,0.6}}(sar = 2)$ 之间。

$$Cp_{0.5,135}(xl = 0.5) = 1.707 \qquad \text{（由表 3.A14）}$$

$$Cp(2) = Cp_{\text{ref}}(zh = 0.5) \times Cp_{\text{norm0.5}}(a = 0.22) \times Cp_{\text{norm0.5}}(pad = 0)$$

$$\times Cp_{\text{norm0.5,0}}(rbh = 1) \times Cp_{\text{norm0,0.5}}(far = 1) \times Cp_{\text{norm0.5}}(sar = 2)$$

$$\times Cp_{\text{norm0.5,135}}(xl = 0.5) = -0.492$$

因此，$Cp(2) = -0.492$。

曲线拟合等式的系数

迎风面

参考值 Cp 的多项式函数。

$$Cp_{\text{ref}}(zh) = -2.381082(zh)^3 + 2.89756(zh)^2 - 0.774649(zh) + 0.745543$$

正定化的 Cp 作为环境、几何参数的函数，它的表达式的系数由表 3. A1 至表 3. A8 给出。

Cp 作为地面粗糙度的函数，正定化后的表达式系数：

$$Cp_{\text{normzh}}(a) = a_0 + a_1(a) + a_2(a)^2$$

表 3. A1

zh	a₂	a₁	a₀
0.1	−10.820106	+2.312434	+1.014958
0.3	−10.42328	+1.268783	+1.225354
0.5	−8.531746	+0.688492	+1.261468
0.7	−0.939153	−1.691138	+1.417505
0.9	5.10582	−3.350529	+1.489995

Cp 作为周边建筑密度的函数，正定化后的表达式系数：

$$Cp_{\text{normzh}}(pad) = a_0 + a_1(pad) + a_2(pad)^2 + a_3(pad)^3$$

表 3. A2

zh	a₃	a₂	a₁	a₀
0.0−0.65	−2.14966e−05	+2.37444e−03	−0.089797	+0.979603
0.66−0.75	−1.775637e−05	+2.034996e−03	−0.081741	+0.995399
0.76−0.85	−1.523628e−05	+1.788998e−03	−0.074881	+1.00378
0.86−0.95	−1.571837e−05	+1.693211e−03	−0.06647	+0.994355
0.96−1.0	−1.987115e−05	+1.968606e−03	−0.067063	+0.966038

Cp 作为周边建筑高度的函数，正定化后的表达式系数：

$$Cp_{\text{normzh,pad}}(rbh) = a_0 + a_1(rbh) + a_2(rbh)^2 + a_3(rbh)^3$$

表 3. A3

zh	pad	a₃	a₂	a₁	a₀
0.07	0.0	0.0	0.0	0.111687	0.848151
	5.5	0.0	0.0	0.303608	0.693641
	12.5	0.0	0.0	0.665827	0.450229
	25.0	−0.354662	1.416299	3.925792	−3.814382
0.20	0.0	0.0	0.0	0.152862	0.78183
	5.5	0.0	0.0	0.35057	0.60962
	12.5	0.0	0.0	0.691757	0.407027
	25.0	0.0	1.534332	−17.32797	14.40045
0.50	0.0	0.0	0.0	0.251497	0.705467
	5.5	0.0	0.0	0.661656	0.348851
	12.5	0.0	0.0	1.601127	−0.4244487
	25.0	2.743878	−18.09787	13.731616	2.08857
0.70	0.0	0.0	0.0	0.280233	0.697339
	5.5	0.0	0.0	0.693236	0.3469922
	12.5	0.0	0.0	1.566717	−0.325088
	25.0	−1.2113787	6.301881	4.370901	−6.988637

续表

zh	pad	a_3	a_2	a_1	a_0
0.80	0.0	0.0	0.0	0.338131	0.637794
	5.5	0.0	0.0	0.719554	0.349286
	12.5	0.0	0.0	1.373569	−0.175915
	25.5	−0.403791	1.579764	5.205654	−4.533334
0.90	0.0	0.0	0.0	0.436478	0.555708
	5.5	0.0	−0.155809	1.523391	−0.266623
	12.5	0.0	−0.217166	2.2467	−0.855572
	25.0	0.0	−0.733177	6.203364	−3.94136
0.93	0.0	0.0	0.0	0.464299	0.535423
	5.5	0.0	−0.17031	1.579231	−0.294406
	12.5	0.0	−0.235091	2.28368	−0.853961
	25.0	0.0	−0.62338	5.154261	−3.165345

Cp 作为正面面比的函数，$far<1.0$，正定化后的表达式系数：

$$Cp_{\text{normpad,zh}}(far) = a_0 + a_1(far)$$ 表 3. A4

pad	zh	a_1	a_2
0.0	0.07	0.21	0.79
	0.20	0.166	0.834
	0.40	0.102	0.898
	0.60	0.066	0.934
	0.80	−0.04	1.04
	0.93	−0.292	1.292
5.0	0.07	0.286	0.714
	0.20	0.21	0.79
	0.40	0.148	0.852
	0.60	0.156	0.844
	0.80	0.028	0.972
	0.93	−0.364	1.364
7.5	0.07	0.134	0.866
	0.20	0.12	0.88
	0.40	0.054	0.946
	0.60	0.6245004e−17	1.0
	0.80	0.038	0.962
	0.93	−0.352	1.352

pad	zh	a_1	a_2
10.0	0.07	0.182	0.818
	0.20	0.046	0.954
	0.40	−0.12	1.12
	0.60	−0.166	1.166
	0.80	−0.052	1.052
	0.93	−0.428	1.428
12.5	0.07	0.1	0.9
	0.20	−0.068	1.068
	0.40	−0.058	1.058
	0.60	−0.044	1.044
	0.80	0.032	0.968
	0.93	−0.334	1.334

Cp 作为侧面面比的函数，$sar<1.0$，正定化后的表达式系数：

$$Cp_{\text{normpad,zh}}(sar) = a_0 + a_1(sar)$$ 表 3. A5

pad	zh	a_1	a_2
0.0	0.07	−0.022	1.022
	0.20	0.056	0.944
	0.40	−0.03	1.03
	0.6	6.245004e−17	0.1
	0.80	−0.02	1.02
	0.93	−0.166	1.166
5.0	0.07	0.172	0.828
	0.20	0.19	0.81
	0.40	0.334	0.666
	0.60	0.438	0.562
	0.80	0.31	0.69
	0.93	−0.09	1.09
7.5	0.07	0.266	0.734
	0.20	0.298	0.702
	0.40	0.46	0.54
	0.60	0.436	0.564
	0.80	0.324	0.676
	0.93	−0.118	1.118

续表

pad	zh	a_1	a_2
10.0	0.07	0.328	0.672
	0.20	0.318	0.682
	0.40	0.8	0.2
	0.60	0.66	0.334
	0.80	0.206	0.794
	0.93	−0.286	1.286
12.5	0.07	0.75	0.25
	0.20	1.104	−0.104
	0.40	1.428	−0.428
	0.60	1.2	−0.2
	0.80	0.634	0.366
	0.93	6.245004e−17	1.0

正定化后的 *Cp* 的表达式系数：水平分布对比风向：

$$Cp_{\text{normzh,anw}}(rbh) = a_0 + a_1(xl) + a_2(xl)^2 + a_3(xl)^3$$

表 3.A6

zh	anw（°）	a_3	a_2	a_1	a_0
0.50	0.0	0.0	−3.04662	3.04662	0.268462
	10.0	0.0	−3.142447	2.873329	0.38632
	20.0	0.0	−2.001162	1.398438	0.693916
	30.0	0.0	−1.275862	0.278803	0.935081
	40.0	0.0	−1.058275	−0.01627	0.871259
	50.0	0.0	−0.891626	0.247508	0.428414
	60.0	0.0	−1.560755	1.496049	−0.257573
	70.0	0.0	−1.990676	2.614312	−0.994965
	80.0	0.0	−1.651067	2.530479	−1.359928
	90.0	−5.984848	10.036713	−3.883683	−0.778811
0.70	0.0	0.0	−2.501166	2.501166	0.401189
	10.0	0.0	−2.665435	2.355141	0.523287
	20.0	0.0	−1.674825	1.008462	0.802867
	30.0	0.0	−0.869048	−0.176541	1.051723
	40.0	0.0	−0.635198	−0.467520	0.973357
	50.0	0.0	−0.667077	3.841881e−03	0.485571
	60.0	0.0	−1.415846	1.367316	−0.231142
	70.0	0.0	−2.064103	2.719557	−1.005524
	80.0	0.0	−1.842775	2.788363	−1.37687
	90.0	−4.015152	6.670746	−2.319231	−0.836434

zh	anw(°)	a_3	a_2	a_1	a_0
0.90	0.0	0.0	-2.456876	2.456876	0.451469
	10.0	0.0	-2.681034	2.335446	0.581156
	20.0	0.0	-1.724942	0.981305	0.888531
	30.0	0.0	-0.832512	-0.270429	1.118564
	40.0	0.0	-0.547786	-0.547786	0.992378
	50.0	0.0	-0.88711	0.279757	0.426546
	60.0	0.0	-1.85509	1.935973	-0.375921
	70.0	0.0	-2.815851	3.659487	-1.236923
	80.0	0.0	-2.449507	3.577449	-1.585214
	90.0	-6.959984	10.745338	-3.502826	-0.877273

Cp 作为正面面比的函数，$far > 1.0$，正定化后的表达式系数：

$$Cp_{\text{normpad,zh}}(far) = [a_1\, far + a_2/far + a_3]^{1/2}$$

表 3. A7

pad	zh	a_1	a_2	a_3
0.0	0.07	-0.070887	0.335565	0.741492
	0.20	-0.061746	0.39232	0.670057
	0.40	-0.071734	0.370249	0.700161
	0.60	-0.075213	0.280472	0.799646
	0.80	-0.081452	0.261036	0.821341
	0.93	-0.05991	0.441293	0.620374
5.0	0.07	-0.625867	-3.31499	4.938818
	0.20	-0.700802	-3.691923	5.39902
	0.40	-0.551417	-2.657088	4.2088561
	0.60	-0.394759	-1.857109	3.243966
	0.80	-0.384892	-1.582766	2.964682
	0.93	-0.471534	-1.938719	3.408053
7.5	0.07	-0.464735	-4.370468	5.827134
	0.20	-0.484764	-4.700937	6.175447
	0.40	-0.357666	-3.421083	4.761667
	0.60	-0.430568	-3.272576	4.686477
	0.80	-0.538978	-3.080677	4.608249
	0.93	-0.295157	-2.106807	3.39147
10.0	0.07	-0.445623	-5.965503	7.414155
	0.20	-0.562911	-8.352512	9.919405
	0.40	-0.303556	-5.104654	6.409214
	0.60	-0.396287	-4.685712	6.096834
	0.80	-0.326486	-3.146084	4.485651
	0.93	-0.491857	-3.607476	5.109896

pad	zh	a_1	a_2	a_3
12.5	0.07	0.39952	-6.357705	6.938206
	0.20	0.560605	-10.512008	10.939653
	0.40	0.460531	-5.146305	5.668398
	0.60	0.052937	-4.346084	5.273574
	0.80	-0.17023	-3.285382	4.448491
	0.93	-0.489256	-4.363034	5.840238

Cp 作为正面面比的函数，$sar > 1.0$，正定化后的表达式系数：

$$Cp_{\text{normpad,zh}}(sar) = [a_1 sar + a_2/sar + a_3]^{1/2}$$　　　　表 3. A8

pad	zh	a_1	a_2	a_3
0.0	0.07	0.102648	0.307944	0.589408
	0.20	-0.044242	-0.132726	1.176968
	0.40	-0.02005	-0.06025	1.0802
	0.60	$-2.751206\text{e}-10$	$-5.399712\text{e}-10$	1.0
	0.80	-0.127266	-0.101574	1.22884
	0.93	0.175931	0.527814	0.296255
5.0	0.07	-0.61983	-2.745612	4.364542
	0.20	-0.455586	-2.714454	4.17004
	0.40	0.01539	-1.522998	2.507608
	0.60	$8.495999\text{e}-03$	-1.108008	2.099512
	0.80	0.03363	-0.665862	1.632232
	0.93	-0.83599	-2.639028	4.475018
7.5	0.07	-0.672534	-4.465068	6.137602
	0.20	-0.589638	-4.571604	6.161242
	0.40	0.44127	-2.377428	2.935258
	0.60	0.313214	-2.334822	3.021608
	0.80	0.53643	-1.011222	1.474792
	0.93	-0.32829	-2.984262	4.312552
10.0	0.07	-1.31805	-7.924662	10.242712
	0.20	-2.14576	-11.416512	14.562272
	0.40	0.0608	-6.2016	7.1408
	0.60	0.699422	-3.950934	4.251512
	0.80	0.51795	-2.521878	3.003928
	0.93	-1.627836	-6.191754	8.81959
12.5	0.07	1.15625	-5.8125	5.65625
	0.20	0.811914	-10.848372	11.036458
	0.40	3.144588	-2.954106	0.809518
	0.60	3.525422	-0.048534	-2.476888
	0.80	1.802288	-0.832296	0.030008
	0.93	-0.384444	-4.326666	5.71111

背风面

参考值 Cp 的多项式函数。

$$Cp_{\text{ref}}(zh) = -0.079239(zh)^3 + 0.542317(zh)^2 - 0.496769(zh) + 0.331533$$

正定化的 Cp 作为环境、几何参数的函数，它的表达式的系数由表 3. A9 至表 3. A16

给出。

Cp 作为地面粗糙度的函数，正定化后的表达式系数：

$$Cp_{normzh}(a) = a_0 + a_1(a) + a_2(a)^2$$

表 3. A9

zh	a_2	a_1	a_0
0.1	−14.368685	4.520431	0.0667639
0.3	−13.490491	4.101437	0.706052
0.5	−8.775919	1.322245	1.088822
0.7	−4.662405	−0.929782	1.395398
0.9	2.382908	−4.837467	1.940878

Cp 作为周边建筑密度的函数，正定化后的表达式系数：

$$Cp_{normzh}(pad) = a_0 + a_1(pad) + a_2(pad)^2 + a_3(pad)^3 + a_4(pad)^4 + a_5(pad)^5$$

表 3. A10

zh	a_5	a_4	a_3	a_2	a_1	a_0
0.07	9.118209e−08	−1.050363e−05	3.932533e−04	−4.734698e−03	−0.015304	1.047295
0.20	5.934754e−08	−6.708652e−06	2.340744e−04	−1.943067e−03	−0.031483	1.043295
0.40	5.052791e−08	−5.537346e−06	1.722449e−04	−3.926684e−04	−0.046517	1.034663
0.60	5.595805e−08	−6.121612e−06	1.8897e−04	−3.177597e−04	−0.051446	1.032759
0.80	5.553558e−08	−5.931215e−06	1.719758e−04	3.013991e−04	−0.059971	1.037969
0.93	6.211419e−08	−6.759794e−06	2.024378e−04	1.182029e−04	−0.065764	1.033975

Cp 作为周边建筑高度的函数，正定化后的表达式系数：

$$Cp_{normzh,pad}(rbh) = a_0 + a_1(rbh) + a_2(rbh)^2$$

表 3. A11

zh	pad	a_2	a_1	a_0
0.07	0.00	0.0	0.547959	0.465538
	5.00	0.0	0.625743	0.308268
	6.25	0.0	0.859533	0.107587
	12.50	0.0	1.710552	−0.681624
0.20	0.00	0.0	0.473757	0.527487
	5.00	0.0	0.636732	0.294108
	6.25	0.123639	0.432008	0.44064
	12.50	0.080203	1.471191	−0.547645
0.40	0.00	−0.043739	0.599345	0.427938
	5.00	0.054539	0.299349	0.645489
	6.25	0.100427	0.35117	0.483096
	12.50	0.175853	0.568029	0.223168
0.60	0.00	−0.069086	0.793503	0.287883
	5.00	0.029377	0.402683	0.594877
	6.25	0.066082	0.524015	0.376383
	12.50	0.145046	0.567979	0.264523

zh	pad	a_2	a_1	a_0
0.80	0.00	-0.036376	0.781825	0.258777
	5.00	0.011009	0.55164	0.435343
	6.25	$-1.58012\mathrm{e}-03$	1.127839	-0.084281
	12.50	0.09395	1.114736	-0.111437
0.93	0.00	$2138076\mathrm{e}-03$	0.655048	0.38064
	5.00	0.03126	0.526521	0.418668
	6.25	0.102993	0.946754	-0.122071
	12.50	0.202243	1.119405	-0.353569

Cp 作为正面面比的函数，$far<1.0$，正定化后的表达式系数：

$$Cp_{\mathrm{normpad,zh}}(far) = a_0 + a_1(far)$$

表 3. A12

pad	zh	a_1	a_0
0.0	0.07	0.77	0.23
	0.20	0.694	0.306
	0.40	0.624	0.376
	0.60	0.6	0.4
	0.80	0.666	0.334
	0.93	0.55	0.45
5.0	0.07	1.31	-0.31
	0.20	1.096	-0.096
	0.40	1.048	-0.048
	0.60	1.096	-0.096
	0.80	1.142	-0.142
	0.93	1.042	-0.042
7.5	0.07	1.32	-0.32
	0.20	1.17	-0.17
	0.40	1.142	-0.142
	0.60	1.17	-0.17
	0.80	1.292	-0.292
	0.93	1.25	-0.25
10.0	0.07	1.302	-0.302
	0.20	1.166	-0.166
	0.40	1.12	-0.12
	0.60	1.25	-0.25
	0.80	1.428	-0.428
	0.93	1.428	-0.428

续表

pad	zh	a_1	a_0
12.5	0.07	1.336	−0.366
	0.20	1.174	−0.174
	0.40	1.166	−0.166
	0.60	1.244	−0.244
	0.80	1.4	−0.4
	0.93	1.412	−0.412

Cp 作为侧面面比的函数，*sar*＜1.0，正定化后的表达式系数：

$$Cp_{\text{normpad},zh}(sar) = a_0 + a_1(sar)$$

表 3. A13

pad	zh	a_1	a_0
0.0	0.07	−0.462	1.462
	0.20	−0.444	1.444
	0.40	−0.5	1.5
	0.60	−0.6	1.6
	0.80	−0.666	1.666
	0.93	−0.986	1.986
5.0	0.07	0.62	0.38
	0.20	0.484	0.516
	0.40	0.286	0.714
	0.60	0.322	0.678
	0.80	0.358	0.642
	0.93	0.124	0.876
7.5	0.07	0.56	0.44
	0.20	0.416	0.584
	0.40	0.358	0.642
	0.60	0.378	0.622
	0.80	0.416	0.584
	0.93	$6.245004e{-}17$	1.0
10.0	0.07	0.418	0.582
	0.20	0.374	0.626
	0.40	0.28	0.72
	0.60	0.334	0.666
	0.80	0.286	0.714
	0.93	0.058	0.942
12.5	0.07	0.586	0.414
	0.20	0.392	0.608
	0.40	0.208	0.792
	0.60	0.088	0.912
	0.80	0.2	0.8
	0.93	−0.118	1.118

正定化后的 *Cp* 的表达式系数：水平分布对比风向：

$$Cp_{\text{normzh, anw}}(rbh) = a_0 + a_1(xl) + a_2(xl)^2 + a_3(xl)^3 + a_4(xl)^4$$

表 3. A14

zh	anw(°)	a_4	a_3	a_2	a_1	a_0
0.50	90.0	0.0	9.325952	−16.031002	6.08061	2.162909
	110.0	0.0	2.526807	−5.145221	3.28289	1.400238
	130.0	0.0	0.200855	−1.520047	1.734472	1.275364
	160.0	0.0	0.861888	−1.966841	1.561282	0.923007
	180.0	0.0	4.145989e−16	−0.107692	0.107692	0.975846
0.70	90.0	0.0	11.862859	−19.086364	6.79763	2.204853
	110.0	0.0	1.79934	−2.526981	1.326103	1.631755
	130.0	0.0	−0.069542	0.404196	0.124611	1.506259
	160.0	0.0	1.003108	−0.873077	0.398465	1.093671
	180.0	0.0	3.88578e−16	0.449883	−0.449883	1.102028
0.90	90.0	−13.234266	47.482906	−48.637238	13.933178	2.493133
	110.0	−18.269231	38.486402	−24.083741	4.338003	1.973497
	130.0	−9.985431	17.831974	−8.056789	0.346156	1.844014
	160.0	−8.458625	17.902681	−10.191521	1.433689	1.232881
	180.0	−6.555944	13.106061	−7.364394	0.809767	1.244049

Cp 作为正面面比的函数，*far* > 1.0，正定化后的表达式系数：

$$Cp_{\text{normpad, zh}}(far) = [a_1\,far + a_2/far + a_3]^{1/2}$$

表 3. A15

pad	zh	a_1	a_2	a_3
0.0	0.07	0.391319	0.275277	0.305879
	0.20	0.208852	0.045117	0.727577
	0.40	0.176644	0.135403	0.657545
	0.60	0.222872	0.219437	0.5177
	0.80	0.352525	0.51124	0.095033
	0.93	0.409298	0.101415	0.461285
5.0	0.07	0.313066	1.29096	−0.679717
	0.20	0.262845	1.187068	−0.511316
	0.40	0.198393	0.852449	−0.107538
	0.60	0.202255	0.824728	−0.109405
	0.80	0.266436	0.989084	−0.34636
	0.93	0.378433	0.831703	−0.27258
7.5	0.07	0.355636	1.865418	−1.293254
	0.20	0.256393	1.501845	−0.83996
	0.40	0.195066	1.248485	−0.513001
	0.60	0.179345	1.132885	−0.406631
	0.80	0.248347	1.426085	−0.79038
	0.93	0.286457	1.200878	−0.562477

pad	zh	a_1	a_2	a_3
10.0	0.07	0.162696	1.401255	−0.650645
	0.20	0.14259	1.382313	−0.611037
	0.40	0.072493	1.036706	−0.199349
	0.60	0.062272	0.956828	−0.131138
	0.80	0.116832	1.191314	−0.445541
	0.93	0.111723	0.959598	−0.190495
12.5	0.07	0.187639	1.532033	−0.830662
	0.20	0.113114	1.30869	−0.518821
	0.40	0.090391	1.096843	−0.281639
	0.60	0.058215	0.921987	−0.086177
	0.80	0.138563	1.304438	−0.561468
	0.93	0.115601	1.108345	−0.337801

Cp 作为正面面比的函数，$sar > 1.0$，正定化后的表达式系数：

$$Cp_{\text{normpad,zh}}(sar) = [a_1 sar + a_2/sar + a_3]^{1/2}$$

表 3.A16

pad	zh	a_1	a_2	a_3
0.0	0.07	1.549121	4.008955	−4.558076
	0.20	1.293432	3.376296	−3.669728
	0.40	0.818276	2.757414	−2.575691
	0.60	0.622491	2.463733	−2.086225
	0.80	0.431822	2.206986	−1.638808
	0.93	1.15475	3.567738	−3.722488
5.0	0.07	1.234668	3.821814	−4.056482
	0.20	1.086419	3.381557	−3.467976
	0.40	1.110227	3.330677	−3.440903
	0.60	1.248462	3.745386	−3.993848
	0.80	1.158504	3.817008	−3.975512
	0.93	0.924129	3.214321	−3.13845
7.5	0.07	1.6176	4.7352	−5.352801
	0.20	1.405914	4.082196	−4.48811
	0.40	1.39227	4.047642	−4.439912
	0.60	1.446764	4.209078	−4.655842
	0.80	1.541118	4.623354	−5.164472
	0.93	1.395	4.185	−4.58
10.0	0.07	1.728091	5.065453	−5.793544
	0.20	1.675056	4.762584	−5.437641
	0.40	1.632	4.6368	−5.2688
	0.60	1.623354	4.746708	−5.370063
	0.80	2.133661	5.767382	−6.900996
	0.93	2.099225	5.670099	−6.769291

pad	zh	a_1	a_2	a_3
12.5	0.07	2.249115	6.239501	-7.488376
	0.20	2.121972	5.826368	-6.948252
	0.40	1.99874	5.578012	-6.576709
	0.60	2.373076	6.268238	-7.641063
	0.80	2.133851	5.94792	-7.081692
	0.93	2.204859	6.021059	-7.225708

附件 B

计算流体力学基本方程

质量守恒—连续方程

质量守恒强加了条件，一个控制体积 $\mathrm{d}x\mathrm{d}y\mathrm{d}z$ 内密度净增加率等于流入控制体积内的质量：

$$\frac{\partial \rho}{\partial t} + \frac{\partial}{\partial x}(\rho U) + \frac{\partial}{\partial y}(\rho V) + \frac{\partial}{\partial z}(\rho W) = 0 \tag{3A2.1}$$

这里 U，V，W 是空气流速分别在 x，y，z 方向上的分量，ρ 是空气密度（$\mathrm{kg/m^3}$），表达为压力和温度的函数（$\rho = f(p,T)$）。

为了考虑湍流作用的影响，空气流速分量可以写作：

$$U = u + u',\ V = v + v',\ W = w + w' \tag{3A2.2}$$

这里 u，v，w 是时间平均分量，u'，v'，w' 是脉动项。

考虑到 u'，v'，w' 发生在一个比 $\mathrm{d}t$ 短很多的时间间隔内，所以有：$u \approx U$，$v \approx V$，$w \approx W$。代入等式（3A2.1）得：

$$\frac{\partial \rho}{\partial t} + \frac{\partial}{\partial x}(\rho u) + \frac{\partial}{\partial y}(\rho v) + \frac{\partial}{\partial z}(\rho w) = 0 \tag{3A2.3}$$

动量守恒

根据动量守恒定律，在任何一个方向上对控制体的净力等于在同一方向上流出的动量减去流入的动量。这总结为如下等式：

x 方向：

$$\frac{\partial}{\partial t}(\rho U) + \frac{\partial}{\partial x}(\rho UU) + \frac{\partial}{\partial y}(\rho UV) + \frac{\partial}{\partial z}(\rho UW)$$
$$= -\frac{\partial P}{\partial x} + \frac{\partial}{\partial x}\left(\mu \frac{\partial U}{\partial x}\right) + \frac{\partial}{\partial y}\left(\mu \frac{\partial U}{\partial y}\right) + \frac{\partial}{\partial z}\left(\mu \frac{\partial U}{\partial z}\right) \tag{3A2.4}$$
$$+ \frac{1}{3}\frac{\partial}{\partial x}\left[\mu\left(\frac{\partial U}{\partial x} + \frac{\partial V}{\partial y} + \frac{\partial W}{\partial z}\right)\right] + \rho g_x$$

y 方向：

$$\frac{\partial}{\partial t}(\rho V) + \frac{\partial}{\partial x}(\rho UV) + \frac{\partial}{\partial y}(\rho VV) + \frac{\partial}{\partial z}(\rho VW)$$

$$=-\frac{\partial P}{\partial y} + \frac{\partial}{\partial x}\left(\mu\,\frac{\partial V}{\partial x}\right) + \frac{\partial}{\partial y}\left(\mu\,\frac{\partial V}{\partial y}\right) + \frac{\partial}{\partial z}\left(\mu\,\frac{\partial V}{\partial z}\right) \tag{3A2.5}$$

$$+\frac{1}{3}\,\frac{\partial}{\partial y}\left[\mu\left(\frac{\partial U}{\partial x} + \frac{\partial V}{\partial y} + \frac{\partial W}{\partial z}\right)\right] + \rho g_y$$

z 方向：

$$\frac{\partial}{\partial t}(\rho W) + \frac{\partial}{\partial x}(\rho UW) + \frac{\partial}{\partial y}(\rho VW) + \frac{\partial}{\partial z}(\rho WW)$$

$$=-\frac{\partial P}{\partial z} + \frac{\partial}{\partial x}\left(\mu\,\frac{\partial W}{\partial x}\right) + \frac{\partial}{\partial y}\left(\mu\,\frac{\partial W}{\partial y}\right) + \frac{\partial}{\partial z}\left(\mu\,\frac{\partial W}{\partial z}\right) \tag{3A2.6}$$

$$+\frac{1}{3}\,\frac{\partial}{\partial z}\left[\mu\left(\frac{\partial U}{\partial x} + \frac{\partial V}{\partial y} + \frac{\partial W}{\partial z}\right)\right] + \rho g_z$$

将等式（3A2.2）代入等式（3A2.4-3A2.6）中，为了加入湍流影响，令 $P=p+p'$，动量守恒方程变成：

x 方向：

$$\frac{\partial}{\partial t}(\rho u) + \frac{\partial}{\partial x}(\rho uu) + \frac{\partial}{\partial y}(\rho uv) + \frac{\partial}{\partial z}(\rho uw)$$

$$=-\frac{\partial p}{\partial x} + \frac{\partial}{\partial x}\left(\mu\,\frac{\partial u}{\partial x}\right) + \frac{\partial}{\partial y}\left(\mu\,\frac{\partial u}{\partial y}\right) + \frac{\partial}{\partial z}\left(\mu\,\frac{\partial u}{\partial z}\right) \tag{3A2.7}$$

$$+\frac{1}{3}\,\frac{\partial}{\partial x}\left[\mu\left(\frac{\partial u}{\partial x} + \frac{\partial v}{\partial y} + \frac{\partial w}{\partial z}\right)\right]$$

$$+\frac{\partial}{\partial x}(-\rho\,\overline{u'u'}) + \frac{\partial}{\partial y}(-\rho\,\overline{u'v'}) + \frac{\partial}{\partial z}(-\rho\,\overline{u'w'}) + \rho g_x$$

y 方向：

$$\frac{\partial}{\partial t}(\rho v) + \frac{\partial}{\partial x}(\rho vu) + \frac{\partial}{\partial y}(\rho vv) + \frac{\partial}{\partial z}(\rho vw)$$

$$=-\frac{\partial p}{\partial y} + \frac{\partial}{\partial x}\left(\mu\,\frac{\partial v}{\partial x}\right) + \frac{\partial}{\partial y}\left(\mu\,\frac{\partial v}{\partial y}\right) + \frac{\partial}{\partial z}\left(\mu\,\frac{\partial v}{\partial z}\right) \tag{3A2.8}$$

$$+\frac{1}{3}\,\frac{\partial}{\partial y}\left[\mu\left(\frac{\partial u}{\partial x} + \frac{\partial v}{\partial y} + \frac{\partial w}{\partial z}\right)\right]$$

$$+\frac{\partial}{\partial x}(-\rho\,\overline{u'v'}) + \frac{\partial}{\partial y}(-\rho\,\overline{v'v'}) + \frac{\partial}{\partial z}(-\rho\,\overline{v'w'}) + \rho g_y$$

z 方向：

$$\frac{\partial}{\partial t}(\rho w) + \frac{\partial}{\partial x}(\rho u w) + \frac{\partial}{\partial y}(\rho v w) + \frac{\partial}{\partial z}(\rho u w)$$

$$= -\frac{\partial p}{\partial z} + \frac{\partial}{\partial x}\Big(\mu\,\frac{\partial w}{\partial x}\Big) + \frac{\partial}{\partial y}\Big(\mu\,\frac{\partial w}{\partial y}\Big) + \frac{\partial}{\partial z}\Big(\mu\,\frac{\partial w}{\partial z}\Big) \qquad (3A2.9)$$

$$+ \frac{1}{3}\,\frac{\partial}{\partial z}\Big[\mu\Big(\frac{\partial u}{\partial x} + \frac{\partial v}{\partial y} + \frac{\partial w}{\partial z}\Big)\Big]$$

$$+ \frac{\partial}{\partial x}(-\rho\,\overline{u'w'}) + \frac{\partial}{\partial y}(-\rho\,\overline{v'w'}) + \frac{\partial}{\partial z}(-\rho\,\overline{w'w'}) + \rho g_z$$

这些项：$-\rho\,\overline{u'u'}$，$-\rho\,\overline{v'v'}$，$-\rho\,\overline{w'w'}$，$-\rho\,\overline{u'v'}$，$-\rho\,\overline{u'w'}$，$-\rho\,\overline{v'w'}$ 是雷诺应力（紊流应力）。

热量守恒

根据热量守恒定律，控制体内部能量的净增加等于对流净能量流动加热质扩散净流入量。这用下面等式表达：

$$\frac{\partial}{\partial t}(\rho T) + \frac{\partial}{\partial x}(\rho U T) + \frac{\partial}{\partial y}(\rho V T) + \frac{\partial}{\partial z}(\rho W T)$$

$$= \frac{\partial}{\partial x}\Big(\Gamma\,\frac{\partial T}{\partial x}\Big) + \frac{\partial}{\partial y}\Big(\Gamma\,\frac{\partial T}{\partial y}\Big) + \frac{\partial}{\partial z}\Big(\Gamma\,\frac{\partial T}{\partial z}\Big) \qquad (3A2.10)$$

这里 Γ 代表扩散系数（$\Gamma = \mu/\sigma$）。为了计入湍流，T 写作：$T = T + T'$。将 T, U, V, W 由方程（3A2.2）代入方程（3A2.10）得到：

$$\frac{\partial}{\partial t}(\rho T) + \frac{\partial}{\partial x}(\rho U T) + \frac{\partial}{\partial y}(\rho V T) + \frac{\partial}{\partial z}(\rho W T)$$

$$= \frac{\partial}{\partial x}\Big(\Gamma\,\frac{\partial T}{\partial x}\Big) + \frac{\partial}{\partial y}\Big(\Gamma\,\frac{\partial T}{\partial y}\Big) + \frac{\partial}{\partial z}\Big(\Gamma\,\frac{\partial T}{\partial z}\Big) \qquad (3A2.11)$$

$$+ \frac{\partial}{\partial x}(-\rho\,\overline{u'T'}) + \frac{\partial}{\partial y}(-\rho\,\overline{v'T'}) + \frac{\partial}{\partial z}(-\rho\,\overline{w'T'}) + \frac{q}{C_p}$$

这里 q 是产热率（$\mathrm{Wm^{-3}}$），C_p 是比热（$\mathrm{Jkg^{-1}K^{-1}}$）。q/C_p 项是源项，考虑到热量产生。项 $-\rho\,\overline{u'T'}$，$-\rho\,\overline{v'T'}$，$-\rho\,\overline{w'T'}$ 是紊流热流项。

传递方程

为了用流动时均量代替等式（3A2.7-3A2.9）和等式（3A2.11）中的紊流项，雷诺应力和流动可以写作：

$$-\rho\,\overline{u'u'} = 2\mu_t\,\frac{\partial u}{\partial x} - \frac{2}{3}\rho k$$

$$-\rho\,\overline{v'v'} = 2\mu_t\,\frac{\partial v}{\partial y} - \frac{2}{3}\rho k$$

$$-\rho\,\overline{w'w'} = 2\mu_t\,\frac{\partial w}{\partial z} - \frac{2}{3}\rho k$$

$$-\rho \overline{u'v'} = 2\mu_t \left(\frac{\partial u}{\partial y} + \frac{\partial v}{\partial x} \right)$$

$$-\rho \overline{v'w'} = 2\mu_t \left(\frac{\partial v}{\partial z} + \frac{\partial w}{\partial y} \right)$$

$$-\rho \overline{u'w'} = 2\mu_t \left(\frac{\partial u}{\partial z} + \frac{\partial w}{\partial x} \right)$$

$$-\rho \overline{u'T'} = -\Gamma_t \frac{\partial T}{\partial x}$$

$$-\rho \overline{v'T'} = -\Gamma_t \frac{\partial T}{\partial y}$$

$$-\rho \overline{w'T'} = -\Gamma_t \frac{\partial T}{\partial z} \qquad (3A2.12)$$

在等式（3A2.12）中 μ_t 是紊流（涡流）黏滞性，k 是湍流动能，定义为：

$$k = \frac{1}{2} \left[\overline{(u'^2)} + \overline{(v'^2)} + \overline{(w'^2)} \right] \qquad (3A2.13)$$

紊流扩散系数 Γ_t 这样给出：

$$\Gamma_t = \mu_t / \sigma_t \qquad (3A2.14)$$

这里 σ_t 是紊流普朗特数和施密特数。

为了写出紊态流动的一般传递方程，引入两个系数；即，有效黏滞系数（μ_e）和有效扩散系数（Γ_e）。这些被定义为层流和紊流组分的和：

$$\mu_e = \mu + \mu_t \quad \Gamma_e = \Gamma + \Gamma_t \qquad (3A2.15)$$

因此，u，v，w 和 T 的传递方程写作：

x 方向：

$$\frac{\partial}{\partial t}(\rho u) + \frac{\partial}{\partial x}(\rho u u) + \frac{\partial}{\partial y}(\rho u v) + \frac{\partial}{\partial z}(\rho u w)$$

$$= -\frac{\partial p}{\partial x} + \frac{\partial}{\partial x}\left(\mu_e \frac{\partial u}{\partial x}\right) + \frac{\partial}{\partial y}\left(\mu_e \frac{\partial u}{\partial y}\right) + \frac{\partial}{\partial z}\left(\mu_e \frac{\partial u}{\partial z}\right) \qquad (3A2.16)$$

$$+ \frac{\partial}{\partial x}\left(\mu_e \frac{\partial u}{\partial x}\right) + \frac{\partial}{\partial y}\left(\mu_e \frac{\partial v}{\partial x}\right) + \frac{\partial}{\partial z}\left(\mu_e \frac{\partial w}{\partial x}\right)$$

y 方向：

$$\frac{\partial}{\partial t}(\rho v) + \frac{\partial}{\partial x}(\rho u v) + \frac{\partial}{\partial y}(\rho v v) + \frac{\partial}{\partial z}(\rho v w)$$

$$= -\frac{\partial p}{\partial y} + \frac{\partial}{\partial x}\left(\mu_e \frac{\partial v}{\partial x}\right) + \frac{\partial}{\partial y}\left(\mu_e \frac{\partial v}{\partial y}\right) + \frac{\partial}{\partial z}\left(\mu_e \frac{\partial v}{\partial z}\right) \qquad (3A2.17)$$

$$+ \frac{\partial}{\partial x}\left(\mu_e \frac{\partial u}{\partial y}\right) + \frac{\partial}{\partial y}\left(\mu_e \frac{\partial v}{\partial y}\right) + \frac{\partial}{\partial z}\left(\mu_e \frac{\partial w}{\partial y}\right) - g(\rho - \rho_0)$$

z 方向：

$$\frac{\partial}{\partial t}(\rho w) + \frac{\partial}{\partial x}(\rho u w) + \frac{\partial}{\partial y}(\rho v w) + \frac{\partial}{\partial z}(\rho u w w)$$

$$= -\frac{\partial p}{\partial z} + \frac{\partial}{\partial x}\left(\mu_e \frac{\partial w}{\partial x}\right) + \frac{\partial}{\partial y}\left(\mu_e \frac{\partial w}{\partial y}\right) + \frac{\partial}{\partial z}\left(\mu_e \frac{\partial w}{\partial z}\right) \qquad (3A2.18)$$

$$+ \frac{\partial}{\partial x}\left(\mu_e \frac{\partial u}{\partial z}\right) + \frac{\partial}{\partial y}\left(\mu_e \frac{\partial v}{\partial z}\right) + \frac{\partial}{\partial z}\left(\mu_e \frac{\partial w}{\partial z}\right)$$

在方程（3A2.16-3A2.18）中 $2/3\rho k$ 项被忽略，$\mu_e \cong \mu_t$，因为紊态流动 $\mu \ll \mu_t$。ρg_x、ρg_z 项忽略。$-g(\rho - \rho_0)$ 项代表 y 方向浮力作用，ρ_0 是参考温度 T_0 下的空气密度。

对于温度的传递方程是：

$$\frac{\partial}{\partial t}(\rho T) + \frac{\partial}{\partial x}(\rho u T) + \frac{\partial}{\partial y}(\rho v T) + \frac{\partial}{\partial z}(\rho w T)$$

$$= \frac{\partial}{\partial x}\left(\Gamma_e \frac{\partial T}{\partial x}\right) + \frac{\partial}{\partial y}\left(\Gamma_e \frac{\partial T}{\partial y}\right) + \frac{\partial}{\partial z}\left(\Gamma_e \frac{\partial T}{\partial z}\right) + \frac{q}{C_p} \qquad (3A2.19)$$

为了解传递方程（3A2.16-3A2.19），需要引入有关 μ_e 和 Γ_e 的两个额外的传递方程。一些紊流模型已经为这个目的研发出来。这里面最常用的是 $k-\varepsilon$ 模型。这个模型已经成功地应用于广泛的流动问题，且比现有模型对于计算机的需求低。

$k-\varepsilon$ 模型

这个模型引入有关动能 k 和扩散率 ε 的两个传递方程。这两个量，k 和 ε，相互关联如下：

$$\varepsilon = \frac{C_\mu \rho k^{1.5}}{L} \qquad (3A2.20)$$

这里 C_μ 是常量（$\cong 0.9$），L 是长度标尺。紊流黏滞系数 μ_t 由 Kolmogorov-Prandtl 方程给出：

$$\mu_t = \rho L \sqrt{k} \qquad (3A2.21)$$

联立方程（3A2.20）和（3A2.21）得：

$$\mu_t = \frac{C_\mu \rho k^2}{\varepsilon} \qquad (3A2.22)$$

这两个由 $k-\varepsilon$ 模型引入的传递方程是：

对于 k：

$$\frac{\partial}{\partial t}(\rho k) + \frac{\partial}{\partial x}(\rho u k) + \frac{\partial}{\partial y}(\rho v k) + \frac{\partial}{\partial z}(\rho w k)$$

$$= \frac{\partial}{\partial x}\left(\Gamma_k \frac{\partial k}{\partial x}\right) + \frac{\partial}{\partial y}\left(\Gamma_k \frac{\partial k}{\partial y}\right) + \frac{\partial}{\partial z}\left(\Gamma_k \frac{\partial k}{\partial z}\right)$$

$$+ \mu_t \left\{ 2\left[\left(\frac{\partial u}{\partial x}\right)^2 + \left(\frac{\partial v}{\partial y}\right)^2 + \left(\frac{\partial w}{\partial z}\right)^2\right] + \left(\frac{\partial u}{\partial y} + \frac{\partial v}{\partial x}\right)^2 \right. \qquad (3A2.23)$$

$$\left. + \left(\frac{\partial u}{\partial z} + \frac{\partial w}{\partial x}\right)^2 + \left(\frac{\partial w}{\partial y} + \frac{\partial v}{\partial z}\right)^2 \right\}$$

$$+ C_\mu \rho \frac{k^{1.5}}{L} + \beta g \frac{\mu_t}{\sigma_t} \frac{\partial T}{\partial y}$$

这里 $\Gamma_k = \mu_e/\sigma_k$, $\sigma_k \equiv 1$, σ_t 是紊流普朗特数或施密特数，范围从 0.5 到 0.9，最后一项代表浮力项，β 是膨胀系数。

对于 ε:

$$\frac{\partial}{\partial t}(\rho\varepsilon) + \frac{\partial}{\partial x}(\rho u\varepsilon) + \frac{\partial}{\partial y}(\rho v\varepsilon) + \frac{\partial}{\partial z}(\rho w\varepsilon)$$

$$= \frac{\partial}{\partial x}\left(\Gamma_\varepsilon \frac{\partial\varepsilon}{\partial x}\right) + \frac{\partial}{\partial y}\left(\Gamma_\varepsilon \frac{\partial\varepsilon}{\partial y}\right) + \frac{\partial}{\partial z}\left(\Gamma_\varepsilon \frac{\partial\varepsilon}{\partial z}\right)$$

$$+ C_1 \frac{\varepsilon}{k}\mu_t\left\{2\left[\left(\frac{\partial u}{\partial x}\right)^2 + \left(\frac{\partial v}{\partial y}\right)^2 + \left(\frac{\partial w}{\partial z}\right)^2\right]\right. \tag{3A2.24}$$

$$\left. + \left(\frac{\partial u}{\partial y} + \frac{\partial v}{\partial x}\right)^2 + \left(\frac{\partial u}{\partial z} + \frac{\partial w}{\partial x}\right)^2 + \left(\frac{\partial w}{\partial y} + \frac{\partial v}{\partial z}\right)^2\right\}$$

$$+ C_2\rho\frac{\varepsilon^2}{k} + C_1\beta g \frac{\varepsilon}{k}\Gamma_t \frac{\partial T}{\partial y}$$

这里，$G_e = m_e/s_e$, s_e 等于 1.22, $C_1 = 1.44$, $C_2 = 1.92$。

方程（3A2.23）和（3A2.24）叫做封闭方程，因为它们用要求解的所研究空间的空气流速和温度场的方程封闭了系统。

参考文献

1. BS 5925 (1980). Code of Practice for Design of Buildings: Ventilation principles and designing for natural ventilation. British Standards Institution, London.
2. *ASHRAE Fundamental Handbook* (1985). Ch. 22. Natural ventilation and infiltration. American Society of Heating, Refrigeration and Air-Conditioning Engineers, Atlanta, GA.
3. Aynsley, R.M., W. Melbourn and B.J. Vickery (1977). *Architectural Aerodynamics*. Applied Science Publishers, London.
4. De Gidds, W. and H. Phaff (1982). 'Ventilation Rates and Energy Consumption due to Open Windows'. *Air Infiltration Review*, Vol.4, No. 1, pp. 4–5.
5. IEA (1992). Annex 20: Airflow Patterns within Buildings – Airflow through Large Openings in Buildings. Energy Conservation in Buildings and Community Systems Programme, International Energy Agency, Paris.
6. Mayer, E. (1987). 'Physical Causes for Draft : Some New Findings'. *ASHRAE Transactions*, Vol. 93, Part 1.
7. Fanger, P.O., A. Melikov and H. Hanzawa (1988). 'Air Turbulence and Sensation of Draft'. *Energy and Buildings*, Vol. 21, No. 1.
8. Arens, E., D. Ballanti, C. Bennett, S. Guldman and B. White. (1989). 'Developing the San Francisco Wind Ordinance and its Guidelines for Compliance'. *Building and Environment*, Vol. 24, No. 4, pp. 297–303.

9. Ernest, D.R. (1991). 'Predicting Wind-Induced Air Motion, Occupant Comfort and Cooling Loads in Naturally Ventilated Buildings'. PhD Thesis, University of California at Berkeley.

10. Givonni, B. (1978). *L'Homme, l'Architecture et le Climat*. Eyrolles, Paris (French Edition).

11. Melaragno, M. (1982). *Wind in Architectural and Environmental Design*. Van Nostrand Reinhold, New York.

12. Centre Scientifique et Technique du Batiment (CSTB) (1992). *Guide sur la climatisation naturelle de l'habitat en climat tropical humide – Methodologie de prise en compte des parametres climatiques dans l' habitat et conseils pratiques*. Tome 1 (in French). CSTB, 4 Avenue du Recteur Poincaré, 75782 Paris Cedex 16, France.

13. Swami, M.V and Chandra S. (1988). 'Correlations for Pressure Distribution on Buildings and Calculation of Natural Ventilation Airflow'. *ASHRAE Transactions*, Vol. 94, Part 1, pp. 243–266.

14. Awbi, H.B. (1991). *Ventilation of Buildings*. Chapman & Hall, London.

15. Clarke, J., J. Hand and P. Strachan. (1990). ESP – A Building and Plant Energy Simulation System. ESRU Manual U90/1, Energy Stimulation Research Unit, Dept. of Mechanical Engineering, University of Strathclyde.

16. Grosso, M. (1992). 'Wind Pressure Distribution around Buildings: A Parametrical Model'. *Energy and Buildings*, Vol.18, pp. 101–131.

17. Hussein, M. and B.E. Lee (1980). 'An Investigation of Wind Forces on Three Dimensional Roughness Elements in a Simulated Atmospheric Boundary Layer'. BS 55. Department of Building Science, University of Sheffield, UK.

18. Akins, R.E. and J.E. Cermak. (1976). 'Wind Pressures on Buildings', CER76-77EA-JEC15. Fluid Dynamic and Diffusion Laboratory, Colorado State University, CO.

19. Feustel, H.E, F. Allard, V.B. Dorer, Garcia Rodriguez, M.K. Herrlin, L. Mingsheng, H.C. Phaff, Y. Utsumi and H. Yoshino (1990). 'Fundamentals of the Multizone Airflow Model - COMIS'. International Energy Agency, AIVC, Technical Note AIVC 29, Coventry, UK.

20. Clarke, J.A. (1985). *Energy Simulation in Building Design*. Adam Hilger Ltd., Bristol, UK.

21. Riffat, S.B. (1989). 'A Study of Heat and Mass Transfer through a Doorway in a Traditionally Built House'. *ASHRAE Transactions*, pp. 584–589.

22. Kiel, D.E. and D.J. Wilson. (1989). 'Combining Door Swing Pumping with Density Driven Flow'. *ASHRAE Transactions*, pp. 590–599.

23. Santamouris, M. (1992). 'Natural Convection Heat and Mass Transfer Through Large Openings'. Internal report, PASCAL Research Program, European Commission DGX11. Available from the author.

24. Pelletret, R., F. Allard, F. Haghighat and J. van der Maas (1991). 'Modeling of Large Openings'. *Proceedings of the 12th AIVC Conference, Canada*, AIVC, University of Warwick.

25. Limam, K., C. Innard and F. Allard. (1991). 'Etude Experimentale des Transfers de masse et de chaleur a travers les grandes ouvertures verticales'. *Conference Groupe d'Etude de la Ventilation et du Renouvellement d'Air, INSA, Lyon*, pp.98–111.

26. Darliel, S.B. and G.F. Lane-Serff (1991). 'The Hydraulics of Doorway Exchange Flows'. *Building and Environment*, Vol. 26, No. 2, pp. 121–135.

27. Khodr Mneimne, H. (1990). 'Transferts Thermo-aerouliques entre Pieces à travers les grandes ouvertures'. PhD Thesis, Nice University.

28. Dascalaki E. and M. Santamouris. (1995). Manual of PASSPORT-AIR, Final Report, PASCOOL Research Program, European Commission, DGXII.

29. Walton, G.N. (1988). 'AIRNET, A Computer Program for Building Air Flow Network Modeling'. NISTR, 89-4072, National Institute of Standards and Technology.

30. Dascalaki E., P. Droutsa and M. Santamouris (1992). 'Interzonal Comparison of Five Multizone Airflow Prediction Tools'. MDS PASCOOL Meeting 22–24 May, Florence, Italy.

31. BRE (1992). Manual of Breeze. Building Research Establishment, Garston, Watford, UK.

32. Dascalaki, E., M. Santamouris, A. Argiriou, C. Helmis, D.N. Asimakopoulos, C. Papadopoulos and A. Soilemes (1995). 'Predicting Single Sided Natural Ventilation Rates in Buildings'. *International Journal of Solar Energy*, Vol. 55, No. 5, pp. 327–341.

33. Liddament, M.W. (1986). *IEA, Air infiltration calculation techniques - an applications guide*. Air Infiltration and Ventilation Centre (AIVC), University of Warwick.

34. Allard, F. (ed.) (1995). Zonal Modeling for Natural Ventilation, PASCOOL, Research Project, Ventilation-Thermal Mass Subtask Final Report, Ch. 7, EC DGXII.

35. Anderson, J.D. (1995), *Computational Fluid Dynamics – The Basics with Applications*. McGraw-Hill International Editions, Mechanical Engineering Series, New York.

36. Schaelin, A., J. van der Maas and A. Moser (1992). 'Simulation of airflow through large openings in buildings'. *ASHRAE Transactions*, Vol. 98, Part 2.

37. Rosten, H.I. and D.B. Spalding (1987). 'The PHOENICS reference manual for version 1.4'. Report No. TR/200, CHAM Ltd, London.

38. Mahajan, B.M. (1987). 'Measurement of Interzonal Heat and Mass Transfer by Natural Convection'. *Solar Energy*, Vol. 38, pp 437–446.

39. Chandra, S, P.W. Fairey and M.M. Houston (1986). 'Cooling with Ventilation'. SERI/SP-273-2966, DE86010701. Solar Energy Research Institute, 1617 Cole Boulevard, Golden, CO 80401-3393, USA.

40. Chandra S, P.W. Fairey and M.M. Houston (1983). 'A Handbook for Designing Ventilated Buildings'. Florida Solar Energy Centre, Final Report, FSEC - CR - 93-83, 300 State Road 401, Cape Canaveral, FL 32920, USA.

41. Lee, B.E , M. Hussain and B. Soliman (1980). 'Predicting Natural Ventilation Forces upon Low-Rise Buildings'. *ASHRAE Journal*, February.

42. Vickery, B. J. and R.E. Baddour (1983). 'A study of the External Pressure Distributions and Induced Internal Ventilation Flows in Low Rise Industrial and Domestic Structures'. University of Western Ontario, Boundary Layer Wind Tunnel Laboratory Report No BLWT-SS2-1983.

43. Cermak, J.E et al. (1981). 'Passive and Hybrid Cooling Developments: Natural Ventilation – A Wind Tunnel Study'. Colorado State University, Fluid Mechanics and Wind Engineering Program Report No CER81-82JEC-JAP-55A-MP24.

44. ASHRAE (1991). *Handbook of Fundamentals*. ASHRAE, Atlanta, GA.

45. Santamouris, M. (1994). *NORMA, A Tool for Passive Cooling*. Edited and published by the University College Dublin for the Zephyr Architectural Competition, European Commission, Directorate General for Research and Development.

46. Grosso, M. (1995). 'Manual of CpCalc+', Final Report, PASCOOL Research Program, European Commission, DGXII.

第4章 诊 断 技 术

4.1 诊断技术的背景

为了判断一栋建筑、一个系统或者一项具体技术的性能，我们需要一系列评价工具：诊断技术。在计划进行被动通风的建筑的情况下，这样的诊断技术旨在对建筑物理性能和用户评价有很好的认识。

诊断技术能够应用于不同的情况：

● 在现有的没有翻新的建筑中，主要目的是更好地了解建筑性能；

● 在新的或者翻新过的建筑中，主要目的是估计建筑功能能达到预期的什么程度。

诊断技术并不出于证实模型的目的。为了达到这个目标，需要更细致的、控制良好的、准备充分的实验。

可以想象诊断技术的不同级别。本章的内容限定为基本诊断，这里不记述细致的研究。自然通风建筑诊断研究的全部背景在如图 4.1 所示。

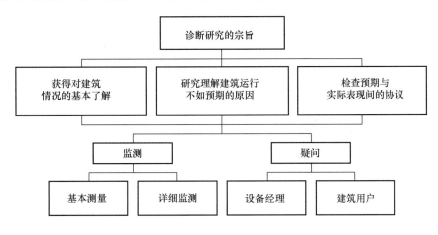

图 4.1 自然通风建筑诊断研究的整个背景

4.2 诊断研究的目的

诊断研究可以专门研究自然通风，但是通常也包括其他方面。

这里有实施诊断研究的几个理由：

● 评价一系列建筑在夏季的性能。样本是整个建筑或者建筑中人的有代表性的样本。同用户观点一样，物理参数也可以包括在内。

● 评价一个具体的建筑，来更好地了解它的性能，而不具体以解决或改善建筑某些方面为目标。

●评价一个具体的问题建筑，旨在得到怎样改善建筑性能的良好指导。

诊断研究的成本和复杂性作为研究目标的函数将会（或者至少是应该）变化。在所有情况下，物理测量（"监测"）和从使用者和建筑管理者收集的信息（"咨询"）可以分开。本章意图不在处理细致的监测活动或者咨询研究。关键目的是：

●得到典型监测可能性的概述；

●得到各种测量的可能性和潜在问题的指示；

●得到正确解释监测数据的建议。

4.3 物理参数和监测设备

4.3.1 温度记录

被动通风建筑的温度估计是评定变化的气候条件下这样的建筑达到的热舒适等级的关键测量。

图4.2 标准单温自计仪

这种类型的测量所需要的设备包括：

●高测量准确度（误差为1℃）；

●易安装，没有线更好；

●相对便宜；

●测量频率至少一个小时取一个数，在几个星期的时间段内记录数据。

市场上有一些可利用的测量系统。图4.2是一个每个单元有一个单温测量的独立设备的例子。其他数据记录仪存在于从相连接的若干感应器中。这个系统的巨大不便是建筑内部需要线。

可靠实用的数据记录器的使用是主要需求；正确安装这些传感器也很重要。这看起来似乎是显而易见的，但其实不是。传感器应该定位在不妨碍用户的地方，同时还要给出有代表性的温度。这意味着：

●传感器不应该暴露在太阳直射的地方；

●在采暖季，位置不应该太受到采暖系统的影响（即，传感器应该定位于散热器上方）。

如果研究夜间通风，可能会对空气温度和墙体及地板表面温度差感兴趣。图4.3给出一个这样的温度测量的例子，展示出空气和墙体温度是不相同的，单独记录空气和墙体温度不能可靠地指示出温差。建议安装更多的传感器，但不总是理所当然的。

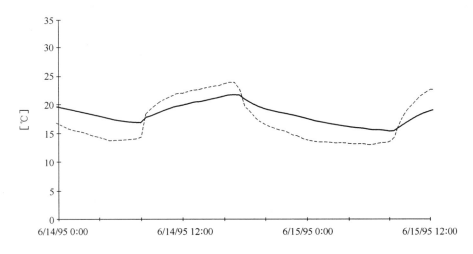

图 4.3　办公室房间内墙体和所测量温度差别

—— 墙体温度；---- 空气温度

4.3.2　通风测量

对建筑中空气流动过程的由合理到好的了解在被动通风概念评价方面是非常重要的。不幸的是，可以利用的监测技术总是很贵，且很难应用于使用中的建筑。在本章背景中讲到了三种技术（图 4.4）。

所有测量技术都是基于监测某种气体（"示踪"气体）的浓度。

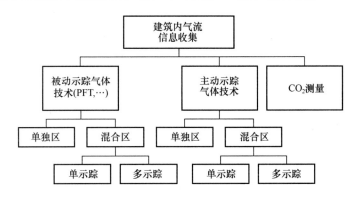

图 4.4　收集通风信息的方法

为了实际目的，该方法被细分成三部分：

● 主动示踪气体测量，需要注入示踪气体。在大多数情况下，用气体分析仪持续监测示踪气体浓度。有时，示踪气体注入率必须也持续监测。

● 被动示踪气体测量，在这里示踪气体以几乎不变的速率持续被动释放的方式注入。只有在整个测量时段的平均浓度是确定的。

● CO_2 测量技术，基于空间使用者作为唯一的（至少是主要的）CO_2 释放源的 CO_2 浓度监测。

4.3.2.1　主动示踪气体技术

进入和离开一个空间的空气流量的测量包括界限内示踪气体（SF₆，N₂O 等）的释放和监测。

示踪气体的一般质量平衡方程是：

$$V\frac{\mathrm{d}C}{\mathrm{d}t} = Q\mid C_e - C\mid + F \tag{4.1}$$

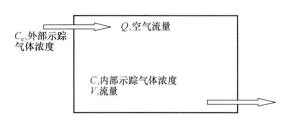

图 4.5　在一定范围内使用主动示踪气体
技术的空气流量测量

这里 V 是界限内的有效体积（m³），Q 是通过界限内的具体空气流量（m³ s⁻¹），C_e 是外部示踪气体浓度（m³ m⁻³），C 是内部示踪气体浓度（m³ m⁻³），F 是界限之内的所有源产生的示踪气体量（m³ s⁻¹）。（见图 4.5）

示踪气体方法利用这个方程又监测数据推导空气流量。依据示踪气体注入的方式使用不同的技术。表 4.1 给出三种主要技术的概述。

通风量的主动示踪气体测量的不同技术概述　　　　　　　　　　表 4.1

	示踪气体注入	结果
浓度衰退	一次注入。注入量不知道	测量时间段内平均换气速率（一般 30min～2h）
恒定排放量	以已知速率持续注入	持续空气流量
恒定浓度	控制持续注入，在空间中保持一个确定的示踪气体聚集量	持续空气流量

所有技术需要所研究空间内示踪气体浓度的拟连续测量。最小监测频率依赖于使用的技术和实验条件（换气次数等），但是一般每 1～30 分钟测量一次。

浓度衰退方法

这个方法需要在测量阶段之前释放示踪气体，在测量阶段没有示踪气体注入（$F=0$）。如果测量阶段空气流量 Q 是常量，方程（4.1）变形为：

$$C = C_0\exp\left(-\frac{Q}{V}t\right) = C_0\exp(-Nt) \tag{4.2}$$

这里 t 是时间（s），C_0 是示踪气体在 time＝0 时的浓度，$N(=Q/V)$ 是换气次数（s⁻¹）。

换气次数 N 能够用方程（4.2）通过检测浓度很容易推导。

连续注入方法

示踪气体在所研究空间内以已知恒定速率注入，变化的浓度响应时间被记录。这个方法允许我们由方程（4.1）对每个测量的值计算空气流量。

恒定浓度方法

这个方法旨在改变示踪气体的注入速率以保持示踪气体浓度在测量空间内为常量。这项技术是最复杂的且需要准确测量示踪气体的注入速率和控制示踪气体注入速率的智能算法。

恒定浓度方法背后的想法是隐藏区域间的流动。这允许进入几个空间的室外空气流量的测量使用单一的示踪气体。这项技术对于使用中的建筑的测量也很有用，因为示踪气体浓度有预设置的，因此超出最大可接受浓度级别对健康是没有危险的。

使用监测的注入速率和示踪气体浓度，方程（4.1）得到的是每个数据点的空气流量。

示踪气体技术

可进一步区分所谓的单区域通风测量和多区域测量。在后者情况下，不只是与外界的空气交换，更多情况下还有不同区域之间的空气流动。几种示踪气体的使用可以相当高的准确度确定不同区域之间的所有空气流量。

图 4.6 给出了夏季的一个使用恒定浓度技术的主动示踪气体测量的案例。图中展示了一连串使用夜间制冷通风住宅的测量。白天和夜间观测到的空气流量有很大差别。

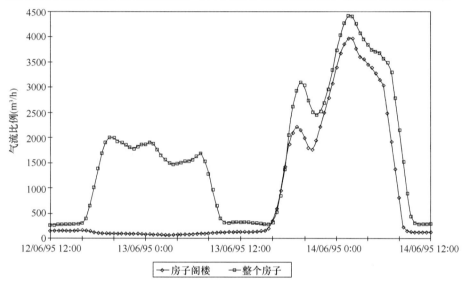

图 4.6　使用夜间通风的有台阶住宅中示踪气体测量结果

主动示踪气体测量的使用实际中并不常见：设备非常昂贵（对于商业系统最高50000ECU），必须用到气瓶，还有很多管材等等。一般情况下，这种类型的技术不适用于诊断研究的第一步，但是更适用于细致的研究。

4.3.2.2　被动示踪气体理论

被动示踪气体技术也使用了示踪气体的注入，但是硬件方面与那些用于主动示踪气体的完全不同。

全氟化碳示踪（PFT）通过液态示踪化合物在微型容器中的扩散以恒定速率释放。空气采样也通过被动扩散进入装在窄玻璃管内的活性炭充当的吸附剂完成。

被动示踪气体测量的各种概念已经被各种组织研发。被动示踪气体方法非常适合于诊断研究；它们容易安装，在很多情况下提供合理的测量准确度，成本合理。监测活动随着被动气体源在所研究的建筑中的分布，它们将被搁置一段几天到几个星期的时间。采集的样本被收集，在一个特殊的实验室里利用层析法进行分析。这种测量技术给出了整个测量时间段内平均换气次数的估计值。在夜间通风情况下，换气速率可能发生很大变化，这会

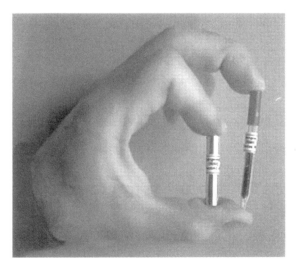

图 4.7 被动示踪气体测量的发射与吸收的例子

导致巨大测量失误。还有，没有有关空气换气速率的信息被收集。

4.3.2.3 CO_2 记录

作为新陈代谢的结果，所有人发出一定量的 CO_2。一般值是 $18liteh^{-1}$ 每个人。CO_2 发射量不是常量，但是依赖于人的类型和活动级别。图 4.8 给出了一个住宅中记录的 CO_2 测量例子。

有几种情况，CO_2 浓度的记录能给出空气换气速率的大约值的有用信息：

- 在空间中使用者的数量已知的情况下（教室，礼堂，剧院，办公室）：知道人数使测量的浓度的分析可以与恒定注入量的浓度用同样的方法；

- 在没有使用者的时间段，但是下一个时间段有密集的使用者：监测的浓度可以用与针对衰退方法同样的方法（监测时段内务示踪气体注入）。

CO_2 技术的优势是所需监测设备相当简单：一台 CO_2 分析仪，一台记录仪更好。然而，有一些限制：

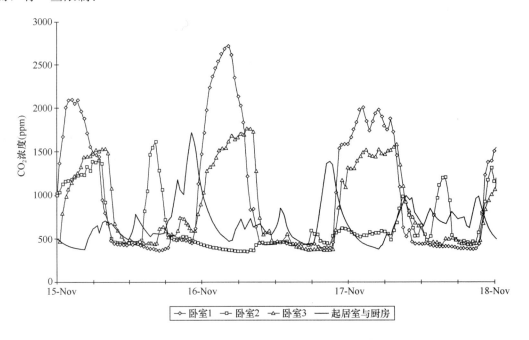

图 4.8 一住宅中测量的 CO_2 浓度

- 使用者数量必须大致上清楚；

- 在夜间通风无使用者的情况下，CO_2 浓度将会迅速降至零，测量只能在没有使用者的最初几个小时进行。

4.3.3　空气流速测量

集中的通风常常作为被动式制冷策略的一部分被使用。这会增加产生通风问题的风险。在典型位置的空气流速测量是适合的。图4.9给出了这种测量的例子。

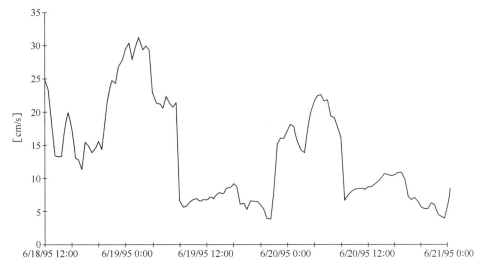

图4.9　夜间通风住宅的空气流量测量结果

4.3.4　外部气候

外部温度和太阳辐射的测量能够给出很恰当的信息。温度记录可以使用与室内测量相同的设备来完成（4.3.1节）。

关于保护传感器不受到太阳辐射是需要特别注意的。如果传感器没有保护好受到了太阳直射，可能发生5～10℃的测量失误。为了减小测量失误，传感器应安装在无太阳直射的阴凉处，或者能够被合适的遮阳设施挡住。在后一种情况下，遮阳内部必须充分通风。更好的方法是使用通风的空气温度传感器（图4.10）。

对于太阳辐射测量，可以使用传统的日射表，但是这些非常贵（高于1000ECU）。一个有吸引力的替代是ESTI参考传感器的使用，由标刻度的光电池组成（图4.11）。

图4.10　通风的空气温度传感器　　　　图4.11　ESTI参考传感器

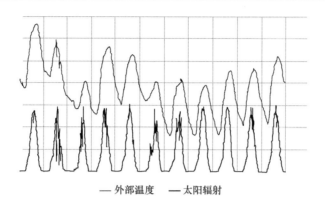

—— 外部温度 —— 太阳辐射

图 4.12 记录外部温度和太阳辐射的例子

这种监测的结果就是，获得了指示出变量在时间和空间中的变化数组。

4.3.5 咨询

物理测量对于获得对建筑功能的良好认识是很重要的。另外，咨询也可以给出有关建筑怎样运行，特别是使用者如何感觉室内气候的可靠信息。这种咨询可以用不同的方式执行：

● 通过和建筑使用者和运行人员进行随意的口头讨论，询问他们对建筑功能的评价。一个简单的指示出所关心的点的清单会有帮助。第5章有关关键的障碍和案例研究，其中给出的信息会对采访者很有帮助；

● 基于预先明确的问卷，以一板一眼的口头讨论形式。这样的方法被 EC JOULE 项目 NATVENT™使用过；

● 以有结构的书面采访的形式。

允许在非家庭使用的建筑中进行这样的咨询可能需要一些讨论。

4.4 诊断结果的解释说明

物理测量和咨询二者的结果是大量的数据。分析包括很多方面。在这篇报告中简明地概述了四个层次的分析：

● 室内气候条件的评价；

● 能量性能的评价；

● 建筑性能是否如设计阶段预期的评价；

● 改善建筑性能的可能性的评价。

室内气候条件评价

有关温度、空气品质相关参数、空气流量的物理测量允许比较记录值和用于评价热舒适、室内空气品质、通风需要等的参考值（由标准、建筑规范）。用于评价热舒适的理论中存在大的变化。

从咨询或者采访获得的附加信息中，不仅让人得到室内气候的量化评价，还得到用户满意程度的定性指示。因此，将物理测量和咨询/采访结合起来是一种吸引人的方法。

能量性能评价

能量性能的评价会很有趣，例如将年能好数据与现有数据库进行比较。如果监测时间段相对较短（不超过几个星期），这样的分析不直接。有价值的数据只能通过将监测数据和一些数值工作结合起来获得。这样的方法需要可靠的模型和恰当的用户技巧。

自然通风设计和运行的重要性一般不是能耗的主导参数，所以，不可能从有关自然通风性能的分析中得到有效结论。

建筑性能能否如预期一致的评价

建筑监测可以用来检查有关自然通风建筑的性能。经验表明预期的和测试得到的性能之间可能有很大的差距。原因可能是多重的：气象数据的差异、输入数据的不确定性（例如风压系数、热质量不确定性、建筑使用、窗户使用）、测量失误。因此，当解释结果和下结论时应该非常认真。

关于自然通风预期性能的评价和有关室内气候、能源使用的预期性能评价之间应该有区别。对于后者参数，通风是唯一的影响参数。因此，可靠的分析需要整个范围内的变量的分析，包括隔热、太阳得热、遮阳性能和室内产热。

在所有情况下，建筑运行的分析应该是这样一个评价的重要方面。通常会观测到假定的建筑运行情况（尤其是用户手动控制情况）和实际运行情况之间有重大差异。

改善建筑性能可能性的评价

建筑性能监测能够指示出室内气候和能量性能是不能接受的，或者有改善的空间。从监测结果获得的所需改善的有关方法的可靠指示并不是显而易见的。然而，一些小型测试（例如，办公室应用单侧夜间通风，外部有遮阳）可以给出有用的指示。比较相邻房间改善前和改善后的监测性能，同样会有帮助。

然而，自然通风仅仅是一系列在夏季达到改善热舒适性的方法之一。通常使用其他改善方法也能解决问题，例如，改善遮阳、降低室内发热量、智能人工照明、建筑普遍运行模式。

4.5　结论

1. 现有建筑的性能监测可以用多种方法完成，这些方法从简单的温度测量和与用户的讨论到包括多种示踪气体测量和广泛咨询在内的繁重的监测活动。

2. 本章只给出了监测技术类型的简明概述。尤其对于使用了示踪气体技术的空气流动测量，读者必须意识到，为了获得正确的解释说明，这是一项需要专家知识的一项相对复杂的技术。

3. 从诊断技术获得的信息的分析和解释说明能够覆盖很多方面。依赖于建筑的复杂程度，分析类型可能从相对简单到复杂。

参考文献

1. Liddament, M. (1996). *A Guide to Energy Efficient Ventilation*. Air Infiltration and Ventilation Centre, Coventry, UK.
2. Roulet, C.-A. and L.Vandaele. (1991). 'Air flow patterns within buildings – measurement techniques'. Technical Note AIVC 34, Air Infiltration and Ventilation Centre, Coventry,UK.
3. Vandaele, L. and P. Wouters. (1994). The Passys Services. Summary Report of the PASSYS Project. European Commission, Belgian Building Research Institute.
4. ESTI sensor, calibrated photovoltaic cell of European Solar Test Installation, European Commission, Joint Research Centre, Institute of Advanced Materials, I-21020 Ispra (Va), Italy.
5. NATVENT™, Overcoming technical barriers to low energy natural ventilation in office-type buildings in moderate and cold climates. EC JOULE Project (1996–1998), led by Building Research Establishment, Garston, UK.

第 5 章 关 键 障 碍

5.1 介绍

自然通风在夏季控制室内空气品质和室内温度方面扮演了决定性的重要角色,当采用了合理的通风策略时能够避免过热。然而,自然通风策略的成功应用只可能当与热性能不相关的很多地方不存在问题时,从设计阶段到实际运行阶段对于用户的需求的不同层次(图 5.1)。这些潜在障碍在下面章节中讨论。

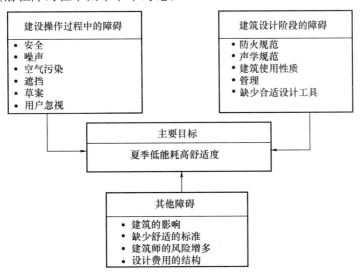

图 5.1 建筑应用自然通风的潜在障碍概述

5.1.1 建筑运行中的障碍

用户可接受性的问题会阻碍建筑使用者执行自然通风,即使建筑的设计和准备可以提供自然通风。最重要的障碍如下:

●安全考虑,即,阻止其他未经授权的人、动物,包括昆虫进入,或者仅仅是阻止雨水损坏陈设。

●室外噪声,妨碍正常活动、睡眠或者仅仅是不愉快。

●空气污染必须组织在建筑外面,从城市污染到乡间尘土,从有害化学品到仅仅是不好的气味。

●针对太阳的遮蔽物,或仅仅出于隐私考虑,需要用于自然通风的建筑外围护结构开口的部分或整体覆盖。

●气流阻止,从热舒适到工作需要(例如保持纸张在原位)。

● 最后但不是最少的，部分使用者关于应该采用的能够最大限度利用自然通风的正确策略的无知。

5.1.2 建筑设计阶段的障碍

设计者也面临许多主观和客观的障碍，可能导致他们甚至不能预见提供自然通风的机会，或者，丝毫不指望出于那个目的的已经存在的机会。设计者面对的最大的主观障碍如下：

● 一般规范和特殊防火规范，可能会阻止空气自由流动来避免烟尘和气味传播；噪声规范可能也会引起一些约束，尤其是嘈杂的城市地区。

● 对建筑使用模式的预见，可能会与合理使用自然通风策略产生矛盾，即，让使用者在最合适的时刻操作合适的开口，还有设计者可能会怀疑使用者针对每个运行模式选择合适策略的能力。

● 提供遮阳、私密性和照明的需要，可能需要严重阻碍空气自由流动的设备或方法。

● 所有者或者创办人不愿意采用精密的自动控制手段，它们可以通过引入适合的控制程序来最优化每一时刻建筑的运营操纵，不需要使用者的直接参与。

● 缺少合适可靠的设计工具，这会增加执行合并了自然通风的控制策略的难度等级。

5.1.3 其他障碍

还有其他更多细微的类型的障碍，本质上是主观的，但是仍然构成了对于执行建筑自然通风策略很实际的障碍：

● 自然通风需要设计合理的围护结构，这会影响建筑设计，并且有时会与整个设计理念相矛盾。

● 自然通风需要接受室内环境某种程度的波动，这对设计师是有风险的，他们可能被不满意的顾客认为是负有责任的。一个完全受控、设计简单的机械通风措施会将投诉的风险最小化，减小设计师的责任将是一个更安全且更普遍的解决方法。合理规范的缺乏不能提供给设计师保护，所以他们采用更传统的设计方法。

● 设计一个自然通风建筑需要比传统机械通风更多的工作。然而，因为自然通风建筑通常比建造正常的带有过大型号系统的机械制冷替代更低的成本，机械系统设计师得到的费用一般是系统成本的固定比例，所以更低。这确实极大抑制了设计师进行更有风险的行动。

5.1.4 关于障碍的可能方法

所有障碍都有围绕它们的合适的解决方法和方式，但是这些方法并不是针对每种情况能被每个人接受的。每种类型的障碍在下面的章节中进行讨论并且确定了解决方法，列出了优点和缺点。然而看起来，提供自然通风需要两件事情共同作用：

● 第一，需要的时候，建筑设计师必须给使用者提供执行自然通风的可能性（可以是自动控制的，如果有管理控制系统，否则也可以是手动控制）；这样做之后，设计师必须考虑到他们在工作中面临的所有障碍，以及建筑使用者作为常规的用户将会面临的问题，然后针对每个问题寻找合理的解决方法。一个简单的未解决的问题将会导致不能使用自然通风，或者至少不能频繁使用。

● 第二，使用者必须知道怎样使用自然通风，知晓它的优点，正如接受可能带来的任何微小不便。如果使用者希望有一个万无一失的系统，不需要配合，永远能够产生出接近于国际标准化组织的舒适标准规定的理想的室内环境，那么自然通风确实不是最合适的方法。

这表明自然通风建筑面临很多困难，既然这些障碍中的大部分没有好的、便宜的、普遍的解决方法来克服，它们与其成为例外倒不如常规做法。本文旨在引导设计师探索好的替代方法，与技术允许的当前状态一样好。这个题目的研究将会继续，感兴趣的读者应该尝试保持与最新的进展同步更新，这会很适宜手边的任务。

5.2 障碍类型和可能的解决方法

5.2.1 安全性

对于建筑使用者最重要的事情之一就是安全性，与越权的干扰行为相对立。这意味着围护结构的任何开口必须受到保护以防侵扰，尤其是进入建筑更容易的低层。典型的解决方法是限制开口的最大尺寸为儿童头部尺寸（15cm）或者用间隔不超过同一尺寸的栅栏（图5.2）。

图5.2　窗户上的保护栅栏可以制作得有吸引力，而不是像一座监狱

不仅仅是人，还有其他类型的动物也能够通过自然通风开口进入房间：对于低层，有老鼠，猫，狗等等，对于高层，还有鸟。此外，昆虫（臭虫，蚊子等等）能够通过任何开口进入，不管多高多小。因此需要遮蔽物来解决这个问题。带有使用简单的纱窗的窗框已

经作为一个配件合并，或者，很多市场提供的带有防蚊纱窗的通风格栅可能会是针对这个问题简单方便的解决方法。

适合组织入侵者的较小的开口可能导致自然通风密度受限，而如果栅栏或者遮蔽物放在用于自然采光和观景的窗户上，对很多人来说是不舒服的，而且还会增加额外花费。它们也会对空气流动造成附加的阻力，影响自然通风的强度。

此外，栅栏也会排除一条可供选择的紧急逃生路线（例如火灾逃生），这样可能需要由应用规章制度所强制的补偿措施。

雨水也是一个问题。建筑围护结构上为自然通风设置的开口如果没有在雨季开始前关闭，也会让雨水进入建筑。为了避免雨水导致的破坏，开口必须由使用者手动控制，或者必须使用某种自动控制系统。手动控制也需要建筑内有人，就是说，在使用者不在场的时候，开口可能会为了安全原因保持关闭，通风限制为渗透，这对于室内空气品质控制可能足够，但是对夏季供冷是不够的。事实上，在自然通风建筑中，常常选择夜间通风为夏季自然供冷运行模式，除非提供自动控制，否则这种障碍会是决定性的。

为了解决这些问题，可能有可供选择的解决方法。例如，现在有一些为自然通风目的整合了自动控制开口的特殊窗户，室内空气品质控制市场上已经可以提供（图5.3），尤其是在冬季，类似的有较大开口的装置可以为自然通风控制开发。也可能将窗户（用于天然采光和视野）与自然通风开口分开，这些窗户能很好地防入侵、昆虫和雨水，并且可以用绝热百叶关闭（图5.4）。为了生产出更好的装置并进一步减少这种类型的障碍，研究还在继续。

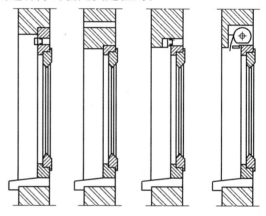

图5.3　具有为实现自然通风能自控开启的窗户

图5.4　不相互结合的窗户和自然通风，比利时 BBRI 建筑

5.2.2 噪声

实际上，无论噪音是来自于室外还是建筑中的其他房间，它都是不受欢迎的。通常来说，无论噪声源位于室外或者建筑本身的其他空间中，噪声均会被房间的物理边界（例如墙或门窗）所削减，之后的声能经过房间中的多重反射会被进一步削减。在采用自然通风的建筑中，为了通风考虑，建筑立面上必然存在开口，并且室内的隔断也是越少越好，这样带来的矛盾就是建筑边界对于噪声的削弱能力相应减小，而噪声传递的问题也会增加。其中交通噪声是特别需要关注，因此在大多数国家都有对于建筑各表面降噪最低标准的规范（例如在法国，降噪标准为65~70dBA）。

人们正在研发在建筑开口上安装特殊降噪挡板来解决这个难题，例如类似于图5.3中所示的降低空气流速的做法。然而，这种降噪装置通常会给通风带来很大的阻力，因此我们必须考虑到这一对矛盾效果的权衡问题。

但是，需要注意的是，采用机械通风的建筑并不意味着就不会受到噪声的干扰。机械系统的风机和发动机产生的噪音能够通过建筑结构传播，而由管道、格栅、扩散体等中的空气运动而产生的空气噪声也会传入室内。我们当然也可以通过好的设计来减少这些类型的噪声，包括例如选择低噪声的设备、为发动机和风机安装减震装置、在机械和管道中间加设柔性连接件、在管道中衬吸声材料、在适当的地方设置噪音衰减器、提供平滑的弯曲、在有拐角的地方设置减震叶片、平滑连接不同截面的管道等等。这些技术对于减小大多数噪声都很有效，但是总是会保留一部分背景噪声。

由此可见，无论是自然通风还是机械通风的建筑都面临着噪声控制的问题，都必须由建筑师仔细考虑应对。一个自然通风的建筑，在运转良好情况下的噪声不会大于传统的机械通风建筑中的噪声。

5.2.3 空气污染

在郊区或者乡村，室外空气污染物浓度通常不高。因此，在大多数情况下，室外空气进入室内空间不会带来室内空气质量的问题，并且在这些区域，自然通风也是一种能接受的被动降温措施。尽管如此，这些地区有时也会出现有灰尘或污染气体的情况，因此需要我们根据不同的案例情况进行仔细评估。因此，即使是在通常情况下无污染的区域，建筑中都必须有让住户能够在室外空气污染达到一定程度的时候停止自然通风的控制装置。

反过来说，在城市区域，白天所检测到的各种污染物浓度较高，因此城市区域的室外空气污染现象频繁而显著。所以，室外空气进入室内之后可能会给室内空气质量带来一系列问题。在大多数情况下，室内各种污染物浓度都会是一个相对高的水平，室内空气质量较差，这对住户和建筑材料与家具都会造成损害。

显然，在污染严重的城市区域中，或者是灰尘和污染气体出现频率较高的郊区，尤其是在白天，我们都不提倡自然通风的做法。

为了说明在污染的城市中心区域自然通风对于室内空气质量的影响，我们通过对一座设计中建筑的模拟，来分别比较其在机械通风和自然通风的情况下室内空气质量的水平。

该建筑是位于希腊雅典中心区域的新卫城博物馆。展厅的体积被视为一个单独的、充分混合的区域，总体积为 127,000m³。我们对城市环境中的五种常见污染气体（NO，NO_2，SO_2，O_3 和 CO_2）在室内的情况进行了模拟。

　　图 5.5 所示的是机械通风系统。其中无分层，循环系数为 0.7。同时，我们假设系统平衡良好，即空气供应率与空气返回率相同，并且通风效率为 1（混合效率，即所有送入室内的空气均参与循环）。设定过滤器通过化学作用吸收污染物（例如通过活性炭的吸附作用）的效率假设为 97.5%，略高于国际标准中关于博物馆中空气过滤效率高于 85% 的规定。室外空气流速假设为人均 8L/s，同样依据国际标准值假设。

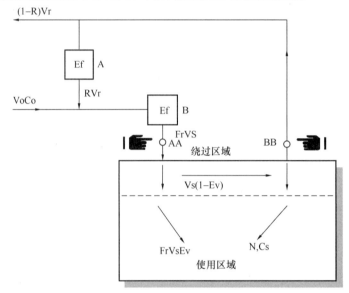

图 5.5　卫城博物馆中一般通风系统模型

　　在采用自然通风的情况下，从室外进入室内的空气显然不会通过空气过滤装置，也不会有空气循环的设备。在所模拟的两种情况下，除了博物馆内人群产生的 CO_2 以外，无其他室内污染气体的产生。

　　室内各项空气污染物的浓度均在一个夏季（五月至十月）典型博物馆开放日内进行计算（从早上 8：00 到下午 6：00 间），分别应对三种室外污染等级（室外空气轻度污染，中度污染和重度污染）。

　　其中所有污染物的浓度变化都表现出相同趋势。因此，我们只给出了 SO_2 的模拟结果作为例子，如图 5.6。该图表明室内 SO_2 浓度随着室外浓度的变化而变化，且这种变化比室外浓度的变化时间有着几个小时的时间滞后。在有机械通风的所有情况下，室内污染物浓度全天都能够被维持在展品维护所需的 $10\mu gm^{-3}$ 的标准水平之下。相反的，在所有采用自然通风的情况下，室内浓度均高于此标准。在室外为中度和重度污染的情况下，室内污染物浓度均高于 ASHRAE 所制定的人居健康的年均 $80\mu gm^{-3}$ 的标准水平。但是从未超出过 ASHRAE 提出的暴露一小时 $365\mu gm^{-3}$ 的最大范围，这意味着这种污染水平不会对游客造成太大的影响。但是，博物馆中的展品则会在较长一段时间的暴露在空气中后受到破坏。

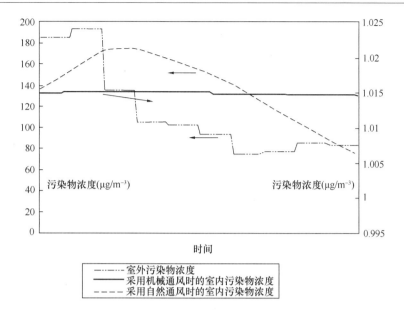

图 5.6 室外空气重度污染情况下，采用自然通风和
机械通风建筑室内外 SO_2 浓度变化曲线

对于其他的污染物来说，得到的结论是类似的，虽然相对于现有规范所允许的最大浓度，实际的污染物超标水平有一定的细微差别。采用自然通风时，只有一种情况（CO_2）始终没有超过最大标准，而在其他大多数情况下（NO，NO_2 和 O_3）污染物浓度均时常超过标准范围之外。

这些结果清楚地表明，在城市污染区域，自然通风会带来显著的室内空气质量问题。因此，在这些情况下，我们会要求采用机械通风和化学吸附的措施，而自然通风则成为一项很难实施的方式。

5.2.4 遮阳

在夏季晴朗的白天，当我们需要自然通风的同时，也需要采用零负荷技术阻挡直接的太阳得热，以避免建筑室内过热。一些情况下，建筑所有开口都需要遮阳。出于私密性的考虑，我们也会有一些手段来阻挡室内外直接的视线连接。然而，一切遮蔽物，无论是室外遮蔽物（出挑，挡板，室外百叶等）或是室内遮蔽物（窗帘，室内百叶窗等）都意味着会严重阻碍空气流通。在采用自然通风的建筑中，遮阳装置都必须进行特殊设计，在它们可能产生冲突的时候考虑主导风向的因素，使得它们保证自身功能（遮阳或是保证私密性）的同时能够保证足够的空气流通。

在一些情况下，设置于室外的遮阳设施，例如垂直遮阳板或水平遮阳板，甚至会更有利于在建筑外表皮上产生更大的压力差，因此同时有着加强自然通风的可能性，尤其是在单侧通风的设计中——见图 5.7。在这些情况下，遮阳和自然通风的需求实际上能够同时满足，它们在建筑表皮中的解决方案是统一的。

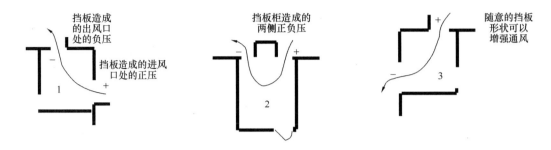

图 5.7　采用室外挡板加强自然通风和提供遮阳

5.2.5　穿堂风

采用自然通风的建筑必须能在多种室内外条件下提供足够的空气交换，无论室外条件是否有利于自然通风的进行（例如风速低、温差小的情况等）。在后者的这些不利情况下，我们可能需要更大的开口。这样，除非提供自动控制（见 5.2.8 章节），住户才可能应对室外环境通常快速的波动改变开口的开合，以控制换气率的大小。并且，即使装有自动控制装置，对于室内条件的过快变化，系统也不一定能够应付得了。

当空气交换足够大的时候，室内空气流速可能会超出人体舒适流速的范围，带来人体的不舒适，并且有时候我们并不希望有穿堂风。因为如果穿堂风足够强，它可能甚至会吹走纸或其他轻质物体，

这是我们通常无论是在家或是办公室都难以接受的。因此，建筑师必须提供一些住户希望时能够阻止穿堂风，但同时也能够保证室内外空气流通的方式。这是协调和精细化设计中的一项试验，需要建筑师的经验及对物理知识掌握的支撑。在传统的建筑中，一种典型解决方式是使用带有复合开启扇的窗户，即一种能够根据其几何可变性而进行局部开启的窗户。

5.2.6　用户无意识和使用模式

我们会因为许多原因进行自然通风：例如防止室内过热，提供热舒适性（人体通风降温）或是提高室内空气质量。这意味着自然通风必须有非常确切的条件：抑或是室外空气温度低于室内空气温度（用以室内降温）；或是当室内温度过高需要较高的室内空气流速时，即使室外温度高于室内；或者仅仅因为室内空气质量不佳时，无论室外环境是冷还是热。

这意味着，自然通风的开始和结束都应当得到控制，无论是这种控制是通过住户的人工调节还是以自动调节系统的方式。当需要人工调节的时候，住户是否愿意去完成这项工作是很重要的。同时，室内活动应当能够与空气流速较高的自然通风情况，以及能够保证换气率并且风速被控制在一定范围内这两种情况均兼容。

控制自然通风需要开关窗、门或者特殊的开启扇，来应对室内外环境的改变。随着风向及风强度的改变，最有效的窗户开启模式也相应发生变化。

例如，图 5.8 中所示的窗户能够通过增加开启扇的面积达到增加对流通风强度的作用，而当它分别开启低压区和高压区的局部窗户时产生烟囱效应，因此也被用于单侧通

风。了解正确有效的开关窗的位置需要一些住户可能并不拥有的经验。

图 5.8　希腊雅典国家天文台上带有复合开启扇的窗户，能够控制自然通风

　　无数被动式太阳能建筑的实践经验告诉我们，除非住户是这方面的专家，那么只有简单的解决方法能够发挥一些作用，然而即使方法简单，住户亦会在短时间内就对此失去兴趣。复杂的改变窗户开启的方式是不可靠的。建筑师必须设计出操作简单而直观的建筑，使其适用于普通民众。否则，我们就需要严肃地考虑采取自动控制方式的可能性（见 5.2.8 章节）。

5.2.7　建筑规范

5.2.7.1　介绍

　　在建筑中利用自然通风作为被动式制冷策略的一项重要条件就是技术策略与建筑规范的联系。它能够扮演两个主要角色：

　　● 规范能成为特殊技术应用的支持，即这里所指的自然通风的概念；如果不存在适当的规范，那么这种规范的缺陷本身就会成为实行自然通风的阻碍。

　　● 规范本身也可以通过增加特殊要求而成为自然通风的重要障碍，例如防火安全和声学规范。

　　这些障碍将在以后的章节中讨论。

5.2.7.2　技术规范的缺乏

　　很少有规范涉及自然通风的问题。在欧洲标准委员会（CEN）的框架中，只有一项工作项目（WI38）规定了夏季温度的计算："夏季一个房间中无机械制冷时的室内温度——通用标准和计算程序"。筹备中的标准（prENISO 13791）中描述了动态模拟程序的最小标准的要求。它也给出了一些测试案例。每一个模拟工具都必须通过这些测试案例进行检验。

　　通风模型在建议的标准（§4.4.6）中被非常简洁地描述出来。在信息附录 H 中给出了自然通风的公式，包括通过大开口的气流公式。

　　在国家水平上，尚没有很好的专门解决自然通风的规范的案例。毫无疑问，之所以没有这样的案例的原因在于这个问题的复杂性。夜间制冷，这项主要的技术，需要我们拥有气流在不同建筑空间中运行模式的知识作为铺垫。气流分析需要基于非常难以定量的参数，例如建筑表皮的渗透分布、室内外温度、风速和风向。其中后两项的难点在于它们的快速波动特征，这样会带来气流的瞬时变化。所有这些参数都需要被输入程序中来计算气流和热量平衡，这些参数相互影响，使得对于这个问题的研究非常复杂，见图 5.9。目前，大多软件工具都仅限于计算这个问题的一部分；比如气流的问题能够用 COMIS 或是 PASSPORT-AIR 程序来解决，而热模型可以用例如 TRNSYS 或是 DOE-2 之类的程序进行计算。ESP-r 则能够在同一模拟环境中解决这两个问题。不过，用这些工具作为参考，来检验建筑是否符合标准并不是好的选择。

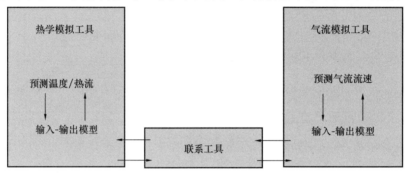

图 5.9 热与气流的模型梳理

然而，由于我们有降低建筑能耗的需求，而实行自然通风恰能够成为一种节能方式，因此一些国家标准赞成通过建筑中的自然通风方案。其中一个例子是荷兰能源性能规范，它适用于住宅或非住宅建筑，并重点关注建筑整体能耗。这种关注综合性能的方式能够促进好的建筑和相关系统的设计，因此非常有趣。由于制冷的能耗被包含在整体建筑能耗使用的评价范围之内，被动式通风作为一项制冷措施便成了一项与国际最大的能耗标准接轨的有力措施。

在瑞士大多数重要州的建筑规范也同样关注利用自然通风降温，这是因为空调的使用在当地是被严格限制的：要获得安装空调的许可证需要建筑师证明安装空调确实不可避免，并且没有其他能够提供建筑室内舒适环境的低能耗方式。

然而，这些只是一些特殊的情况，在大多数国家并不常见，要在其他地区实现这样严格的规范必须要有这种政治愿望。

在其他的气候炎热的地区（例如南欧国家），气候条件可能也会变得更为恶劣，使得这种限制除了在特定的情况下几乎很难实现。

5.2.7.3 防火规范

被动式通风的概念通常基于自然通风的大开口和烟囱的应用的基础之上。被动式通风需要最大程度的空气流动。另一方面，防火规范的制定是为了保证住户的安全并为消防员提供帮助。由于通风而产生的空气流动是火灾在建筑中传播的一种重要方式，这就意味着增加通风降温的建筑概念需要同时考虑到火灾危险性增加的可能性。建筑表皮上的永久开口用于空气流入，而大型烟囱则用来排出空气，这两个系统间的开合可能意味着严重的问题。

虽然防火规范在不同的国家差异很大，并且即使是在同一个国家中，根据地区消防队的解释，这些规则总有一些普遍出现的规则：

● 对于建筑立面防火等级的要求。一座建筑的垂直墙面需要阻止火焰在其上的传播，并防止建筑间的火势蔓延。火焰通常通过垂直墙面上的开启部分蔓延进入室内，因此这个区域在英国建筑规范中被称为"未保护区域"。进风的装置，例如格栅、百叶窗、可变窗等等都在这种"未保护区域"的范围内，有增强火情蔓延的危险。因此，它们必须在火灾发生时能够被关闭，防止氧气助燃，例如在空调管道系统中设置的热融合的防火阀。此外，在关闭的情况下，这些设施必须保证它们不会减小其所在立面或墙面耐火性能。

● 关于防火分区的要求。在发生火灾的情况下，为了限制火情在整个建筑中的蔓延，许多消防规范都有防火分区的概念，将建筑分为不同的防火区域。这种理念是为了将火源在一定时间内（例如从 30 分钟到几小时）隔离开，来保证建筑剩余部分的安全疏散并使得火灾的危害最小化。例如，比利时消防规范（1996 年 10 月 1 日）确立了不同层高建筑的防火分区要求（最低要求适用于不高于 10 米地建筑，而最高要求适用于高于 25 米的建筑）。

自然，要设计出满足这些严格要求的自然通风建筑并不是不可能的。例如比利时的 IVEG 大楼，是一座高度低于 10 米的三层自然通风建筑，其中根据防火规范要求两个防火分区。因此，建筑师决定将顶层与一二层分开，如图 5.10 所示。夜间通风系统的施行也因此在两个区域中独立控制。

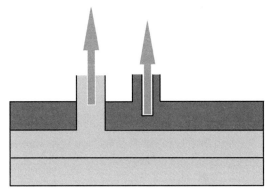

如图 5.10 所示。这样夜间通风就可以通过独立控制这两个区域来实现。

图 5.10　满足消防规范的两个防火分区，且采用自然通风的建筑的概念

5.2.7.4　声学规范

大多数的声学规范确立了进入建筑室内声音衰减的要求。如 5.2.2 章中所介绍的，为了自然通风而设置在建筑表皮上的开口是噪声进入建筑的良好通道。在可能的情况下，建筑开口必须设置降噪装置或通过特殊设计来满足声学规范的要求。

5.2.7.5　结论

现有的防火和声学规范带来的障碍构成自然通风使用的严重制约因素，因此需要建筑师在设计中仔细综合地考虑众多因素。无论在建筑构件还是概念设计的方面，我们都有能够满足这些规范要求的技术措施，但是将这些技术与建筑整合起来仍需要建筑师的不懈努力。

与自然通风相关的物理模型的复杂性，包括气流和热模型的相互影响、加上快速变化的空气动力性质，使得这些通风性能的标准不可能在短时间内帮助指导建筑师的自然通风建筑设计。虽然 CEN 和许多欧洲国家所提出的命题受到普遍关注，但是这个领域的科学发展水平在现期内不容乐观。

5.2.8 控制

5.2.8.1 介绍

在前面的章节中，我们解释过空气流动产生的自然通风取决于风压和温差。这两个因素必然不会是恒定的，并且导致的结果是建筑中的气流在很大的范围内波动，甚至可能让人不舒适，比如说在一天中建筑的开启方式不变，而风又很强的时候。因此，根据室内需求（空气质量，热舒适等）所进行的一些类似于调整窗户和通风口开启方式的控制就显得很必要。这种控制可以采用手动或是自动控制。这两种控制方式各有优劣，在后边的章节中我们会就此展开讨论。

当采用自然通风时，以下的一些问题也同样需要通过控制技术来解决：

- 如何在这个建筑中控制气流强度与方向？这在建筑有内部分区的时候尤其是一个难点。

- 怎样在建筑中避免穿堂风的风险，如何保证控制设备（窗户及通风口控制）的稳定性？

- 如何对进入室内的新风进行冬季的预加热和夏季的预制冷？

- 怎样结合自然通风与辅助供冷供热设备的应用？

- 怎样防止雨水渗入通风开口？

我们将在后面的章节中对所有这些问题进行论述。其中一些关键障碍的实际解决方式将在最后进行讨论。

5.2.8.2 自动控制还是手动控制？

选择正确的控制策略是实行自然通风一项困难的任务。我们最终的选择取决于许多独立参数，例如建筑的种类（住宅，办公，公共建筑等），其他参数和设备控制（加热、制冷等），建筑设计（内部分区），以及用户选择最适宜行为并在最佳时间实施这些行为的能力，还有当然是总造价的因素。

自动控制系统由一个或多个测量其进行任何控制测量所需的参数的传感器，例如室内和室外温度，CO_2（或者空气质量）传感器，风速、风向和雨水探测器；一个或者更多的开启操作开启系统（窗或通风口）；以及一个据程序算法指导控制行为并响应测试结果的控制器/监控器，这三个部分组成。一个有效的自动控制系统的设计和使用都很困难，并且，我们可以想象，它相对较为昂贵。

手动控制仅仅需要人工执行和干预，即让建筑的使用者在任何时间和任何需要的位置进行门窗、通风口等的开关工作。因此，控制策略仅仅受到使用者主观标准的影响，比如对于室内空气质量的感觉/或是热舒适的感觉。建筑的使用者通常能够接受的舒适范围更大，如果他们能够对自己的环境进行控制的话。其中一个例子就是关于遮阳和自然通风相结合的控制。使用者会为这两者设立优先权，并根据他们的个人感受来决定开窗和放下遮阳百叶哪个更重要。因此，根据心理学的观点，纯手动的控制可以认为是最适合的控制类型。另外，手动控制实现起来更加廉价和简单。

当然，这并不意味着手动控制是自然通风控制中最为有效的方式。根据使用者行为的控制并不总是能为我们提高建筑舒适度，也未必能够达到节能的效果。以太阳辐射较高的地区的遮阳和通风装置的控制为例，模拟结果表明，采用手动控制会很不舒适（室内温度要高出 5℃）或者与相同条件下的自动控制相比能耗有所增加。通常说来，即使是在使用者拥有足够的知识储备并有能力根据不同情况选择最佳行为模式的情况下，手动控制也不能被用作一种有效的全球控制策略。虽然在小型和低层建筑（比如住宅）中，这并不是主要矛盾的来源，但是在高层建筑，如办公室或者大型公建中，问题的复杂性大幅增加，它便成了问题的主要来源。例如在火灾的情况下，手动控制的建筑无法关闭通风口，这可能会导致严重的后果。从另一方面说，在大多数的建筑中，使用者会在夜间关闭建筑开启扇；这样能够增加建筑的安全性，但是夜间制冷就几乎不可能了。

另一个主要的问题发生在当建筑空间中有不止一个的使用者的时候。谁来负责设备的控制、依据的标准又是什么呢？

自动控制是解决这些问题的一种方式。但是，由于使用者总是喜欢控制自己所处的环境，因此在选择自动控制策略时，在可能的地方设置手动控制装置也是一种可取的方式。这种类型的系统因此也会很昂贵并且技术复杂。

5.2.8.3 综述

为了总结手动控制与自动控制这两种方式的优势与劣势，表 5.1 列举了依据各种不同参数和不同建筑类型对于控制模式的影响。负号（—）代表具体标准下所考虑的控制模式的消极作用，而正号（＋）代表积极作用。这个表格说明了自动控制通常对于住宅来说并不适用，但是在公建和办公建筑中大多数情况下都很适合。

此外，英国的研究者们提出根据房间的最大的热量选择控制设备的使用 [10]。他们的结论是，得热量在 $25Wm^{-2}$ 以下的情况下，手动控制的效果是令人满意的，而自动控制在室内得热量高于 $40Wm^{-2}$ 的时候可以被使用。他们也同样赞成自动控制系统更适合用于公共建筑中的观点。

自动控制与手动控制的比较 表 5.1

标准	家庭 自动控制		办公室 自动控制		公共建筑 自动控制	
住宅；办公；公共建筑	— —	+ +	—	+ +	—	+ +
标准；自动控制；手动控制；自动控制；手动控制；自动控制；手动控制；	+ — ++	— + +	+ — ++	— (—)* +	+ + ++	— +
费用；对使用者的影响；穿堂风的风险 心理；对于空气质量和热舒适的影响；对于火灾安全的影响；对于人和建筑安全的影响；对于噪声的影响；室外污染作用	0 — ++ — — +	0 — ++ — —	+ — ++ — — +	— — ++ — —	+ — ++ — — +	— — — ++ — — —

5.2.9 合适的设计工具的匮乏

在设计过程中，建筑设计和工程的解决方案必须经过评估，以检验它们在通常和极端情况下的运行状况。因此，建筑师需要拥有他们所能拥有的最好的工具。这些工具必须准确可靠，能够为每一种可能的解决方案提供客观的评估。在理想状态下，它们应该也能够支持主要参数的敏感性研究，便于寻求满足最佳解决方案。

自然通风已经成为一个可靠工具显著稀缺的领域。能导致自然通风的原理的高度可变性，即风的不确定性，使得情况非常复杂和困难。通过气流与热的相互作用——见 5.2.7.2 章节——进一步增加了用模型描述现象的复杂程度。有少数的软件能够在稳定的气流和温度条件下计算平均情况，但是它们都不能模拟自然通风，因为自然通风的情况总是随着风速和风向的变化不断波动。此外，要深入研究建筑运行的方式，就必须对大量的情况进行模拟（包括风向、风速以及室内外温差），自然通风率包括了很多状况。这其中包括自然通风恰到好处令人满意的情况，也有自然通风不足或是通风过量的情况。这些不同的情况需要我们通过改变开窗位置和范围，应对不同情况对自然通风进行灵活控制。

但是，至今还没有便捷友好的设计工具能够让建筑师完成前文中所述的所有任务。我们现在能够使用的软件都需要一定程度的使用培训和良好的阐释结果的能力。因此，大多数的建筑师在使用这些软件的时候都觉得不方便，甚至会由于不同的风模式下相互矛盾的建议而产生怀疑或疑惑。这种困难是基于自然通风的设计方案得到应用的主要障碍，除非专业的建筑师或顾问能够向建筑师提出可实施的最好方案的建议。随着新软件的不断开发，这种困难必须被克服。

5.2.10 对建筑的影响

采用自然通风的建筑通常会带有一些特征，例如建筑表皮上窗户和开启的位置都是经过严格设计的，屋顶上设置拔风烟囱，表皮的设计也结合一些元素，例如通过在不同的窗户上设置遮阳挡板等来增加建筑外皮的压力差，或是经过特殊设计的能够通过手动或是自动调控实现自然通风的窗户（图 5.3，5.4 和 5.8）等等。虽然在大多数情况下，自然通风的建筑也可以看上去非常常规，像南欧国家绝大多数自然通风的建筑那样不带有任何特征，但是也存在一些结合更先进功能的建筑案例，其外观显得很不平常。这些案例见图5.11 和 5.12。

根据自然通风的需求结合建筑各部分的设计是建筑师的基本职责，而体现建筑师的能力的关键在于最终设计的质量。在很多情况下，由于建筑的设计者或使用者，或者这两者对建筑的审美产生反感，或者至少不是他们所希望看到的效果，自然通风可能会被抛弃。当然，建筑设计并不只有自然通风这一个问题；自然通风仅仅是许多可能影响建筑最终设计的因素之一。它并不一定需要被遮掩起来，但是我们必须意识到每一个问题都有许多能够被接受的解决方案。

5.2.11 建筑师风险的增加

实施自然通风作为建筑的主要（或者唯一）策略有着各种不同的障碍，即对于在许多

图 5.11　绿色森林社区康复中心，英国（Mac Cormac Jamieson Prichard，建筑师）

情况下，我们并不能确定我们有通过控制室内环境得到理想的状态的能力，这就自然意味着建筑拥有者和使用者有对建筑不满意的风险。在极端的情况下，即使是在实现已经对项目有说明和认可的情况下，诉讼仍能够确保提高赔偿责任的可能性。当然，对建筑师来说最便捷的解决方式就是选用常规的机械通风系统，这样所有的变量都能够通过已经很完善的规则得到很好的控制，如果应用得当，就能够最终生产出使得客户满意且无风险的产品。这种建筑的运行费用会高一些，但是大多数建筑的拥有者都不会抱怨这点，因为他们不具备意识到这一点的能力。

图 5.12　英国议会新办公楼
（Michael Hopkins，建筑师）

因此，要接受这种风险的挑战，建筑师必须有其他形式的补偿。金钱并不总是建筑师尝试的理由（见 5.2.12 章节）。通过圆满完成一项工作，接受并成功完成挑战而得到的成就感，也许是一个理由。通过应用自然通风，建筑师创造出一个更加环境友好的建筑，更节能并且能够因此有更低的运行费用。在建筑的全生命周期中，选择自然通风通常能够降低造价，因此必须成为建筑师所考虑的内容，

并且在除非确定有难以逾越的障碍的情况下不使用（当然如同本章内所描述的，这种可能性是很多的）。

5.2.12 设计的收费结构

建筑师通常根据建筑或是他们为建筑所设计的系统（例如机械系统，电和光的系统，结构设计等等）的造价的百分比来收费。当需要探索一种更加经济的解决方案的时候，这种收费的方式并不十分鼓舞人心，因为这种探索需要付出更多的工作，而最终建筑师所得到的回报却会减少。即使建筑的花费大致相同而建筑师收费保持不变，但是设备花费一定会降低。建筑师的诚信和道德成为最终实施最佳解决方案的唯一保证。

自然通风的方案就是这样例子，建筑师必须多做非常多的工作来产生出一个好的设计，但是由于收费结构的问题却得到了更少的回报。这个事实，加上前面章节中所提到的赔偿责任风险的增加，导致了严重的抑制作用。

为了解决这个问题，自然通风系统建筑的建筑师可以和建筑业主或是经手人达成修正设计费用的协议，收费依据为了研究解决方案和设计所真正花费的时间，或者依据他们若是采用普通机械通风系统所需的同等数额。这需要心理上的转变，虽然这是一项设计顾问们在许多情况下并没有常常做的工作。

5.3 结论

实行自然通风策略所遇到的障碍的列表令人印象深刻，并且在一定程度上是令人沮丧的。由于面临的障碍重重，人们必然会质疑为何自然通风仍然在建筑中被应用。然而，虽然新的和改造的建筑中采用机械通风的比例还在不断增加，大多数的现有建筑仍然采用自然通风的方式。事实上，所有需要讨论的障碍都有自己的解决方式。它们只是解决起来困难，但不是无解的。一个好的建筑师的技巧和技术知识通常足以应对这些难题并找到适合的解决方案。

相比于几乎无法进行室内控制的住户来说，自然通风建筑的住户通常对于室内环境更为满意，他们的建筑运行成本较低，初投资也通常较少。因此，我们有理由相信自然通风会继续成为一种可行的选择，而建筑师、建筑业主、经手人和住户等应当仅仅把这些阻碍视为我们需要共同接受的挑战，正如同许多其他在每一个新的建筑设计中都会出现的障碍一样。

参考文献

1. ISO Standard 7730-1993. Moderate Thermal Environments.
2. Kolokotroni, M., V. Kukadia and E. Perera (1996). European Project on Overcoming Technical Barriers to Low-Energy Natural Ventilation'. *Proceedings of the CIBSE/ASHRAE Joint National Conference, Harrogate, UK, September 1996.* Vol. 1, pp. 36–41.
3. ASHRAE Standard 62-1989. Ventilation for Indoor Air Quality. ASHRAE, Atlanta, USA.
4. Chandra, S., P. Fairey and M. Houston. (1986). *Cooling with Ventilation.* Solar Energy Research Institute, Boulder, CO.
5. Dascalaki, E., M. Santamouris and F. Allard. (1995). 'PASSPORT-AIR, a Network Air Ventilation Tool'. In *Proceedings of the Passive Cooling Workshop*, ed. M. Santamouris, pp. 183–192. University of Athens.

6. Levermore, G. J. (1989). *Staff Reaction to Building Energy Management Systems.* BSRIA, Bracknell, UK.
7. Baker, N. and M. Standeven (eds.). (1995). 'PASCOOL – Comfort Group – Final Report'. European Commission, Brussels.
8. Kelly, K., M. Brien and R. Stemp. (1993). 'Occupant Use of Ventilation Controls and Humidifiers during Cold Seasons', O. Seppänen (ed.), *Proceedings of Indoor Air 93*, Vol. 5, pp. 69–72, Helsinki University of Technology.
9. Bruant, M., G. Guarracino, P. Michel, M. Santamouris and A. Voeltzel. (1996). 'Impact of a Global Control of Bioclimatic Buildings in terms of Energy Consumption and Buildings' Performance'. *Proceedings of the Fourth European Conference on Architecture, Berlin*, pp. 537–540. H.S. Stephens & Associates, Bedford, UK.
10. Martin, A. J. (1995). *Control of Natural Ventilation.* Technical Note TN11/95, BSRIA, Bracknell, UK.

第6章 自然通风的设计指导与技术方案

编辑：C. Priolo

自然通风的成效，即其确保室内空气质量及被动制冷的能力，很大程度上依赖于建筑设计的过程。

机械通风的系统可以脱离其安装的建筑而单独进行设计，也能通过一些修改之后安装到已经建成的建筑中。相反的，仅采用风压或者热压通风的建筑需要和建筑进行整体设计，因为建筑本身和建筑构件都是能够影响空气流动以及空气质量（浮尘、污染物等）的因素。

建筑师和工程师需要获取建筑特点和自然通风之间相互影响关系的定性定量的信息，从而设计出复合被动式低能耗目标的建筑及其系统。定性的信息包括设计的背景、设计概念和设计标准；而定量信息包括气象参数、开口和换气率的计算，以及选择合适技术手段的评价方法。

本章将给出建筑师落实自然通风概念和技术所需的基本信息，以及采用自然通风策略解决方案的一些案例。每个章节中的引用文献将自然通风的基本物理原理和理论模型与其设计实践相联系。

6.1 设计指导

建议自然通风的设计指导和设计包括以下标准：
- 场地设计，包括位置、朝向、建筑布局方式以及景观设计；
- 与室内空气质量和自然通风的需求相关的建筑设计；
- 涉及建筑形式、平面及纵向的空间布局设计以及建筑的开口位置及大小的建筑设计；
- 考虑到开启和遮挡类型的选择以及它们运行特点的建筑设计。

6.1.1 场地设计

在设计一座适用于自然通风的建筑时，以下的主要对象需要在场地的选择与设计中进行考虑：
- 基于地形和周边建筑的基础上气流的最佳利用方式，以提高室内空间的有效通风率；
- 最佳的兼顾夏季与冬季舒适条件；
- 通过设置屏障避免长期的不理想的风；
- 避免由于室外环境或者高风速所导致的不舒适；
- 避免空气流动带入灰尘和污染物。

建筑的位置、布局、一般形式和朝向，包括场地的景观设计，都是需要考虑的基本要素。

6.1.1.1 建筑选址与布局

如果地段不位于城市区域，那么建筑的选址应当能很好地利用当地的梯度风。在山坡上地段中建筑最好的选址通常在沿着等高线，并在山腰的位置（图6.1）。在这种情况下，温带斜坡风能在建筑的短面形成穿堂风。如果场地位于下谷的位置，建筑会被暴露在更为湿冷的风中。

如果建筑建在山脊的位置，穿过建筑的风速会大幅提高。

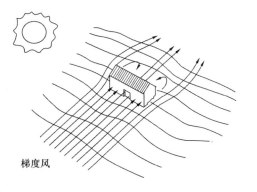

图 6.1 位于山坡上的建筑的最佳选址

与之相似的，在海边、湖边或者较大的河边，建筑应当被建在离岸相对较近的位置，并使其纵轴方向与岸线平行，以利用白天海面风或是夜间的陆地风（图6.2）。但是，由于考虑到洪水危险，以及环境和野生动物保护的法规约束，岸线边的建筑自然通风的设计标准会受到一定的限制。

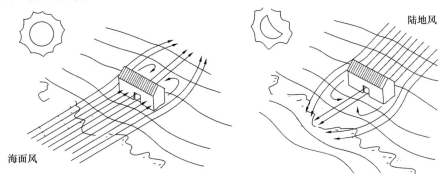

图 6.2 岸边基地中建筑最佳选址

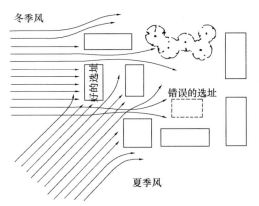

图 6.3 城市基地中，考虑风向时建筑较好位置与较差位置举例

如果建筑位于城市的基地中，建筑的位置应当与其他建筑有一定的距离，该距离需要大于其他建筑尾流的深度，这样其他的建筑才不会遮挡它的夏季风。如果达不到这个要求，那么建筑应当根据其上风向的建筑的位置布局，并保证建筑纵向垂直于当地的夏季流行风向，以获得层流。通常的情况下，如果冬季优势风的风向与夏季不同，我们就可能优化建筑的位置来获得较好的夏季风，并且在冬季阻挡冷风的侵袭（图6.3）。

在人口密集区内，与地面层相比，建筑高层处的风更强并且较为稳定，因此我们通常把最需要通风的空间置于建筑顶层。为了防止将行人暴露在风口中，根据文丘里效应，我们应当避免使用狭窄的通道，建筑的转角相距过近或从一边到另一边的拱廊（图6.4）。

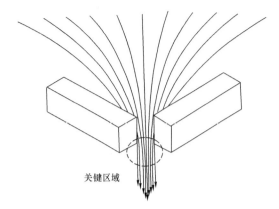

图 6.4　由于城市中风造成行
人不舒适的关键位置

当项目涉及一组建筑的时候，应当尽量使得建筑的排布减少彼此间的气流干扰，使得每一栋建筑都能够在需要的时候得到自然风。但是，冬季的情况正相反，因为需要在冬季遮挡风，因此我们应当考虑这两者因素并选择最佳的折中方案。

相比于规整排布的布局方式，分散的布局模式更有利于建筑中对风的利用，因为这种布局模式能够减小建筑相互对于风尾流的遮挡。在建筑规整布局的情况下，也可以通过将建筑的轴线网格倾斜一定的角度来达到相似的效果（图 6.5）。

当周边的建筑密度与格局无法提供较好的风环境时，在满足其他相关的要求和建筑法规的前提下，建筑应当设计得足够高，来克服风遮挡的问题。

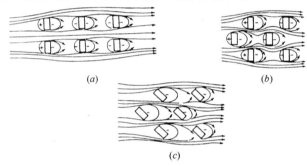

图 6.5　通过（a）普通排布（b）分散排布和
（c）呈一定角度布局的风的气流模式

6.1.1.2　建筑形状及朝向

尾流的大小，尤其是尾流的深度，不仅会对位于下风向的建筑的通风产生影响，并会直接影响到穿过建筑本身的空气运动潜力。尾流越大越深，建筑前后的空气压力差越大，因此气流速度就越大。

尾流的形状和尺寸与产生它的建筑形状和朝向息息相关。建筑的实际尺寸相对来说并不重要，因为建筑体型决定了空气运动模式的规模和性质。Boutet 做了一系列许多种形状的建筑——正方形、矩形、L 形、U 形、T 形——的全面的风洞模型分析，这些研究表明，建筑下风处的尾流的相对尺寸与建筑的体型和朝向有关。

6.1.1.3　场地景观设计

景观设计对于控制建筑周边气流、营造最佳的风环境有着非常重要的作用。在选择场地内植物种类和布局的时候，我们不光需要有美学和环境的考虑，同时也需要考虑到植物对于气流模式的影响（见第 2 章）。

植被对于气流的主要影响作用在于：挡风、转移风向、传送与加速空气，以及调节空气。

我们需要营造建筑周边环境以避免我们所不希望的风，例如在冬季的风，并在出风口附近创造引力区。如果需要创造一个避风的区域，就需要景观设计能够降低风速，避免大规模的不稳定气流。因此，风障应当有至少35%的透过率。当建筑与风障间的距离为风障高度的1.5～5倍时，其避风效果最佳。

建筑周围可以通过种植密集的树篱来创造正负风压区，从而增强穿过建筑的气流。虽然树篱增加气压差的效果比不上实的导风墙，但是它具有更好经济性并且外观更加令人愉悦。我们应当正确选择它们的位置（图6.6）以及它们与建筑物开口的距离（图6.7左图），因为这些因素都会影响到穿过建筑室内的气流模式。

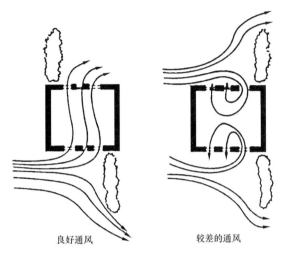

图6.6 当风向平行于开窗墙面时，树篱位置
对于穿过建筑的气流模式的影响
（当风向误差角度在30°以内时其结果相似）

在确定植物在场地的位置时，需要根据尾流的区域及截面气流模式来设计它们与建筑的距离，而它们的特性由树冠与树干间的比例决定。树干较高、树冠较大的树，例如七叶树，会在树冠高度的下风处的一个区域内降低风速，同时在地面处让气流通过并加速气流。这使得由于建筑开口位置与树的距离不同，室内气流的垂直位移也不相同。

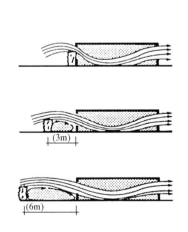

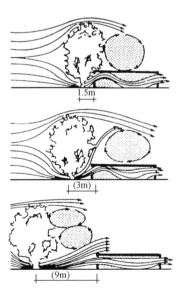

图6.7 树篱的影响（左图）以及由于大树冠树木（右图）与建筑
窗户的距离不同对于穿过建筑的气流的影响

成排的树木或者树篱的排布可以将气流的方向引向或者远离建筑（图6.8）。植被能够

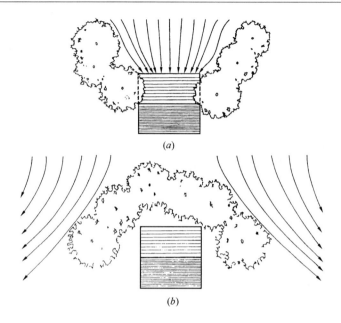

图 6.8 将风（a）导向或者（b）远离建筑的引导作用

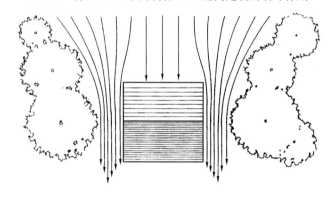

图 6.9 建筑与风障与建筑之间的狭窄空隙对于风速的增强作用

通过偏转风向或者迫使风穿过一个狭窄的通道而创造出风速更高的区域（文丘里效应）（图 6.9）。通过减小树木之间的空间来引导气流能够将风速提高 25％。在风障的边缘部分也有类似的效果。

气流速度最快的区域也是负压最高的区域，因此也有着最强的吸引作用。在我们设计建筑中朝向这些区域的开口时需要考虑到这种作用。在这些位置的墙上只适合设置出风口。

植物不仅能够影响气流运动，还能影响空气质量。当空气从植物，特别是树木的树冠下方穿过时，对于人对空气的心理感受和周边环境都会有较大的改善。

由于荫蔽和蒸发作用的影响，通过植被的气流温度降低且湿度增大，因此能够产生一定的空气制冷作用。同时，植被还有着减少噪声和灰尘的污染，以及吸收二氧化碳并释放出氧气的作用。

6.1.2 设计方案

在设计方案的过程中，为了明确与建筑的整体设计和构成建筑的多种空间中自然通风所需的适当的要求，我们需要包括以下信息：

1. 建筑种类（住宅建筑、商业建筑、教育建筑、工业建筑，等等）
2. 空间种类（起居室、卧室、卫生间、办公室、绘图室等）
3. 各空间使用的时间表
4. 当地全年最热时期的气候，通常用最大的月平均干球温度和相对湿度范围来表示
5. 在全年中最热季节，每天空间得热导致不舒适的小时数（DCH，制冷小时等级）
6. 在这段时间内需要消除的热量
7. 所暴露的蓄热的结构类型以及数量。

其中第 1、2、3 项对于决定以下几项有着一定作用：

- 为保证住户的健康和生活质量，在所有的时间内所需的新风量；
- 受到人体舒适度和其他因素，如污染物的传输的影响，室内空气流速的最高限度。

第 4 项，能够通过生物气候图表和人的心理图表评价场地能否具有第 5 和第 6 项所要求的冷空气的自然通风的能力。利用夜间自然通风制冷的可能性也能够通过第 5～7 项来进行评判。

6.1.2.1 通风率

建筑的通风率可以用单位时间内的换气次数（ach）来表示，即每小时内整个房间或建筑中全部空气被用室外的新鲜空气置换一次的次数；

它也可以用升每秒（L/s）或者立方米每小时（m³/h）的单位来表示。

最小通风换气率需要满足淡化室内气味和将室内 CO_2 浓度控制在可接受范围内的要求，并且能够提供使用者所需的氧气。由于使用功能和人活动的方式的不同差别巨大，因此要达到这些要求所需的新风量也相差较大；并且，人的活动和房间的使用功能决定了与之相关的污染的产生（香烟、体味、二氧化碳和水蒸气湿度）。标准的范围是从最小的无烟人群的人均 5L/s（18m³/h）到重度吸烟者人群的人均 18L/s（90m³/h）。

通风率和污染率对室内空气质量的影响随着时间的推移而变化。因此通风效率不仅受到一个给定时间内平均通风率的影响，同时受到污染物浓度在一定时间内换气率的影响。这在一些例如教室这样、在某些时段中人群密集的空间中尤为重要。

根据卫生要求的最小换气率通常由国家建筑规范和环境标准所制定；由热舒适需求的建议换气率需要采用第 3 章中所述的方法进行计算。最小换气率和建议换气率也在 1762 年欧洲标准（1994 年改为"建筑通风"）中被规定。

近日，采用机械通风系统建筑中通风换气的定量要求已被制定，据此保证在一定的时间内能够提供的通风换气率一定。当自然通风是建筑中唯一的换气方式时，我们无法做到保证固定的通风换气率。而一个变化的换气要求的总则会更适合自然通风的特征。换气标准应当考虑到采用自然通风时的平均水平，并应当适用于全天（或者一段考虑的时间内）。

6.1.3 建筑设计

要设计一座最佳自然通风的建筑意味着，我们需要比其他的建筑设计花费更多的精力去考虑与建筑周边和建筑中气流相关的众多问题。

与气流相关的建筑设计的问题能够根据其特性分为以下几组：

- 建筑表皮形式；
- 室内空间和功能的分布；
- 开口的尺寸和位置；
- 热量散失的尺寸和特征；
- 与空调系统的相互影响。

6.1.3.1 建筑表皮的形式

建筑表皮的形式通过以下几个方面严重影响风速和建筑周围的风压区分布：

- 建筑高度；
- 屋顶形式；
- 长宽比，即建筑高度与长度、宽度的比值；
- 建筑表皮的肌理（悬挂遮阳板、垂直遮阳板以及立面上凹进的空间）。

建筑高度在保持建筑长度和宽度不变的情况下，改变建筑高度会增大建筑下风向的尾流深度，但不改变其形状。因此，层数越高风速越大，使得空气流速在穿过顶层迎风面开口时增加，同时增大侧墙的空气引力。

随着建筑高度的增加，建筑周围和建筑内的气流通道分布也发生改变。从建筑物两侧周围通过的空气量随着从建筑物上方通过的空气量的增加而增加。向上的气流穿过位于建筑迎风面三分之二以下的开口的概率减小，这会直接影响到建筑室内的空气流动。迎风面的顶部三分之一的部分总是有向上的气流，无论建筑的高度如何。

增加多层建筑的高度能增强楼梯及其他"井"中的气流。当风较小时，这种作用的效果可以被应用到自然通风中（见第 3 章）。然而，在一定高度之上，空气密度的分层和温度为引起建筑顶部与底部的温差过大，这种结果是不太容易通过被动的方式消除的。

屋顶形式

建筑屋顶形式影响下风向涡流的形状和大小，以及屋顶和建筑上风向表面的风压分布情况。因此，通过屋顶下方，阁楼和楼上房间的气流也会被影响。

平屋顶或者小于 15°的单坡屋顶，或者坡向下风向的单坡屋顶，对于任何角度来的风，都能在建筑的所有表面形成负压。在这些屋面上的任何开口都受到吸引力的作用，因此能便于空气流出。角度大于 15°时，如果风与建筑檐口垂直，就产生正压；倾斜角度在 15°左右时，在斜坡中间产生正压；在 25°时也是在屋脊区域的附近；在倾斜角 35°时在整个倾斜屋面都形成正压。

当倾斜角小于 21°时，双坡屋面的两个坡，包括整个建筑的表面均处于负压区，无论风向如何。双坡屋面中背风的坡无论屋顶角度如何均处于负压区内。在迎风面的一坡，当风垂直于屋檐时，以下位置处于正压区：倾斜角在 21°左右，斜坡的中部，以及倾斜角 33°时，在屋檐附近。屋脊附近的位置，当倾斜角在 30°~40°间时处于正压区，41°以上则为负压区。

当风与屋檐的夹角为 30°左右时，双坡屋面的迎风屋面的以下部分位于正压区内：倾斜角大于 22°时，斜屋面的中间部分；倾斜角大于 30°时，同样在檐口附近。当倾斜角在 35°~50°之间时，在屋脊附近产生正压区，大于 50°则产生负压。当风与建筑檐口的夹角为 60°时，双坡屋面的迎风屋面在倾斜角大于 30°时，在斜面中间部分和檐口部分均产生正压区。当倾斜角大于 50°时，在屋脊附近的区域为负压区。

长宽比

建筑长宽比对于风压影响能够用在第 2.1 章节中对此进行了示意性的描述的 CPCALC 模型，以及格罗索给出的相关方程和图表进行定量表述。

根据一般的规则，为了加强穿堂风的利用，建筑在夏季风流行方向上的截面尺寸应当有一个最小值。并且，建筑长度与宽度（建筑平面中短边）的比值不应过大，以防迎风面表面风压的激增以及可能的边缘吸引力作用。

建筑表皮的肌理

当场地的微气候和环境条件，即日照和风接触，限制了开口朝向和建筑布局的可能的选择范围，盒形建筑表皮的肌理在增强自然通风上能起到巨大的作用。

举例说来，将外墙作为翼墙或是分隔空间的手段，能够解决一些问题，例如炎热气候下，能够通过墙的组合将穿堂风的利用与遮阳相结合，达到最佳的组合方式（图 6.10）。

考虑西风和西晒时，南北向的外墙会导致房间中的空气流动很少，但是会对西晒有防护作用（图 6.10*a*）。如果建筑转 90°，将房间朝东西向开口，则建筑中穿堂风很强但是缺乏必要的遮阳（图 6.10*b*）。适合的挡风墙的排布可以创造出合适的高压和低压区来增强穿堂风，引导空气流动方向转 90°，同时也能够防止房间受到太阳直射（图 6.10*c*）。或者，可以通过墙体的错开来达到同样的效果（图 6.10*d*）。

另一个通过建筑形式作为环境控制工具的例子是屋檐，它是日照控制和气流控制的结合。通过增加屋檐的深度能够增加开口附近的正压力，从而增大室内空气流速，同时也能够增大屋檐的遮阳效果（图 6.11）。

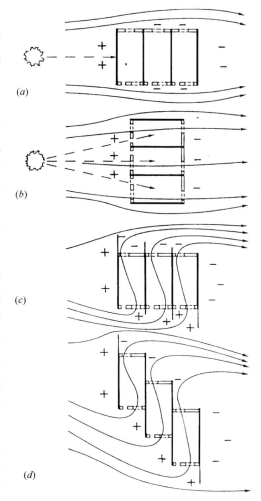

图 6.10　考虑太阳和风暴露
情况的建筑朝向和布局：
（*a*）遮阳但没有通风；（*b*）有穿堂风但是没有遮阳；
（*c*）和（*d*）兼顾遮阳和通风。改编自 Arens

6.1.3.2　室内空间排布

为了达到更有效的自然通风效果，室内空间需要被适当地排布。建筑中每个空间的功能、布局和朝向，包括开口的位置，在可能的情况下都是应当用一种整体方式进行考虑的重要因素。

水平布局

建筑中室内空间的水平或者平面布局应当主要考虑对流通风。

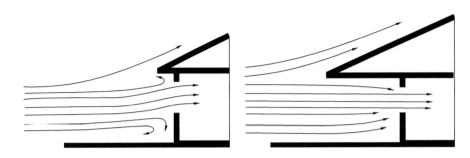

图 6.11　增加屋檐深度对于通过其开口的气流的影响

在住宅公寓建筑中，厨房和卫生间应设置在建筑背风的位置，并且设置大窗户作为气流的出风口，尽量使得迎风方向的房间中空气能够尽量直接地排出。这种布局能够保证良好的通风效果并且防止厨房和卫生间的气味传入其他房间中。

为了限制对于气流的阻碍，垂直于气流方向的隔断应当满足功能所需的最小要求。并且，室内家具的布置也应当尽量减少对于室内和穿过室内空气的阻力。

起居室和工作室应当被置于迎风或者是风环境较好的区域，而卧室可以设置在迎风或者背风区域，但是需要一个更加稳定的区域。图 6.12 示意了与风向相关的一个标准的多层居住建筑公寓中穿堂风的例子。图中所示的气流模式根据考虑建筑表面风压分布的以实验为依据的评估所绘制；该图表明，其结果可以假定在风向偏差在 ±20° 的范围内适用。

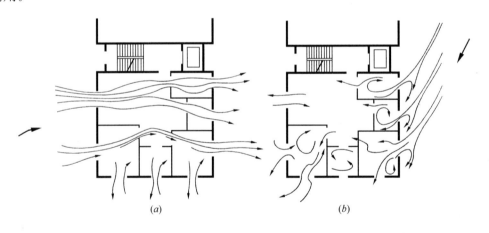

图 6.12　不同风向下住宅的穿堂风气流模式
(a) 良好的通风；(b) 不理想的通风

在办公建筑中，开敞办公空间应当在两面相对的墙上均有开窗。如果隔断的高度在顶棚的位置以下，那么它们应当被错开排布，以减少对气流的阻塞效应。由走廊串联的办公室应当始终保持在建筑迎风面的开窗，以便新鲜空气能够进入到室内。走廊应当被沿着相反的外墙设置并有大的可开启的窗户。

无论是从通风还是采光条件来看，单侧走廊的布局都优于双侧办公室中间走廊的布局模式。如果由于空间条件的限制而不得不使用中间走廊的布局模式，可以通过间接对流通风与走廊通风口通风（在单层建筑或者多层建筑的顶层）或通过屋顶的热压风压通风（在多层建筑中时）来增强室内通风。

垂直布局

建筑中空间的垂直布局基本受到风井通风引起的空气流动的影响。

在一栋两层的独户住宅中，产热较多的空间，例如厨房或者电脑室等，应当被排布在楼上。此外，楼上的起居室不应与楼下的空间有直接连接，以防楼下较热的和受污染的空气进入楼上的房间。如果连接两层的楼梯是开敞式楼梯的话，应当通过设置通风过滤空间来将这些空气与楼上的房间隔离开。

在多层住宅或者办公建筑中，楼梯井和其他通风井的位置需要特别注意，它们能够起到拔风的作用，以防止热的空气进入顶层位置的办公室。通风井的出风口应设于建筑的背风方向，并在屋顶层之上；公寓或者办公室的进风口应当设于建筑的迎风面上。

在多层办公或商业建筑中，防火规范要求用防火墙和防火门将楼梯井、通风井与通风井所服务的空间分开布置。并且，出风口必须能够在火灾的情况下自动关闭。当建筑高度大于 12 米时，需要施行的火灾安全的规范就更加复杂。

6.1.3.3 开口的位置与大小

在确定建筑开口的位置与大小的时候需要考虑一下建议：

- 出风口的大小应当大于或等于进风口的大小，以防止在流量一定的情况下流速过大；
- 为了居住者的乘凉需求，开口应当置于人的高度上（图 6.13*a*）。
- 由于结构散热的需求，开口的位置应当更接近于有热交换的面（墙，顶棚或地板）（图 6.13*b* 和图 6.14）。

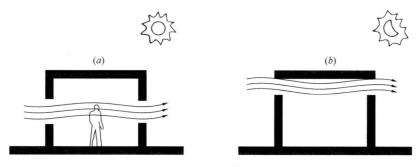

图 6.13　开口的位置应用于
（*a*）最佳人体散热和（*b*）结构散热

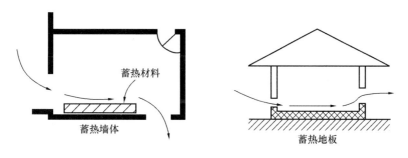

图 6.14　蓄热材料暴露表面的夜间气流

● 在双层住宅或是高空间中，进风开口的垂直位置应当低于出风口的位置，以防室内气流运动轨迹的冲突。

● 在单侧通风的建筑中，每个房间中应当有多于一个的窗户；这些开窗应当设在尽量远离的位置上，以便更好带动室内空气流通；可以使用风的导流板来增强室内通风。

● 当多层建筑中使用热压通风时，出风口应当设置于建筑的背风面处；出风口的高度和所有开口面积的大小应当作为一种控制建筑渗风中和界的方式，以此来增强空间中的通风。

在预见到结构散热的情况下，建筑应当相对地大而厚重，并且应当在室内使用大面积的蓄热材料。这意味着如果顶棚需要夜间通风则不能安装吊顶，类似地，如果楼板需要夜间通风，则架空层（二层）的部分不能使用。

由于更高的吸收热量，顶棚制冷比地板制冷更实用。高窗，例如地下室中，雨棚或是下悬窗，都可以应用于顶棚通风。夜间的楼板通风建议利用可开合的通风口装置。

6.1.3.4 与空调系统的协作

在复杂的综合体建筑中，区域通风的应用与空间和功能的分布相关。机械通风、空调和自然通风在这些场合都可以使用。关于空间之间的气流模式与气压分布的详细研究必须使用合适的模拟软件，例如网络模型或者 CFD 模型（见第 3 章），进行计算。

另一方面，正如第 5 章中所阐释的，自然通风的自动控制是一个最近正在发展的领域。采用这种技术的建筑应用实例并不是很多，同时也缺乏这方面的指导。更重要的是，尚没有法则可以用来辅助建筑设计，并能普遍适用于人工和自然通风建筑的控制系统中。然而，各种不同的解决方案已经被应用于解决特定建筑的问题。因此我们会分别描述这些建筑中所应用的技术，并且在有可能的情况下，监测它们的效率。相比住宅来说，我们将更关注办公建筑或公共建筑中的案例，因为手动控制对于前者来说通常更加适用。

控制系统

在介绍具体的控制策略之前，我们将首先介绍建筑中控制系统的工作原理。在前文中我们已经提到，控制系统是由传感器、开启系统、控制器和通常会有的监控器（特别是在大型建筑中）所组成。目前自然通风控制的需要和技术将在下文中介绍。

传感器。通常在自然通风的控制中需要多个传感器。主要的类型是：

● 温度传感器。温度传感器是控制系统的基本组成部分，用于测量室内和室外温度。室内外温差的大小表示是否需要通过制冷的方式引入新风。在控制系统中使用的大多数温度传感器都是电阻型温度计装置（RTDs），均基于一个简单的原理，即某种金属（通常是铂或镍）在不同温度下电阻的变化。这种传感器的精度通常在 $0.1℃\sim0.5℃$ 之间。室内传感器可以被放置在距离窗户数米远、进入室内的空气得到混合的位置。它们同时也需要防止太阳的直射。

● 二氧化碳（CO_2）传感器。这种传感器被用来检测室内仅由使用者造成的污染情况。大多数这类传感器基于红外吸收光谱法的原理。二氧化碳传感器的主要问题在于它们的精度（从 50 到 100ppm，而通常设定点在 800ppm 左右）和它们的价格。此外，二氧化碳传感器需要每 6～12 个月重新校准一次。

● 混合气体传感器（空气质量传感器）。混合气体传感器是一种新开发的传感器，用来检测室内空气质量。与二氧化碳传感器不同的是，它们利用多气体传感原理。它们的灵敏度可以由系统的管理者进行调节。其优势在于，与二氧化碳传感器不同的是，它们对于除了人所产生的污染物（如吸烟）之外的污染气体非常敏感。然而，目前还缺乏这些传感器的输出数值与实际室内空气污染间准确关系的验证。混合气体传感器同样需要经常的校准。

●风速风向传感器。当采用自然通风时，风速风向传感器是必不可少的。风向被测定用以决定建筑表面的哪个开口应当被打开，而风速测定主要用于决定开口位置的调整和当风过强时关闭通风口。

三杯风速计是最常用的测量风的水平速度的仪器，而叶片风速计用来测量风向。三杯风速计很廉价，并且不需要太多的维护，但是它对于很低的风速不敏感。这些类型的传感器通常被设置在屋顶上。

●雨水探测器。雨水探测器需要被放置在屋顶上。它们绝对需要防止雨水进入建筑中。雨水探测器通常会与风速风向传感器相结合，这样当有渗水或渗风的风险时，通风口会关闭。通常建筑中使用一个传感器就足够了。但是如果建筑很长，建议使用两个以上的传感器。

最常用的雨水探测器的原理是当探测器上潮湿区域增加时电容的改变。这类传感器能通过加热来更快地干燥，并能融化和检测降雪。

在这类的控制系统中通常也能找到其他的传感器，包括：

●窗口安全传感器。用于检测入侵和打碎玻璃的行为。

●太阳得能传感器。这类传感器在自然通风控制中的应用在于在高太阳辐射的条件下提高自然通风率。

●湿度传感器。有时为了控制特殊房间的通风率（特别是卫生间），有必要使用湿度传感器。但是由于室内相对湿度不易通过自然通风进行控制，因此湿度传感器并不经常被使用。

开启系统。自然通风能通过不同方式进行控制：利用窗户、窗扇通风口、百叶或闸板。百叶不仅用于自然通风中，而是主要用于采光。额外的支出并不是非常重要，重要的是舒适的作用有时候并不积极。闸板，另一方面，用于开关特定的仅为通风设定的进气口和出风口。例如，它们能够用于提供地板下的空气流动，或者将空气引到屋顶上或者特殊的通风井中。要操作这样的设备需要多种开启系统。这些开启系统的尺寸（满足必要的推动力）不仅与窗户的重量有关，还与其安装的位置和类型（水平还是垂直），以及风荷载有关。最后一项绝不能忽视。

建筑中主要应用的开启系统类型有：

●窗户开启系统。共有三种主要的窗户开启系统：

——环链式电动开启系统（图6.15）。这种开启系统通常用于通风井、上悬窗和下悬窗，并同时会提供一种可调行程。

——直行程电动开启系统（活塞式开启系统）（图6.16）。这种类型的开启系统非常便于执行推拉窗和百叶窗的操作，但是它适用于几乎所有类型的窗户。与环链式电动开启系统不同，直行程电动开启系统非常紧凑，因此可以被藏起来。另外，它的行程不总是可调节。另外，直行程电动开启系统的噪音不大。

——轴式电动开启系统。窗户开启系统应当包括"过载"保护，这样在正常运行受到阻碍的情况下（例如被别人的手挡住的时候），开启系统会停止工作。

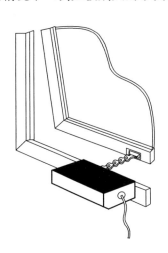

图 6.15　环链式电动开启系统

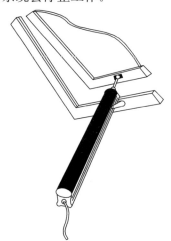

图 6.16　直行程电动开启系统

● 闸板开启系统。为了将闸板旋转到某个位置，我们需要采用闸板开启系统。它们可以是电动或是气动的。

气动的开启系统有时会比电动的便宜，并且总是会更快。选择采用哪种系统往往取决于其可用性。

当闸板用于防火和排烟的时候，开启系统还应该包括能够弹回的弹簧系统。

控制器。现在市场上可以买到的控制器为控制策略提供了很多可能性。它们类似于个人电脑（它们采用相同类型的微处理器），但是采用特殊的操作软件。该软件包括控制功能库，包括：开关控制循环，PID 循环，算法及数学操作，布尔运算（和，或等），比较算法（＞，＜，＝等）时间进程功能……（参见 Levermore 的基本控制功能的细节）。对自然通风（以及其他设备如采暖和照明）起到贡献和实现控制策略的具体程序，就能通过使用和结合这些功能轻松地被写出来。

现代控制器的最大的优势之一在于它们"逻辑控制"的能力。逻辑控制的规则非常简单。它可以与一个简化的专业控制的专家系统相媲美，并且基于"逻辑法则"例如：

如果

环境温度低于 15℃

那么

实行第 1 项控制策略

另一种经典的算法，如果我们考虑自然通风的例子，可以写作：

如果环境温度低于室内温度，并且室内温度高于 26℃，则开启通风口（即采用自然通风作为降温手段）。

这些算法包含布尔运算结论（真或假）并且用分层方式组织起来，它们能够被用于控制非常复杂的系统。

尽管大多数生产厂家提供非常具有可比性的产品，有一些控制器受到算法数目和能够实现的控制功能（例如，不大于 99 且模块能适用于数知名厂商生产的大多数控制器的同样的程序）的限制。在大多数情况下，这种限制不会成为主要的问题，但是在涉及复杂的控制策略的实施的时候应考虑到这种问题。

控制策略

如前面章节中所述，控制自然通风的主要难点之一在于气象条件的不稳定，尤其是风速和风向。因此，我们有时很难控制建筑中气流的方向和强度。为了解决这个问题，我们可以找到不同的解决方式：

- 最简单的方法为只实施单侧通风。
- 第二种解决方法是利用中庭的烟囱效应。
- 第三种解决方案为利用排风扇以控制气流方向。
- 最后一种解决方案，也是最难的一种，是通过对于室外气候参数的检测评估开启的方式来达到最佳通风的效果。对于风速、风向引起的气流变化及开窗方式的很好的认识水平是很必要的。这意味着需要可靠的模拟工具，并且基于可靠的数据（压力系数、风向、排放系数等）。

无论选择怎样的解决方案，要提高排气口的稳定性，需要考虑的一项重要的参数是访苏和风向的采样时间。并且尽可能地采用平均值而不是瞬时值（通常每 1～3 分钟）。采用瞬时值（尤其对于风向参数来说）会导致通风口开合率的突然变化。

另一项需要在这里提出的要点是窗户的定位。虽然不是针对某个特定的控制需求，一些配置会有利于有效的控制策略的设计。可能的情况下，位于一个房间同一个立面上应当设置两个开口（每个都采用分别控制）：顶部和底部各一个。图 6.17 表示了在位于荷兰的一座低能耗建筑中采用的这种解决方案的案例。

在这个具体的解决方案中，底部的开口通常作为一个空气的进气口，并能被加上一个风机盘管，在冬季（或者夏季）起到预加热（或预制冷）的作用。顶部的部分在夏季会被打开，仅作为一个进气口（如果空气恰好能被吸入中庭中）或是作为一个出风口（在单侧通风的情况下），以起到提高通风率的作用。这种解决方案在舒适性方面更适合采用，因为这样会减小室内可能的穿堂风。

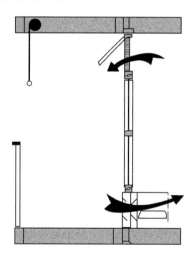

图 6.17　同一个面上顶部和底部的开口的案例

普适的控制策略

虽然要定义建筑的普适控制策略几乎是不可能的，但是还是有一些在任何建筑中都适用的共同的法则。以下定义了三项基本控制策略：

- 基于室内污染的控制策略。这种策略包括检测一项空气质量指标（如利用 CO_2 或空气质量传感器），并根据以下规则决定窗或通风口的开关：

——如果测量的 CO_2 浓度高于设定值则打开通风口；

——如果测量的 CO_2 浓度低于设定值则关闭通风口。

开启的通风口的数目和/或每个通风口的开启率（如果控制不仅限于简单的开-关控制）无法用一种普适的策略进行描述。这与风向、建筑形状、降雨情况和不同区域的差异都息息相关；要限定这些参数就必须采用逻辑控制的方式。

在每个房间中都应当测量 CO_2 浓度。然而，这种做法很昂贵，如果不可能实现的话，至少在一个代表房间中（代表使用者的数量、体积等）的每个表面上都应当设置一个 CO_2 传感器，虽然在空的或局部空的房间中也可能发生不必要的通风。

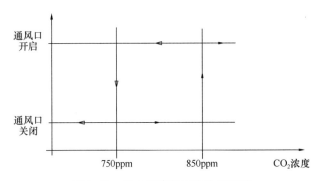

图 6.18　室内以降低污染为基础的
自然通风控制死区的应用

为防止窗户的不断开关（如果室外的风足够强的话，在很短的时间内 CO_2 过量的现象就可以被消除），有必要在控制进程中引入"死区"的概念，即在这个范围内不需要有任何改变（除非有风变得过强或者开始下雨的情况）。图 6.18 表示了 CO_2 浓度设定值为800ppm，死区为100ppm 的情况。死区的准确宽度应当在场地的试错实验之后被设定，说明了在多种风速和风向的情况下 CO_2 浓度的准确变化率。

采用这种策略相当于是机械通风的需求控制通风系统（DCV）的替身。只有当需要达到室内空气质量的目的时，才需要采取通风，它作为制冷系统的潜力尚未被使用。PID 控制对于这种技术通常来说并不适用，因为它会增加不断开关通风口的风险。

●基于室内外温度的控制策略。这种策略是"免费冷却策略"，它的目标是决定室外空气能否被用作制冷的方式。要达到这个目的有很多的方式，但是难点在于当室内温度高于室外温度时应当采取什么样的行动。在夜间，当建筑不使用的时候，如果室外温度高于室内温度则应当关闭通风口。然而，在白天，增强通风会补偿室内温度的相对增长。这是很难被评估的。不过，当室外温度超过室内温度多于 2～3℃时通风口就会被关闭。

图 6.19 表示基于温度的自然通风策略的流程图。在这个案例中，指定了两个室内温度限制值（最大值和最小值）。这两个值被假设为热舒适范围的边界。通风口和窗户根据室内外温差和室内温度值来进行开关。

每个单独的区域内都应当设置温度传感器并可进行单独控制。在这方面，有时有必要根据相邻的区域内开启通风口的数量、风的情况和雨水检测情况进行通风口开启的调节（参见以下的实际案例来进一步了解）。

对于前文中所涉及的控制策略来说，开启的通风口的数目和/或者每个通风口的开启角度（如果控制方式不仅仅是简单的开-关控制）将取决于风条件、建筑形状、降雨条件和不同区域之间的差别；为了确定这些参数，我们必须使用逻辑控制的方式。每扇窗的开启率也可以通过采用 PI 或者 PID 控制器来决定。然而，这种方式会导致窗户的不断开关，因此应当慎用。

当我们使用这些策略的时候，为满足室内空气质量的标准必须使用背景通风。

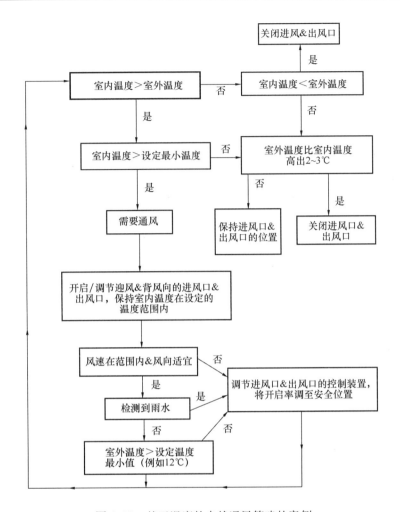

图 6.19 基于温度的自然通风策略的案例

这可以通过机械通风或者特定的通过透气砖的自然通风方式来实现（见下文中的第 3 个案例，"建筑中采用中庭的自然通风控制"）。

● 整体控制策略。在这种情况下，室内空气质量指数和温度都会在控制策略中被考虑到。通风口，窗或者闸板根据这两个标准中最苛刻的进行调节。这种策略应用的其中一个案例由 Martin 所给出，其流程图见图 6.20。这种策略与基于温度的控制策略很接近。其数值（仅作为样本给出）和控制策略的设置很大程度上取决于建筑的形状、功能和组织方式。这种策略是控制所有策略中最适合、虽然也是最难的一种，因为它整合了通风功能的两方面：制冷和保持室内空气质量。

混合模式控制策略。

在许多建筑中，要达到全年的热舒适，光靠自然通风是不够的。因此有必要同时采用机械制冷系统。要整合被动式和主动式的系统需要开发特定的控制策略。这些控制策略被称为"混合模式的控制策略"。它们能够很容易地被应用于基于温度的控制策略或者整体控制策略中。采用这种策略时需要遵循以下主要的规则：

● 设置两个温度设置点：其中一个点是需要进行采暖的温度点（例如 21℃），另一个

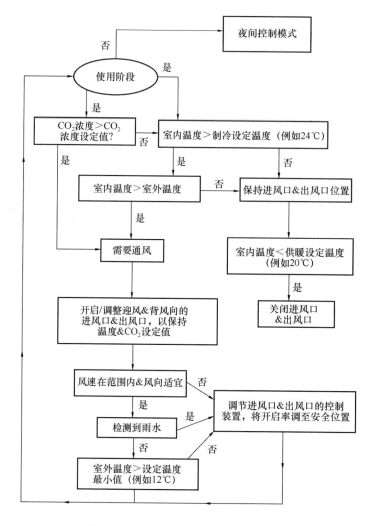

图6.20 整体自然通风控制策略的案例

是需要提供制冷的温度点（例如24℃）。

● 避免同一天中同时提供采暖和供冷；

● 确定优先级别：

——若温度在所设定的采暖和供冷之间，仅采用自然通风；

——若温度高于供冷的设定温度，则根据这个供冷的温度设定值与实际温度之间的温差（误差）以及室内外温差值，优先采用自然通风（例如当误差相当于1℃时），然后才考虑辅助制冷；

——若温度低于设定的采暖温度（减去一个特定的死区值），则启动辅助采暖（辅助采暖启动所需的误差值应当总是小于启用辅助制冷所需的误差值，因为人体通常对于环境的过冷比过热更敏感）。

需要重申的是，设置的温度点会很大程度取决于建筑的形状、组织情况及其设备（空调机组，风机盘管空调机组等）。

在供冷季的地埋管、通风和辅助制冷的最佳应用中可以找到具体的应用实例。这项策

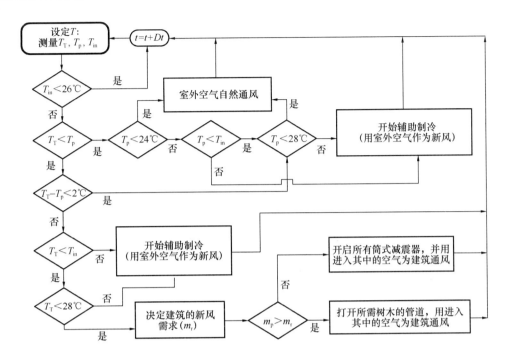

图 6.21 地埋管、通风和辅助制冷的耦合控制控制策略流程图。

略是在室内温度（T_{in}）、室外温度（T_p）和管道中空气温度（T_T）的测试基础上的。管道中的质量流率（m_p）也被测量并且与"所需的"质量流率（m_r）进行比较。该具体策略的流程图如图 6.21 所示。

我们还需要规定各种不同的设定点：供冷设定温度点（例如在这个案例中为 26℃），最低和最高的室外温度（这里以 24℃ 和 28℃ 为代表），以及管道内的最高温度（该案例中为 28℃）。

管道内及室外温度差也同样需要，以决定驱动管道内风机所需的能量是否与管道内及室外空气的制冷供功率差相抵消。这种情况更侧重于地埋管而不是自然通风的使用和效率，但是它提供了一个通过控制逻辑将不同系统组合使用的例子。

实际案例

夜间通风控制。夜间通风是建筑中自然通风策略的主要应用方式。因此它成为许多研究的焦点，并且这种"免费冷却"技术已经在许多建筑中得到应用，通过机械通风或者自然通风的系统，或是这两种系统的结合。

在大多数情况下，上文中所述的基于温度的控制策略会得到圆满的执行。由于以下两个原因，没有必要采用基于污染的控制策略：

● 建筑不被使用的时候，其中无污染源。

● 制冷所要求的通风率会远比室内空气质量所要求的通风率重要。

然而，更高级的策略已经被研发出来（比如用于办公建筑中最佳供热启动的高级策略已经被开发出）。其中的一种方式是基于全天的度时数的计算上。图 6.22 中所示的流程图表示了一个免费运行的建筑的具体的策略。在度时数中首先计算的是白天获得热量的储

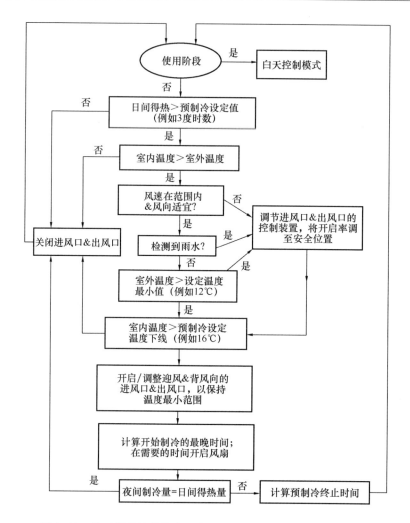

图 6.22   基于得热计算的高级夜间制冷控制策略流程图（选自）

存，这是制冷设定温度超过白天平均室温和设定温度之间差异的总和。

当这些得热超过某个特定值（例如 3 度时数时），并且室外温度低于室内温度的时候，则开始采用自然通风，直到室内温度达到最小值（如 16℃）或室外条件不再适合采用自然通风的时候（降雨、强风或者室外温度非常低时）。

当自然通风与机械通风相结合时（例如使用特殊的风机时），我们还需要决定如何使用这些风机能达到最佳效果（考虑到夜间不同的电费情况）。

单侧通风控制。如前文中所述，单侧通风使得控制更加简单，因为在不同的区域间没有联结。进入室内的空气除了再回到室外之外别无选择。因此在表面开窗（或者通风口）会导致室内空气质量和温度的瞬间改变。它存在的问题是单侧通风有时并不会发生（例如当门关闭的时候）。

上文中提到的一种普适的控制策略，或者夜间通风制冷的具体控制策略中的一种能够被用于单侧通风控制。这样，采用以下方式就可以确定其开启率：

● 若建筑不在使用中（且无安全或降雨风险），则夏季可通过充分的开窗来达到"免费制冷"的目的。

● 若建筑在使用中，则：

——在采暖季，窗户应当在其最小位置处开启；

——在供冷季，可根据风速逐步打开通风口（例如以每步 25％的速度），以避免建筑中的穿堂风。我们需要设定两次位置变化间的最小时段以防止窗户的不断开合。但是，在下雨的情况下，窗户应当被立即关闭，并在雨水的最后检测之后的最小时间段内保持其位置。

Van Paassen 提出了另一个在单侧通风的建筑中基于温度控制的解决方案。这些可控的窗户由两个窗扇组成（其中一个向内开启，另一个向外开启）（图 6.23）。

这里所采用的控制技术来自一个 PI 控制器。首先根据以下公式计算出制冷需求：

$$q_w(k) = q_w(k-1) + (k_p + k_i)[\theta_{SH}(k) - \theta_i(k)] - k_p \cdot [\theta_{SH}(k-1) - \theta_i(k-1)] \tag{6.1}$$

其中 $q_w(k)$ 是在温度为 k 时的制冷需求，k_p 和 k_i 是控制参数（比例和积分分别增长），而 $\theta_{SH}(k)$ 为温度为 k（℃）时的供冷设定值，$\theta_i(k)$ 为在温度为 k（℃）时的有效温度、室内温度和平均辐射温度的平均值。

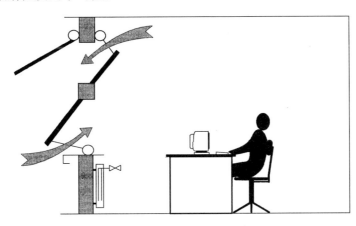

图 6.23　单侧通风控制的案例

当室外温度低于操作温度时数时，为了在温度变化的情况下也能保持持续的制冷作用，窗户的位置（e_w）根据以下公式确定：

$$X_w(k) = \frac{q_w(k)}{\theta_0(k) - \theta_i(k)} \tag{6.2}$$

其中 $q_w(k)$ 为室外温度 k（℃）。

为了防止同一天内供冷和供热同时发生的现象，还需要补充一些附加规则：

● "若办公时间内控制系统将窗户开启在最大位置处，则之后的夜间允许采取预制冷。"在这种情况下夜间制冷的设定温度减小到 21℃（代替居住期的 24℃）来达到最佳效率。

● 此外，若室外温度低于 15℃，则下部的窗户需要保持关闭，以防穿堂风的产生。

带有中庭的建筑的自然控制通风。中庭对建筑中自然通风的应用尤其适用。烟囱效应使得这些太阳辐射加热的空间中的空气上升。于是这些空气可以来自于相邻的区域中，并被从中庭的屋顶上排出（图6.24）。中庭屋顶上应当在不同位置设置通风口。并且，在有强风的情况下，只有背风（而不是迎风）方向的开口可以打开，以此减少这些开口成为空气进入口而不是出风口、使得建筑内空气流动方向反向的概率。

这种解决方案被应用于英国安格利亚理工大学中。这个四层的建筑总面积为6000m²，并含有两个中庭。控制策略取决于CO_2浓度和温差，如上文中在"普适的控制策略"一章中所述。这个建筑被每个中庭分为3个区域，每个区域中的屋顶都安装了一个温度传感器。每个区域被单独地控制。

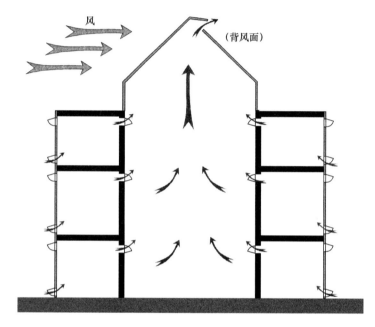

图6.24　典型的带有中庭的建筑中的自然通风策略

在楼层中由透气砖带来约0.25ach的背景通风。通过天窗和中庭屋顶的通风口的自动控制操作可以增强通风。窗户的开启可以以每步25％的速度控制。每一步操作距离上一步操作的时间间隔应当不少于25分钟（除非降雨的原因，不得不关闭窗户至25％的开启率，并在所探测到降雨结束之后维持30分钟以上）。

顶层的天窗要能够比在较低楼层上的窗户开启要大，以补偿由于风井高度不同而引起烟囱效应的相对减小（并防止中庭中的热空气上升进入到顶层室内中）。另一种防止这种现象发生的方式是使得中庭高于建筑的其他部分（高差在一层以上）。

中庭屋顶上所设置的开口的通风口的数量（和开启率）取决于其他的天窗的数量。

6.1.4　开口设计

根据其功能与在建筑表皮上的位置不同，建筑开口可根据以下类别分类：

● 窗户，有着多种综合的功能，例如视线功能、日照采光、太阳辐射得热控制和通风；窗户可以根据以下条件分类：

——平面布局（垂直布局窗户和非垂直布局的窗户，水平或倾斜布置）；

——其位于建筑表皮上的位置（墙或是屋顶）；

——开启系统（悬挂式、摇摆式、旋转式）

● 格栅，其基本功能是遮阳，但也可以作为通风装置使用，如在传统的阿拉伯建筑中常见的；但是即使仅仅作为遮阳使用，格栅也能够改变其开启大小并调节空气的动力性能。

● 门，其基本功能是联系房间之间并且保持房间的私密性，它的附加功能取决于其材料（例如使得光线能够透过的玻璃）和位置（室内的门对水平气流的引导作用）。

● 通风口和换气扇，作用仅为增强和引导气流。

6.1.4.1 窗户

窗户在控制气流方面的效果不仅取决于其开启大小，还包括窗户的类型（只有可开启的窗户才能作为控制气流的装置）。

建筑外墙上窗户的种类很多，但是不论它们在建筑表皮上的位置如何，都可以被归类为以下的三种基本窗户类型之一或是其中若干种的组合：

● 简单开启窗，定义在单一平面上通过推拉开启的任何窗户，包括单悬窗、双悬窗和水平推拉窗（图 6.25）。

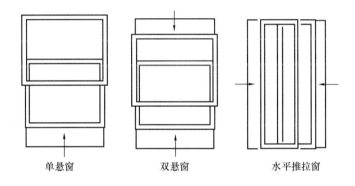

单悬窗　　　　双悬窗　　　　水平推拉窗

图 6.25　简单开启窗

● 垂直扇开启窗，定义任何通过垂直方向的轴开启的窗户，包括单铰链平开窗（单窗扇或双窗扇），折叠平开窗和垂直轴旋转窗（图 6.26）。

● 水平扇开启窗，定义通过水平方向的轴开启的所有窗户，包括外推窗、双外推窗、

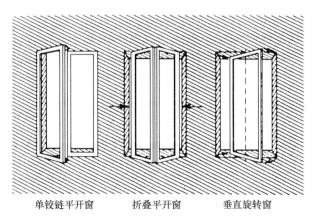

单铰链平开窗　　　折叠平开窗　　　垂直旋转窗

图 6.26　垂直扇开启窗

百叶窗、下开外推窗、水平轴推窗和固定百叶窗等（图6.27）

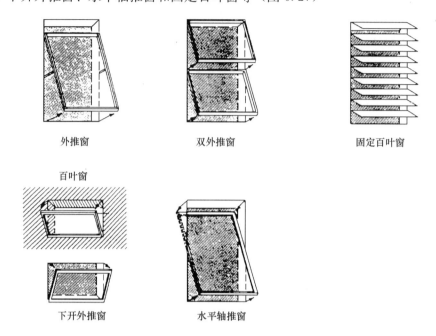

图 6.27　水平扇开启窗

　　然而，特殊类型的窗户可能会包含在以上两种或三种分类方式中。例如，有一些窗户厂家生产出的一种遮阳篷窗可以切换成单扇单悬窗户的开启方式。

　　所有以上的窗户种类通常都被安装在墙上，但是它们中的所有或是部分也可以被用于屋顶窗。屋顶窗包括老虎窗、高窗、天窗、瞭望台和穹顶等。老虎窗和高窗都有垂直平面上的开窗；天窗在水平面和倾斜面上开启；瞭望台和穹顶在垂直和水平面扇上均有开启。

　　上文中所述的所有或者部分类型的窗户可以根据屋顶窗的不同，被安装在垂直平面开启的屋顶窗户上：所有的瞭望台或穹顶上的窗户；老虎窗上的侧悬窗；遮阳篷、地下室和通风窗的高窗。

　　在有水平向或斜向开启的屋顶窗中，例如天窗，可以安装水平扇的开启窗。最常见的类型是：遮阳篷、地下室、通风窗和水平轴的窗户。

　　不同的窗户类型及操作条件产生各种不同的气流模式。这可以根据以下条件定义：有效开启面积，即垂直于气流方向的投影开窗面积；气流方向与窗扇（或多扇窗扇）的位置平面之间的夹角；与窗的轴线和气流方向相关的窗扇的对称程度。

　　通过窗和墙的气流模式

　　Boutet 给出了在不同的开窗条件下每种窗户的不同气流模式的图表。以下观点是从这些图表中所总结出的：

　　●简单开窗通常不影响气流模式或流速，除非在窗户附近的气流挤压通过开口的部分。气流方向不会被投影的窗扇所影响。双悬窗允许选择气流高度，而水平推拉窗决定了室内空间的气流布置。

　　●垂直扇开启窗对气流的模式和速度都会产生许多影响，特别是对于水平气流模式的影响。这种类型的窗户中最普通的一种，单铰链平开窗，对于气流控制有很大的作用。

单铰链平开窗可以作为单扇窗（单窗扇的窗户）或是双扇窗（双窗扇的窗户）组进行安装；窗扇能够内开，即窗扇向建筑内部开启；或者外开，即窗扇朝向建筑外部开启。在欧洲最常使用的窗户的开启模式是内开式。气流模式取决于窗户组的类型、开启类型和窗扇的开启位置。图6.28表示了通过一扇内开双扇双悬窗的气流模式。

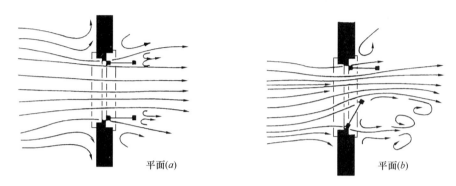

平面(a)   平面(b)

图6.28　通过（a）完全打开的和（b）部分开启的内开式双扇窗的气流模式

●水平扇开启窗影响气流的速度，以及垂直方向的气流运动模式，虽然它们的多功能性是有限的。外推的窗扇、遮阳篷和水平轴窗将气流向上引导；下悬窗和颠倒安装的水平轴窗将气流向下引导。固定百叶窗根据扇叶位置的不同，存在着将气流引导向这两个方向的可能性。

穿过屋顶窗的气流模式

屋顶窗通常更多的作为日照采光用，而非用作空气运动的控制。但是，屋顶窗上适宜的设计和窗户的控制对于屋顶下空间的通风制冷可以起到非常大的作用。屋顶窗作为气流运动的控制装置可以通过它们所设置的位置分成：垂直和非垂直装置。

通过屋顶窗的垂直平面的窗户的气流模式，例如老虎窗或是高窗，受到与窗户相邻的屋顶斜坡的很大影响，虽然窗框附近的气流运动会与墙上的同种窗户附近的气流运动相似。

除非屋顶窗与其中一个屋檐挨得很近，气流会以水平角度进入迎风的窗户中，并且常从下方沿着屋顶的坡度向上（图6.29）。如果屋顶的角度较小，在屋顶窗附近区域中空气

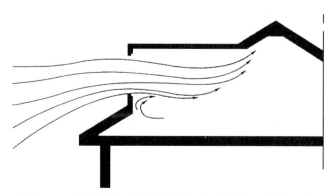

图6.29　通过迎风面老虎窗的截面气流模式（单侧通风）

湍流程度很大，气流可以是任何一个角度。在这种情况下，即使是迎风面的窗户也可能成为气流的出风口。

穿过非垂直面屋顶窗窗户，例如天窗，气流模式甚至受到屋顶角度更多的影响，因为它位于屋顶斜坡的屏幕上（图6.30）。天窗通常位于一座坡屋顶的斜坡屋面的中间位置。它处于一个引力区内，因此当角度小于21°时，能够对任何角度的风都起到气流出口的作用。而在迎风面，即在风的角度在0°～90°之间时，要使得大窗的位置从负压区变化到正

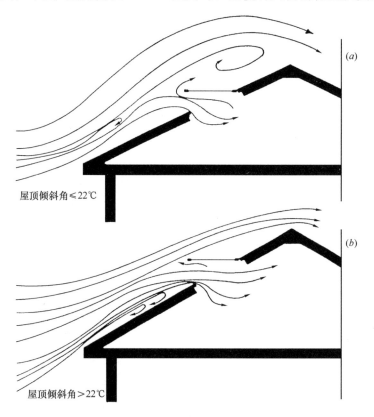

屋顶倾斜角≤22℃

屋顶倾斜角>22℃

图6.30 通过天窗的截面气流模式（单侧通风），风的角度在0°～30°之间：
(*a*) 低倾斜度屋顶（＜22°），(*b*) 高倾斜度屋顶（＞22°）

压区的屋顶倾斜度，即使得天窗从引力区到气流的流入功能，该变化与风的角度有关：当风夹角为30°时倾斜度为22°，而当风夹角为60°时屋顶倾斜角为30°。

6.1.4.2 遮挡物

根据操作功能的不同，主要有两种遮挡物：

● 固定遮挡物，可能是从建筑外部装在窗户上的遮挡物，例如防虫的纱窗、安全网或百叶窗等，也可能是与建筑脱离的遮挡物，例如阿拉伯的雕刻窗。

● 可开启遮挡物，例如安装在窗户内侧或外侧的许多种类的遮挡物，如在欧洲所有国家遮阳和夜间保温的装置。

最常见的可开启遮挡物的种类有：

● 室外遮挡物：

——滚动百叶窗，可以通过水平转轴和框架摊平或者是使得挡板条立起来；

——推拉百叶窗，单扇或是双扇的，可能有板条；

——侧开百叶窗，可能有板条。

● 室内遮挡物：

——纺织百叶窗；

——垂直拉开的窗帘；

——水平拉开的窗帘；

——百叶窗。

穿过室外遮挡物的气流

固定室外遮挡物有着在整个表面均匀削减所到达气流的特性，并且不改变气流的方向。

可开启的外部遮挡物，例如垂直滚动百叶对于气流模式的影响类似于悬窗，但是开启位置的范围更大（图 6.31a）。放下但是并没有完全关闭的挂板滚动百叶，与孔隙度较低的固定遮挡物对于气流运动的影响类似。气流可以均匀地通过表面的窄缝并在整个表面受到均匀的影响。天篷帘百叶与天篷窗有着类似之处；它们是所有遮挡物在遮阳和通风上的最佳综合形式（图 6.31b）。

可开启的外部遮挡物，例如推拉百叶窗和侧开百叶窗，考虑到气流运动，与水平推拉窗的和侧开窗类似，但是指外开而非内开的侧开窗。推拉百叶窗对于气流控制的能力强于侧推式百叶窗，因为它在经受气流影响的时候刚度更大（图 6.32）。

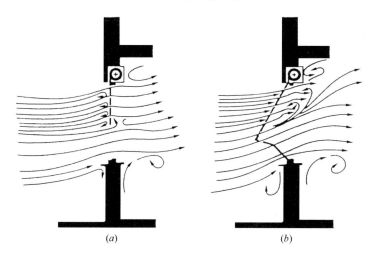

(a)　　　　　　　　　*(b)*

图 6.31　通过（a）水平叶片百叶和（b）天篷帘的气流模式

通过室内遮蔽物的气流

室内遮蔽物，主要由纺织品（窗帘）、塑料（窗帘、百叶窗、织物百叶等）或轻质金属（百叶）所制成，由于其相对的轻质和柔性，对于气流偏转的影响较小而对于气流能力的吸收作用比室外遮挡物强。气流在进入室内之前被很大程度地削减，而削减的程度是遮挡物开启区域的功能之一，而未开启部分的功能则是引导气流。垂直开启的遮挡物趋于减慢气流，水平开启的遮挡物更趋向于使得气流运动更加水平向。

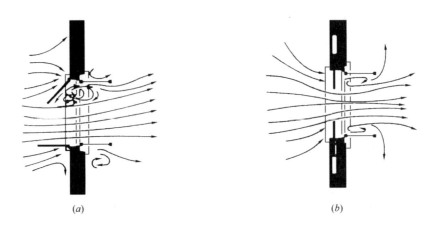

图 6.32 通过（a）侧铰平开窗和（b）完全开启的双开滑动百叶窗的气流模式

　　织物百叶和百叶窗在控制气流运动方面更加多用途。与其他的室内遮挡物相比，它们可以吸收气流的能力较低，但是能够更好地使其改变方向，并能够通过调节叶片使得作用更加均匀。百叶窗可以引导气流偏转（图 6.33a），而织物百叶则能够以与固定百页窗同样的方式垂直引导气流（图 6.33b）。

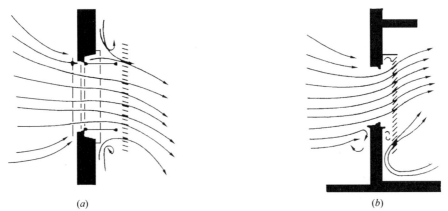

图 6.33 通过（a）百叶窗和（b）完全开启的双开窗的织物百叶的气流模式

6.1.4.3　门

　　门作为空气控制的设施相比于窗户来说不是十分重要。有时，外门会起到进气口的一些作用，如在独户住宅中，更常见的是在商业建筑中，与顾客进出门的频率有关。当在独户住宅中对制冷的要求较高的时候，通常会在门洞处安装门帘或者格栅，使得在门开着的时候让空气进入室内，而防止昆虫或其他干扰物的进入。门的通风口有类似的作用，但是防护作用更强。

　　在居住建筑中，外门基本是一种通过以垂直的轴旋转的方式开启的单面板构件（单门）或双面板构件（双门）。它们通常是内开的，虽然它们也可能朝向外部开启（外开）。通过双门的气流与通过双扇窗户的气流模式类似（见图 6.28）。通过单门的气流模式的例子见图 6.34。

　　除了上述所提到的单、双门，三类建筑可能会有不同种类的门，例如折叠门、防火门、自动门和旋转门。要评估通过这些类型的门的气流模式，应当结合其开启模式和整个建筑的格局，包括空调系统。

室内门可以有许多种类。在居住建筑中，单门和双门，有时折叠门都会被经常用到，而在三类建筑中，也可以使用防火门和自动门。

室内的门的主要功能，考虑到气流运动，在于控制室内的空气流动。

6.1.4.4 通风孔和排风器

通风孔和排风器都是用于为无窗空间提供通风的装置，例如阁楼、服务用房和没有窗户对外的黑卫生间。

根据功能和在建筑中的位置，通风孔可以被分为不同的类型：

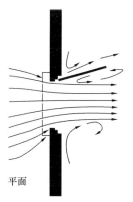

平面

图 6.34 通过内开单门的气流模式

- 阁楼通风孔，例如拱腹百叶窗、拱腹通风孔、屋脊通风孔；
- 地板与墙交接处的通风孔，便于商业建筑或办公建筑的夜间结构冷却；
- 门扇通风孔，便于室内空间直接的空气流通。

根据是否是机械通风装置的一种，排风器包括：

- 固定排风器，例如重力排风器、低倾斜度屋顶排风器和屋顶蘑菇窗排风器；
- 旋转排风器，例如屋顶通风机、被动式旋转排风器和循环通风机。

阁楼通风孔

在居住建筑中阁楼空间很常见，虽然现代结构趋于将屋顶下的阁楼空间作为居住空间使用，阁楼空间仍然是相对孤立的。然而，为了提供阁楼空间下的居所的热舒适环境，阁楼空间的有效通风是必要的。除了将热量排出阁楼之外，阁楼通风能够防止冬季结露。

山墙百叶窗是三角形的置于建筑两拱腹端头的通风孔。当风向角度基本与通风孔垂直的时候，会主要在阁楼空间的上部造成穿堂风。当风向与屋檐的家具是正常角度时数，拱腹通风孔通常位于负压区内，这样每个通风孔中都会有微小空气流动，不会带来穿堂风。

拱腹通风孔位于屋檐并且引导气流仅沿着阁楼楼板运动。类似于拱腹通风孔，通过屋脊通风孔的气流受到风向的影响。当风向角度基本垂直于屋檐时会在通过阁楼处带来穿堂风。当风与屋檐平行时通过每个通风孔会有不同的气流模式产生。

屋脊通风孔是沿着屋顶屋脊设置的开口。它们主要是作为气流的出气口，并且在它们单独使用时对气流运动无影响。

阁楼空间中有效的通风方式仅能通过这些通风孔的组合来实现。虽然这会增加由穿堂风带来的换气量，由拱腹通风孔和山墙百叶窗的组合仍然是一种不足的方式，因为这两种通风孔的形式趋于独立运行。

而屋脊-拱腹通风孔系统是最有效的组合方式，因为它结合了风压和热压的共同作用。这种系统保证了通过整个阁楼空间中气流的质量和均匀性，无论风向和风速如何。为了达到最佳效果，屋脊通风孔的净自由区应当与拱腹通风孔的净自由区相当。

排风器被置于屋顶上，通常与拱腹通风孔或者风扇组合，以在不能使用屋脊通风孔的情况下增强阁楼通风。

结构夜间通风

为了夜间结构冷却的需要，应在建筑外墙上安装通风格栅，与需要被冷却的空间的地板或吊顶相齐平，通常用于商业或是办公建筑中。

顶棚通风通常比地板通风更为有效，因为与相应的相同面积的地板相比，天花上有更多可以用来通风的空间。此外，将通风格栅安装在上部空间会减小其在下部空间时给家具布置带来的问题。顶棚通风的一个缺陷在于没法装吊顶，这样设备管线等就需要装在地板下。

结构冷却用的通风格栅不像阁楼通风那样简单；它必须提供夜间的进－出空气且不与其他重要的要求相冲突，例如防止侵入物及昆虫的进入，以及冬季的绝热等。然而，生产用于机械和空调系统的多种复合功能的格栅也能够应用于夜间的结构冷却功能。

服务用房通风

当无论通过窗户或者通风口都无法实现穿堂风或是单侧通风的时候，例如在卫生间或者其他服务用房（洗衣房、储藏室等），离外墙较远或者在地下室的时候，则需要安装排风器或者门格栅来提供风井通风。

通风器，或是固定式或是旋转式，通常被安装在屋顶并通过管道与服务用房相连。在多层建筑中，每个房间都应当设有单独的管道通风系统，以防各房间之间的污染空气交叉混合。在房门的底部应当安装通风格栅这样空气就能够进入到房间室内。

固定式的通风器通常能够满足多层居住建筑中的卫生间的通风，并且能使与卫生间相邻的房间也保持良好的通风，或者当通风器距离房间门的距离足够远的话，满足需要的压力差则会带来风的效果。

当建筑的位置不是过于避风的时候，旋转式通风器效果比固定式的好，因此它可能被安装在人口稠密的建设城市区域。然而，当按住的位置或是布局及结构使得被动式的通风方式不能满足需求时，我们也需要安装机械通风装置来为服务用房提供必需的空气交换。

6.2 技术解决方案

在大多数欧洲国家中，建筑规范规定，在居住建筑中必须遵守一个最小的窗地比来满足采光及空气交换的需要。当建筑的微环境条件在舒适区范围内时，这项规定能够满足通风需要，但是远不能满足更严格的要求。

另一方面，在热带气候的地区，自然通风的技术解决方案在传统建筑中已经得到了长期的应用，以应对超出舒适范围的气候条件。

近些年，一种新的强调混合式机械通风系统的趋势在三类建筑中得到了发展。它可能是与不断增强的能源关注和建筑的环境作用意识相关。但是，这种趋势只有很少的一些专业人士参与，因此，要有效降低全世界通风和制冷能耗，前方仍是漫漫长路。不过，它体现了新一代建筑师的参考模式。

传统建筑、最近建成的居住建筑和现代居住建筑设计中自然通风的技术解决措施的案例会在下面的章节中展示。

6.2.1 传统建筑中的自然通风技术

6.2.1.1 风驱动的舒适性通风

传统住宅建筑中自然通风应用的最为典型的案例应属美国本土印第安人的帐篷了。它的表皮是缝制的水牛皮的膜，或是最近几年常用的帆布，在顶部有大的开口为排烟提供出口。这种表皮可以视为是有多种气候适应性模式的表皮：

- 当下大雨时，这些开口可以被封上防止雨水灌入室内；
- 在温和的气候条件下，整个表皮仅有顶部开口打开，这样开口有着排出室内烟的功能；盖口的位置能够改变来引导开口处的风压从而增强风压通风；
- 在炎热的气候条件下，帐篷的周围边可以被卷起以提供最大的舒适通风，即室内的人体降温；
- 在寒冷季节中，可以在帐篷表面加一层内衬来避免室内外的空气流通或是仅允许有限的排烟需要的通风而避免人的直接吹风；当有冷风吹的时候，可在帐篷周围放置枯枝来保持室内温暖。

在许多不同地区的传统住宅建筑中，我们都可以找到类似的气候应对的表皮模式。例如伊拉克的 ma'dam 住宅和蒙古包。

Ma'dam 住宅是一座 6000 年历史的建筑，建于离地面高 6m 的沼泽芦苇中，其两端弯曲形成桶装，并用芦苇席子层层填充在结构的骨架中。这些周边的席子可以根据气候情况进行开合。

蒙古包是一种游牧的建筑，其墙是由一圈可折叠的"弓形"的轻质骨架围成并有一个出入的门。它的屋顶可以是圆屋顶或是由从外墙到中心围成的锥形结构的屋顶，它可以打开用于排烟和通风。这些框架由一层或多层——根据气候情况不同而不同——的厚垫覆盖，并在一处设置绳索。这些面可能在温暖的天气中会被卷起来提供通风。

6.2.1.2 风压通风

在热带地区，为人体降温或是结构冷却提供通风的建筑元素和技术措施从古代开始就被应用在建筑中。例如，在伊拉克，弧形屋顶通风口系统早在公元前 3000 年就已经被应用在建筑中了，而风塔系统、水槽和制冰的技术，可能直到大约公元 900 年才出现。Malkaf，或捕风塔，在古埃及的 TalAl-Amarna 的住宅中被使用，并被表现在底比斯的墓葬的壁画，其中例如第 19 王朝的 Neb-Amum 法老的陵墓（公元前 1300 年）。其中一些最为重要的并被研究得最为深入的传统建筑中，利用风压和热压通风系统来达到通风和制冷的案例将在下面的示意图中表示出来。

风塔系统

位于伊朗的被动制冷的风塔系统（图 6.35），其将基本配置和与蒸发制冷相结合，采用圆形屋顶通风口或者与蓄水池相连的做法，已经由 Bahadori 进行了透彻的描述。

风塔（图 6.36），作为一种诱导通风的装置，是 3 种类型的物理原理的组合：

- 倒灌风。在无风的情况下，热环境中的空气在早晨通过周围的开口进入塔中，当热空气接触到塔壁的时候，塔壁有足够热惰性在夜间释放出白天所吸收的热量。而冷空气的密度大于其中的热空气，因此冷空气会沉入塔中，形成倒灌风。
- 风效应。风能够使得空气更有效地降温并更快地通过塔和开在中央大厅的门以及建筑的地下室。当这些门都开着的时候，塔中的冷空气会被推动穿过建筑，之后流出窗户和其他的门，并将室内的空气带出。

当出风口处的开口位于建筑的背风面时，通风的制冷的效果更明显。夜间风的冷却效

图 6.35 伊朗亚兹德城的风塔

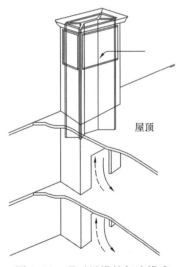

图 6.36 通过风塔的气流模式
（白天：实线；夜间：虚线）

率比白天低，因为塔壁在夜间会将进入建筑的空气加热。

● 烟囱效应。夜间无风的时候，热量通过塔壁释放并加热空气，于是造成空气的密度差异并减小塔顶部的压力，引起气流上升。

风塔系统可以与地源冷却相结合（图 6.37），通过将风塔与建筑相隔离，并且通过地下的通道相连使空气能够在进入室内前被冷却。

除了这些通风原理之外，风塔系统通过使得空气通过地面的水池或是地下水以利用蒸发制冷。不过在本书中没有深入讲述这方面的内容。

伊朗的风塔中最著名是 Badgir，其采用四轴截面并在四个面上开口让风能够从各个方向进入其中（图 6.38）。

灰尘、昆虫和鸟类会随着空气一起进入风塔中。为解决这个问题，后来建造的风塔都设置了屏障来阻挡至少是昆虫和鸟类。而阻挡灰尘的方法有：

● 增加塔的高度，但是这会增加塔的造价和维护的成本；

● 增大气流横截面的面积，能够减小塔底的风速，使得灰尘能够落在叫做灰尘收集器的架子上；

● 在灰尘较多的风向与灰尘少的风向不同的地区，可以将开口的位置置于塔顶起到引导风向的作用。

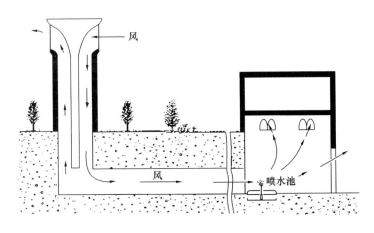

图 6.37   与地源制冷相结合的风塔系统

风通道和通风口

风通道和通风口都是建筑顶端出风口的开口，前者通常在垂直方向而后者则在圆顶的屋顶上。它们作为空气出风口的作用基于伯努利定理——流体的压力随着其速度的增加而减小——被应用于单侧开口的文丘里管并被运用于建筑设计中。

关于风通道模式的案例已由 HassanFathy 描述，关于埃及亚历山德里亚的自流井的泵房。空气进入位于自流井的拱形屋顶的开口并从位于建筑背风面的斜屋顶上的风通道中流出。

圆形或柱形屋顶的通风口被应用于伊朗，那里的空气灰尘较多，使得采用风塔的想法并不现实。这些通风口是在圆形或柱形屋顶的顶点开洞，并用一个能引导风穿过通风口开口的盖子遮住（图 6.39）。当空气从曲线的表面流过的时候，其流速会增加而它在表面顶端的压力会减小。由于曲面屋顶顶端气压的减小，使得室内的热空气向上流动并从通风口中流出。

图 6.38   badgir：亚兹德风塔中最为著名的风塔（伊朗）

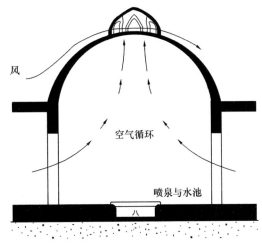

图 6.39   通过圆顶通风口的气流模式

这样空气在室内屋顶下能够保持循环，这些地方经常会布置起居室。在通风口下方通常直接设置水池来冷却进入室内的空气。

当与其他的设施，如窗、门、风塔和 malqaf 或是下文中提到的捕风器相结合的时候，风通道和圆顶的通风口都能促进有效的通风和空气循环。虽然风的效果是普遍的，烟囱效应还是在这两个系统中都起到了作用。

捕风器（Malkaf）

Malkaf，或称为捕风器，是一种建在建筑之上较高的通风井，并朝向主导风向设有开口。它能够捕获较冷或是风速较高的空气并将其引入建筑室内。这种装置用于阿拉伯和亚洲的炎热干旱区，在这些地区窗户的三种基本功能——采光、通风和视线——由于舒适度的要求需要进行分别的处理。

Malkaf 的制冷效率在温暖湿润的气候条件下的密集城市中甚至更高，在这些区域中热舒适主要取决于空气的流通，而城市的密集建设能够在街道层面减小风速，使得窗户不能满足通风的要求。Malkaf 比建筑的表面小很多，因此提供较小的建筑表面阻挡顺风的建筑上的 malkaf。一般的 malkaf 的应用案例可以在巴基斯坦的信德省的村庄中见到。

除了增大通风之外，malkaf 在减低沙尘暴的方面也很有用，因为在建筑顶部捕获的风比在低处的风携带的沙尘少，而且多数进入建筑的沙尘都堆积在通风井的底部。

在埃及，malkaf 长期以来都是传统建筑的特征要素。一个自然通风系统与 malkaf 相结合并带有风通道的位于 qa'a 的深入研究的案例——一个中央上层的接待客人的房间——是一个位于开罗的奥斯曼·塔特库达住宅。对于 qa'a 当中和周围的空气流速和方向的测量由来自伦敦建筑协会研究生院的学生于 1973 年测试。

6.2.1.3 地源制冷通风：Covoli

在 6 座 16 世纪的龙加尔附近 Costozza 的 Berici 山脚下的别墅中应用了一种巧妙的换气的地源制冷系统，它们位于意大利，在距离维琴察南边约 10 公里处。其中一座别墅，和相关的地源制冷系统在帕拉迪奥的《建筑四书》中首次被提到（威尼斯，1570 年）。

对于这个系统的分析作为需要提交给威尼斯建筑学院的学位论文的主题，是基于将大型地下自然地或半人工的倾斜洞穴——称为 covoli——作为冷源的应用。在 covoli 中，由于地面土壤很高的热阻，其中空气的温度几乎全年恒定。位于不同高度的裂缝将 covoli 与外界联系，而在夏季外界的空气温度高于 covoli 中的空气温度，因此致密的冷空气引起的倒灌风被引入洞穴中；而在冬季，当外界气温低于洞穴内的空气温度时数，则会形成上行风。

这些别墅被建在低于 covoli 的位置上并且通过地下通道的方式与之相连（图6.40），以便于在夏季利用冷却空气。冷风从 covoli 或是通道中产生进入地下室并由于烟囱效应从通风口或者开口而进入上部的房间。

图 6.40 在维琴察 Costozza（意大利）的地源制冷通风系统中 covoli 和别墅之间的联系与气流模式图示

在 7 月 31 日和 8 月 1 日为了论文工作而对其中的一座别墅进行的测试表明，当室外温度在 21~29℃之间变化的时候，covoli 中的温度始终在 12℃左右，而地下室中的温度则在 13~14℃的范围内，通风口之上的房间中的温度——为了使室内不会过度降低温度而用塑料薄膜覆盖——在 20.5~21.5℃之间浮动。

6.2.2 居住建筑中的自然通风

居住建筑中适宜的自然通风技术策略取决于建筑的类型、尺寸和形式，以及场地的气候条件。在欧洲最普遍的两种住宅的基本类型：单层或双层的独户住宅单元，或是联排住宅中的独户单元，以及多层公寓建筑。

以下将为这两种基本类型的居住建筑分别描绘一些解决措施的示意图。

6.2.2.1 独户居住单元

如果室内设计得当并且窗户的位置适宜不同压力条件下的通风的话，通过两面相对的外墙上窗户的穿堂风在独户居住单元中相对容易。

当由于开口位置过低、遮挡或是气象条件的原因造成风速过低，使得墙的对流不够有效的时候，可以加入屋顶通风。这种做法是基于伯努利－文丘里效应，使得室内的空气在屋脊的开口被吸出，如前文中所述，与风通道和通风口有关。当采用文丘里管作为屋顶通风器的时候，这种吸出的效果会更强。基于这个原理，在单层住宅和将首层二层以开敞式楼梯相连接的双层居住单元中，穿堂风的通风都可以被加强。

即使在无风的状态下，由于烟囱效应，屋顶通风也可以增强气流速率。如在第 3 章所述，热压引导的气流流速取决于开口间的垂直距离以及室内外温差。屋脊的开口与任何墙上的窗户之间的垂直距离都最大，并且在屋顶下的空间中有气温的分层，因此增大了室内外的温差。屋顶开口越高，气流速率越大。一种进一步增大烟囱气流的方法是利用太阳能烟囱。但是，这种烟囱需要被置于高于屋脊的地方，以防止太阳能烟囱和室内空间的热交换。

可以设置特殊的屋顶开口来优化风压和热压通风的组合达到最佳效果。双扇的屋脊开口可以让风压和热压气流同时发生，并带有一些在分离平面以下产生冲突的可能性。带有单向折板的迎风的单扇屋脊开口仅作为能够使得伯努利效应和烟囱效应相结合的装置。

6.2.2.2 多层公寓建筑

与独户住宅相比，公寓建筑的高度更高——通常在三层或三层以上——所有的房间都相当并且没有可用的屋顶空间，除了偶尔顶层会有。这些特征使得风驱动的墙面对流几乎成为唯一有效的、可以应用于多层公寓建筑的自然通风技术。

虽然如果将建筑作为一个整体考虑的时候，热压通风在理论上是可行的，可它还是受到一些室内空气质量和经济上的理由的约束。通过楼梯井的热压通风可能会造成楼层间的串味儿。每个公寓中不同用途的通风管都是无窗的卫生间的有效通风设施，但是要使其满足整个公寓的通风并不够，除非用一种非常昂贵的方式建造通风管。

为了创造有效的风驱动的墙面通风，公寓中应该有在建筑相对面上的外墙，或者至少，在迎风面和背风面均有外墙，防止出现单侧通风的情况。因此，一梯多户的平面布局模式——在这种类型的公寓楼中单侧的户型可能出现但是可以避免——与双侧走道的平面布局模式相比，从对流的角度来看是更有效的——在双侧走道的布局中所有的户型均为单侧通风。

考虑到对流的效果，一梯两户的户型要远比一梯三户的户型平面好得多，因为在一梯三户户型情况下，三户中有一户是单侧通风。类似的，如果有公用走道的公寓采用亮子（门上的窗户）来增强通风的效果，单侧走廊的户型平面比双侧走廊的户型好很多，因为它能够减小室内的气流阻力。

一种便于在双侧走廊的公寓建筑中应用对流的巧妙技术策略是柯布西耶设计的马赛公寓。它在每三层均设有一个走道，并且每一个公寓单元都对走廊以及建筑对面的墙上开有两个开口。

6.2.3　现代非居住建筑中的自然通风和混合通风系统

本章中所展示的案例都是关于非居住建筑项目，其中仅有少数被人们所了解，主要由著名建筑师设计，单独应用自然通风或是结合机械通风。

这些项目根据建筑类型和形式被分为三类：多层办公建筑，用作公共设施的建筑和工业建筑。以下将综合介绍每种建筑中的通风系统。这些内容取自罗马建筑大学的毕业论文。

6.2.3.1　多层办公建筑

两用中庭：位置—贝辛斯托克（英国）；设计师—阿鲁普联合事务所（1983年）

这是一座五层的面积为 $14000m^2$ 的办公建筑，进深大且有一个大中庭，50m 长。

中央的中庭是建筑的交流空间并有着被动气候应对功能（图6.41）。在冬季其中的热空气在中庭中向下循环，向办公空间中提供局部预热的空气，并由辐射顶棚继续加热。在夏季，高于建筑屋顶一层半的中庭，会起到拔风烟囱的作用，将热空气从办公空间中吸出。

商业推广中心：位置：杜伊斯堡（德国）；设计师—诺曼·福斯特（1993年）

这个项目是 EC"太阳能住宅"项目选出的十佳项目之一。

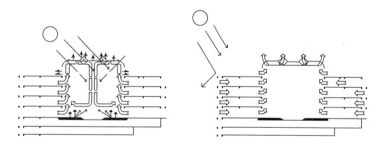

图6.41　阿鲁普的两用中庭

考虑到自然通风，它的主要功能是每个办公桌周围微气候的空气循环系统。一种特殊设计的空调系统，带有 TIM（透明隔热材料）的集成光伏（PV）太阳能收集器，能够加热或制冷在地板中的辐射面板中循环的水采暖，或者是在顶棚上辐射面板的水来制冷。空气，通过地板上的格栅机械送出，在到达地板上的办公桌之前流过这两种面板，并根据那种面板是处于可用状态被加热或是冷却。在夏季，由于烟囱效应的作用，会在幕墙的空气腔中产生独立的气流。

税务中心大楼：位置—诺丁汉（英国）；设计师—迈克尔·霍普金斯

霍普金斯为英国税务总部大楼设计的方案是从一个设计竞赛中脱颖而出的方案，这次竞赛还有理查德·罗杰斯和阿鲁普联合事务所参与竞标。

霍普金斯的灵感来源于澳大利亚的白蚁丘，这个多块的复杂建筑的基本特征是那些位于每个块的四角的大圆柱塔（图6.42）。每个塔都仅作为拔风塔使用，将空气从厅堂和走廊中吸出（图6.43）。

图6.42　霍普金斯的税务服务楼：鸟瞰透视（M. Hopkins 及助手，1994 年）

在每座建筑的侧厅顶层天窗都有额外的热压通风的排气。

税务中心大楼：位置—诺丁汉（英国）；设计师—理查德·罗杰斯（竞赛方案）（1991 年）

罗杰斯的税务中心大楼设计的出发点是基于不同角度的自然通风控制。

首先，建筑的形式本身与尖锐边缘的方案相比对于气流的影响更为柔和。其次，景观设计、水景和建筑本身紧密结合，提供微气候条件与环境体感（图6.44）。第三，室内外作为一个整体相互作用的概念，通过透明波浪形的将整个建筑罩住的屋顶来进行强调，创造出一种"微风"的感觉。第四，技术元素，例如热压通风塔、双层皮的通风墙面和用于夜间通风的清水混凝土天花，都起到了被动制冷和采暖的作用。

带有风塔和中庭系统的办公建筑：位置—罗马（意大利）；设计师—Cris-

图6.43　霍普金斯的税务中心：风塔
（M. Hopkins 及其助手，1994 年）

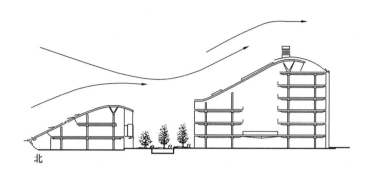

图 6.44 罗杰斯的税收中心大楼设计

tina Pauletti

论文的主题是在一个前市政府仓库地段上的办公建筑设计，临近罗马的泰晤士河。微环境特征是这个论文工作需要考虑的主要要素之一。

自然通风的最佳利用是这个设计中的主要标准。该综合体包括两个不同高度的建筑单元，在标准层相连。主要以采用风压通风系统，与上文中所述伊朗的风塔系统的工作原理基本类似。

在每个主要的单元端头的弓形风塔（图 6.45）能够捕捉在罗马炎热的夏季中午，频繁的、较冷的、并距离地面较高的西风。这些进入其中的空气，密度大于塔中的空气密度，于是下沉并流入埋管中，在其中，这些空气被进一步冷却，之后由于中庭的热压通风效应，在每个建筑侧厅北侧墙面中的风管中被向上驱动（图 6.46）。

在较低的建筑中，捕风器中直接室外的从地面高度获取空气进入到地埋管中，之后，空气进入垂直风管。从垂直风管中，这些气流通过地板上的格栅进入办公空间，并从中庭

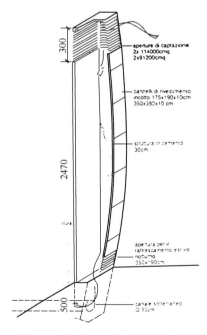

图 6.45 Paoletti 的办公建筑：风塔

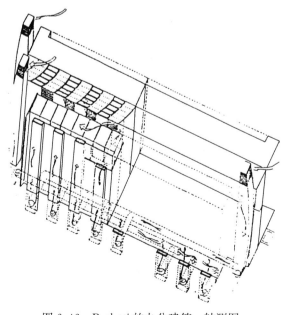

图 6.46 Paoletti 的办公建筑：轴测图，气流通过风塔、埋管和垂直风管示意图

的屋顶开口中流出。

夏季夜间,在风塔中由于白天吸收的热量被释放,因此气流方向向上。但是,这种气流对于将空气从办公空间中导出并不有效,所以这些塔与建筑分离,将埋管关闭,并将风管的开口作为排气口。

在冬季白天,冷空气进入塔中,向下流动进入埋管中,由于土壤温度高于室外平均温度,因此冷空气被加热。在中庭的凹屋顶上的空气太阳能集热器被用来加热由埋管预热过的空气。中庭顶部的开口使得空气流出,为办公空间通风换气。夜间,所有的系统都停止运转以减少热损失。

6.2.3.2 公共建筑

Jean-Marie Tijbaou 文化中心:位置—努美阿(新喀里多尼亚);设计师—Renzo Piano建筑工作室

该建筑由一系列高度为 9~24m 的贝壳形结构组成,由 Piano 设计(图 6.47),是一座鼓舞人心的适应性表皮概念的现代诠释,其中体现了传统遮阳方式的延续,例如上文中介绍的美国的印第安帐篷或是伊拉克的 ma'dam 住宅。

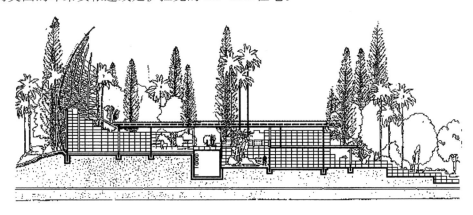

图 6.47　Piano 的 Tijbaou 中心剖面图

该建筑的形式以及平面布局,均将场地的气候特征和风环境作为中心问题进行考虑。整个建筑沿着轴线路径线性狭窄地展开,这些贝壳状的结构被分别组成三组"群落"对称地与之连接,使得空气能够穿过但是又能够保证室内不受强风干扰。

这种贝壳结构有两层表皮:外层可开启的曲面网格状的外壳,以及内部防水的、但是同样可开启的垂直墙。当风较弱时,外层表皮的底部和内层墙的上部可以同时打开,这样室内的热空气能够由于热压和文丘里效应的作用而流出(图 6.48)。

当风为中强的状态时,将内外两层表皮的底侧开口同时打开使室内能够对流通风。当风很强时,所有的开口均自动关闭。于是在外壳的顶部会产生负压区,因此能够通过屋顶的通风口增强风道内的通风。

塞浦路斯大学:位置—塞浦路斯;设计师—Mario Cucinella(1993 年)

该项目旨在办塞浦路斯的第一座大学校园,遵循绿洲的设计原则,综合了建筑、气候和场地的考虑。

该建筑采用阶梯式的纵向布局,这样每层都能基本在同一个高度上,而最高的平台位

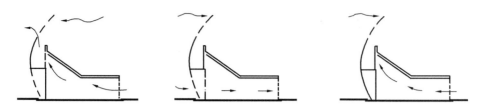

图 6.48　Piano 的 Tijbaou 中心设计：当风速为：
弱（左图）；中强（中图）；强（右图）时的气流模式示意图

于建筑北侧，在北侧有较冷的风。

置于最高平台的垂直墙面的风塔在屋顶上带有太阳能光伏板，能够捕获几乎在地面高度的风并使其通过建筑下的风管，当风速不够高的时候使用太阳能风扇辅助（图 6.49）。

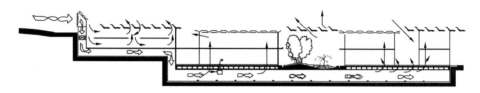

图 6.49　Cucinella 的塞浦路斯大学：横截面，气流模式示意图；
夏季地面作为散热器，冬季作为热源

空气管道充满一个空间——叫做空气湖——位于建筑底层地板下。地板上的格栅让夏季比外界较冷的和冬季较暖的空气为室内空间提供通风。

污染空气通过屋顶开口被自然地吸出，这些屋顶可以是建筑或者半室外空间的屋顶。屋顶由 2.4 米长的、飞鸟形截面的梁组成，部分倾斜使得室内能有较好的自然采光而没有太阳直射（图 6.50）。

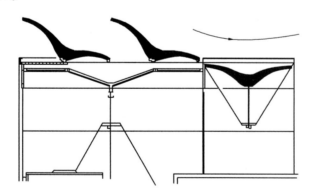

图 6.50　Cucinella 的塞浦路斯大学校园：屋顶细部

在斜梁的下方装有可开启天窗采光并满足气流进出的需求。斜翼梁的倾斜方向使得只有北面的风可以进入室内。当热风从南面吹来时，由于文丘里效应，梁的截面形状能够增大屋顶的负压，于是增强屋顶的风压通风。

蒙特福特大学工程学院：位置——莱斯特（英国）；设计师——Alan Short 和 Brian Ford

建筑中的多种空间——教室、工作室、办公室、实验室、礼堂——均围绕两个礼堂之间的空间布置。

采用一种被动能量守恒策略的自然通风系统，与太阳能控制和最佳自然采光相结合，是基于通过方形平面的烟囱的排气风道气流的基础上，可以回顾现有的莱斯特的红色建筑（图 6.51）。

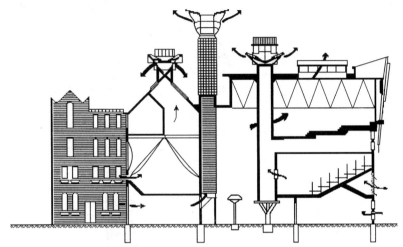

图 6.51　莱斯特工程学院：通过烟囱的气流的建筑截面示意图

尼日利亚太阳能中心：位置：尼亚美（尼日利亚）；设计师—Lazlo Mester de Parajd

该建筑的设计用于研究中心，本身是一座实验性建筑。建筑中应用了不同类型的气候和能源控制技术，主要关注当地气候，与太阳能保护和热惰性有关。

唯一与自然通风相关的特征是一面特殊的双层幕墙，由顶部和底部通风口组成的空气腔引起的风道中的气流可以冷却它（图 6.52）。

6.2.3.3　工业建筑

某机电工厂办公楼：位置—维琴察（意大利）；设计师—Renzo Piano 建筑工作室（1985年）

该建筑是一座大型单层建筑，覆盖有凹曲线的屋顶并且与机电工厂通过连廊相连接。它

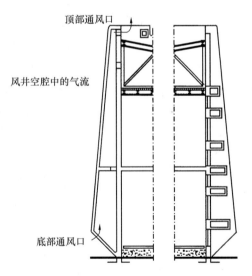

图 6.52　尼日利亚太阳能中心：双层幕墙空腔的通风

的帐篷般的屋顶采用张拉结构，其灵感来源于贝都因人的帆布住宅（图 6.53）。

屋顶的较高端与靠在 V 形斜柱上的曲线上壁之间的狭窄空间，其中带有通风口，可以起到由风道和文丘里效应而上升的空气的出风烟囱的作用。

Farsons 啤酒厂：位置—马耳他；设计师—AlanShort 和 BrianFord

Simmonds Farsons 大厦是一座无空调系统的工业啤酒厂，虽然马耳他的气候炎热（夏季环境温度在 20～35℃之间；冬季气候温和，温度在 9～19℃之间）。这都是由于建筑

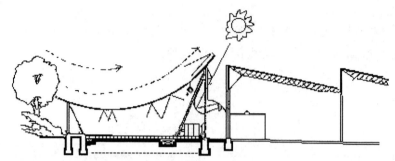

图 6.53   Piano 的办公建筑：横截面图，表示通过建筑和建筑周围的气流模式
高度的被动式设计。

　　考虑到自然通风降温，主要策略是大面积蓄热材料的夜间蒸发制冷和白天通过风道和
烟囱的热压通风相结合（图 6.54）。

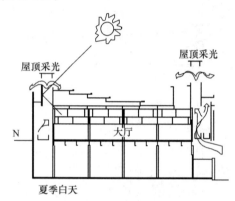

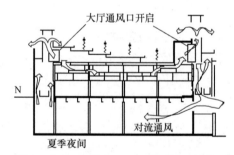

图 6.54   Short 和 Ford 的 Farsons 啤酒厂：风道通风模式

参考文献

REFERENCES

1. Boutet, T.S. (1987).*Controlling Air Movement: A Manual for Architects and Builders*. McGraw-Hill Book Company, New York.
2. Arens, E. (1984). *Natural Ventilative Cooling of Buildings*. Design Manual 11.02, NAVFAC, Alexandria, VA.
3. Olgyay, V. (1969). *Design with Climate*. Princeton University Press, Princeton, NJ.
4. European Prestandard 1762:1994. 'Ventilation of buildings'.
5. Grosso, M., D. Marino and E. Parisi (1994). 'Wind Pressure Distribution on Flat and Tilted Roofs: A Parametrical Model'. *Proceedings of the European Conference on Energy Performance and Indoor Climate in Buildings*, Lyon, France.

6. Grosso, M. (1995). 'CPCALC⁺: Calculation of Wind Pressure Coefficients on Buildings'. CEC-DGXII PASCOOL Programme, Final Report, Athens, Greece.

7. Grosso, M. (1992). 'Wind Pressure Distribution around Buildings – a Parametrical Model'. *Energy and Buildings*, Vol. 18, No. 2, pp. 101–131.

8. Martin, A.J. (1995). *Control of Natural Ventilation*. Technical Note TN11/95, BSRIA, Bracknell, UK.

9. Levermore, G.J. (1992). *Building Energy Management Systems, an Application to Heating and Control*. E&FN Spon, London.

10. Van Paassen, A.H.C., R.W. Kouffeld and E.J. Swinkels. (1993). 'Installations in Low Energy Houses'. *Third European Conference on Architecture*, Florence, May 1993, pp. 409–412.

11. Oseland, N. (1994). 'A Review of Thermal Comfort and its Relevance to Future Design Models and Guidance'. *Proceedings of BEPAC Conference*, York, pp. 205–216.

12. Arnold, D. (1996). 'Mixed-mode HVAC – An Alternative Philosophy'. *ASHRAE Transactions*, Vol. 102, Part 1, pp. 687–693

13. Santamouris, M. and D.N. Asimakopoulos (eds) (1994). *Passive Cooling of Buildings*. Central Institution for Energy Efficiency Education (CIENE), Athens, 1994.

14. Martin, A. J. (1995). 'Night Cooling Control Strategies'. *Proceedings of CIBSE National Conference*, Vol. 2, Eastbourne, UK, pp. 215–222.

15. Van Paassen, A.H.C. and P.J. Lute (1993). 'Energy Saving through Controlled Ventilation Windows'. *Third European Conference on Architecture*, Florence, May, pp. 208–211.

16. Evans, B. (1993). 'Integrating fabric and function'. *The Architects' Journal*, 2 June, 42–48.

17. Bahadori, M.N. (1978). 'Passive Cooling Systems in Iranian Architecture'. *Scientific American*, Vol. 238, No. 2 (February), pp. 144–154.

18. Fathy, H. (1986). *Natural Energy and Vernacular Architecture: Principles and Examples with Reference to Hot Arid Climates*. Published for The United Nations University by University of Chicago Press, Chicago, IL.

19. ENEA – IN/ARCH. *Bioclimatic Architecture* (1992). Leonardo-De Luca Editori, Rome.

20. Fanchiotti, A. (1982). 'The *Covoli*: A Natural Cooling System in Palladian Villas'. *Spazio e Società*, No. 19.

21. Paoletti, C. (1995). 'Progetto di un Edificio per Uffici a Roma: Il Comfort Attraverso la Ventilazione Naturale Integrata'. Thesis for Degree in Architecture, School of Architecture, University of Rome La Sapienza.

22. 'Gateway 2' (1984). *The ARUP Journal*, June, pp. 2–9.

23. Hopkins, M. & Partners (1994). 'Low Energy Offices – Interim Report', EC JOULE II Contract No. JOU2-CT93-0235.

24. '"Centre Culturel Kanak à Nouméa", Concours: Projet Piano' (1991). *L'Architecture d'Aujourd'hui*, Paris, No. 277, pp. 9–11.

25. Arnaboldi, M. A. (1994). '"Changes at School", Progetto: Mario Cucinella'. *L'Arca*, Milan, No. 81, pp. 50–55.

26. Hawkes (1994). 'User Control in a Passive Building'. *The Architect's Journal*, 9 March, pp. 27–29.

27. Mester de Parajd, L. 'L'architecture Exportée'. *Le Mur Vivant*, No. 92.

28. *Renzo Piano and Building Workshop: Buildings and Projects 1971–1989* (1989). Rizzoli Publisher, Milan, pp. 156–163.

29. Evans, B. (1993). 'An Alternative to Air-conditioning'. *The Architects' Journal*, 10 February, pp. 55–59.

第 7 章　自然通风的建筑

E. Maldonado 编辑

为说明如何将自然通风的规律应用于实际的建筑中，以及这些建筑在实践中应当如何操作，以下案例研究已经被在整个欧洲检测和学习。所选取的建筑包括不同的气候类型（图 7.1），从大西洋西岸和北侧的北海邻居的温和夏季气候，到地中海沿岸南侧极度炎热的气候，当然还有温暖的大陆性气候。

图 7.1　所研究的自然通风的建筑的位置

我们还研究了不同类型的建筑：
- 一座独立的独户住宅（位于葡萄牙波尔图）；
- 联排中的一户单户住宅（位于比利时鲁汶）；
- 多户高层建筑中的两户公寓（位于法国拉罗谢尔和意大利卡塔尼亚）；
- 一座办公建筑（位于德国亚琛）；
- 一座学校建筑（位于法国里昂）。

这些建筑中大部分运行良好，能够为使用者提供相当舒适的条件。作为一种普遍的特征，所有运行良好的建筑均有较高的室内惰性，应用了有效的窗户遮阳来控制太阳得热，并在条件允许和需要的时候提供实施自然通风的可能性（和实际性）。自然通风的效率，无论是对流通风还是单侧通风的情况，在每个案例中均由实际的建筑运行测试在有无自然通风发生的情况下进行了论证：在凉爽的夜间，有自然通风时，室内温度始终较低。

这些建筑中大多数运行良好，因此它们完全不需要空调，而室内过热的情况也很少发生。当然，这只有在室内得热很少的时候才可能，例如在下文中介绍的四个住宅。在办公建筑中，在通常情况下室内得热较大，仍然需要空调系统，但是所需的能耗综合能够被有效地降低。

不过，其中的一个案例，里昂建筑学院，没有遵循所建议的设计标准，导致了室内学生舒适度不可取的结果。由于热惰性很低，遮阳并不是最为有效的方法，并且该设计方案能提供的自然通风并不很"用户友好"。室内测量温度高于 35℃。这个案例被选入其中是因为我们需要意识到不是所有的建筑都能运行的像本章中的其他五个案例一样好。它亦是在温带气候条件下的普通建筑设计中忽视一种或更多标准点（高热惰性、好的遮阳和需要时的自然通风）的后果的说明。

在每一个案例中，很明显都需要各方面的妥协和折中。设计师选择不同的解决方式来应对第 5 章中列举的种种问题，取决于不同的情况和设计师或是业主的个人喜好。这说明了在实际的（成功的）建筑中，理论联系实践的必要性，例如本书中前六个章节中所介绍的。

7.1 独户住宅（葡萄牙波尔图市）

这是一座应用了生物气候原则的居住建筑。建筑的主要轴线沿着东西方向，将长立面朝向南面的日照（图 7.2）。在北面、东面和西面开少量窗，主要用于采光和提供自然通风。主立面上的玻璃都有至少一种设施进行遮阳：遮阳板、室内木门和室外可活动的金属轨道遮阳。表皮被充分地隔热。图 7.3 表示了该建筑的地理位置，位于波尔图市郊的盖亚。

图 7.2 位于波尔图市郊，盖亚的独户住宅

图 7.3 位于波尔图市郊,盖亚
的独户住宅的位置

由于夏季我们将温度控制作为基础,该建筑采用了降低负荷的技术(表皮隔热和遮阳),并使用热惰性高的材料(单位面积较重的砖和混凝土结构),同时当室外温度低于室内时即采用通风制冷的方法。自然通风在保证人体舒适度方面起到决定性作用。当窗户紧闭时该指数可以低至 0.3ach,而当有对流通风发生时可以高达 20ach。

该建筑的运行极佳,办公室的室内温度几乎能够数小时内达到 27℃,而室内得热更高。大多数时间,在夏季的炎热时期中,室内温度可以维持在 23~25℃之间。

另外,人工控制自然通风的起始以及选择最有效的通风路径都是必要的。

7.1.1 场地特征

建筑位于山顶,在一块南向的场地上,并且有从海面吹来的西风。场地周围的建筑为一至二层高,因此几乎不会造成任何阻碍作用,即使是场地北侧的建筑距场地很近,对北风的阻碍亦可以忽略。在夏季最炎热的时间里,无风或是有大陆方向的东风或是东北风。场地和风环境特征见图 7.4。

当地的气候调节较为温和,但是在夏季仍然很热,如果需要维持室内舒适而不使用空调的话仍需要建筑中的特殊设计(图 7.5)。

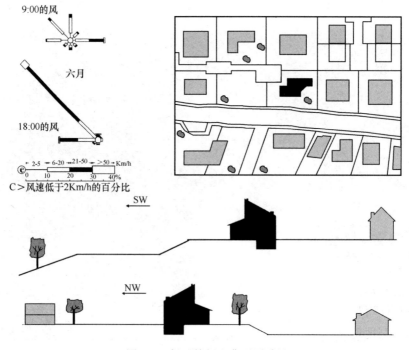

图 7.4 场地特征和典型夏季风

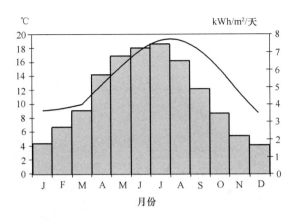

图 7.5　波尔图的各月平均温度和辐射

夏季较大的日振幅（大约 10～11℃）意味着夜间的温度总是较低（低于 20℃）因此适宜采用夜间通风。在中午时段，温度通常超出舒适范围之外。

7.1.2　建筑的介绍

该建筑主体为两层，加上地下室（车库和储藏间）以及阁楼（一半面积，有一个房间，其余部分作为储藏间使用）。主要的两层之间通过开敞楼梯相连接，但是与地下室完全隔离，阁楼的门也基本关闭，除了住户有时会进入阁楼很短的时间。

首层平面（图 7.6，左图）形状相对较为复杂，设有可能的通风的复合通道。二层（图 7.6，右图）平面更为线性，自然通风方式有多种可能性。但是，主卧室目前最大的挑战是在于它仅有一个朝南的窗户和一个朝向建筑内其他空间的临近的门，与建筑中其他的空间相互影响很小。

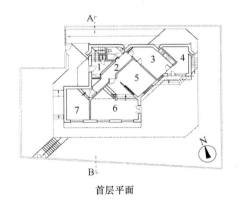
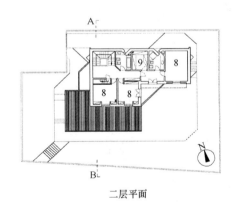

首层平面　　　　　　　　　　　　二层平面

图 7.6　波尔图住宅平面

室内的门基本保持开启状态，使得气流能够自由通过。但是表皮是合理密闭的（平均＜0.3ach）并且除非窗户打开，空气流动速率都很慢。建筑内无机械通风系统。

建筑的一侧视角见图 7.7，而建筑的四个主要立面图见图 7.8。

建筑中所有的窗户均为双层玻璃，玻璃的部分有水平遮阳板或是室外的滑动遮阳，以

图 7.7 建筑东北立面，可见这两个面窗户较少

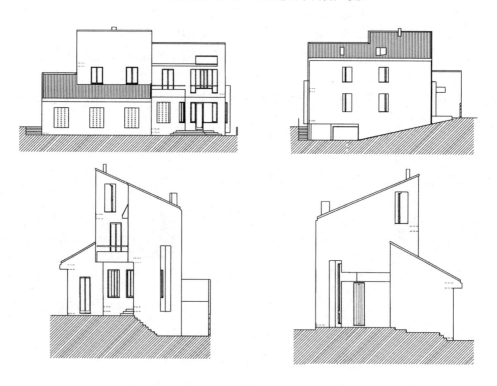

图 7.8 四个主要立面

及室内的木制百叶窗。为了安全起见，首层的窗户还安装了可移动的熟铁窗格栅作为防护，并能起到大约 10% 的遮阳效果，但是对气流几乎不产生影响（图 7.9）。

图 7.9 可移动的熟铁窗格栅视图

7.1.3 建筑材料

该建筑采用混凝土和砖结构。墙体有两层空心砖，其间有空气槽。内侧一层砖的外层表面涂有大约 3cm 厚挤塑聚苯乙烯（图 7.10）。所有墙面均覆盖有 1cm 厚的塑料层。

屋顶覆盖传统的红色黏土瓦，并有 6cm 的隔离层。车库上方的地板采用 5cm 的软木板进行隔离。天花为石膏吊顶，地面采用黏土砖铺装，除了在主卧中铺有地毯。

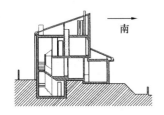

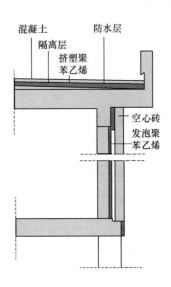

图 7.10 剖面图（上图）和隔离层细部（右图）

热损系数			表 7.1
	A (m^2)	K ($Wm^{-2}K^{-1}$)	AK (WK^{-1})
外墙	402.6	0.65	261.7
周边埋入地下的部分	60	1.2	72
屋顶（阁楼）	35	0.7	24.5
屋顶（房间）	135	0.48	64.8
地板（车库上方）	55	0.57	31.4
地板（室外上方）	15	0.59	8.9
窗	39.1	3.9	152.5
空气交换	0.3ach		
总计			
热负荷	12.3kW		
冷负荷	7.7kW		

所有暴露的混凝土板端头与墙相交的地方，均覆有 5cm 的绝缘板，将热桥的效果减到最小。

实心的厚重的室内装修造成了很强的建筑热惰性，并使得建筑特别适合于自然通风制冷。表 7.1 给出了建筑各部分热损失系数。

7.1.4　使用模式

该建筑共一户或两户家庭使用。在工作日的白天它基本被空置，而在下午 6 点到早晨 8、9 点之间使用；在周末则 24 小时使用。

夏季，窗户白天被关闭，室外二层的滑动遮阳板被打开，来提供几乎全部的遮阳，室内底层和主卧室中的木制百叶窗基本保持半开状态，以防止过渡的太阳得热且提供足够的自然采光。

夜间条件适宜的时候，窗户被打开以促进自然通风，但是睡觉的时候，为了安全和防止噪声，还是关闭窗户。

7.1.5　夏季建筑的热学性能

我们于 1993 年夏季对建筑进行了超过 2 周的监测。场地的气候环境很典型，在监测期开始之前和开始的几天非常炎热，之后的几天都较为平均，最高温度在 25℃ 左右。虽然前几天有一段较热的时期，但是建筑较高的热惰性和住户采取的细致的降低负荷的控制，防止了室内环境的严重过热；二层的室内温度从未超过 27.5℃。之后，温度缓慢下降到 25℃ 左右，白天室内温度变化大约为 2℃。由于室内的表面温度低于空气温度，因此总是可能保证室内舒适度的，而二层虽然温度高一些，但是其黑球温度始终保持在 24～26℃ 之间（图 7.11）。

地下室由于整个埋在地下并与土壤直接接触，其中的温度是恒定的（在两周的时间内

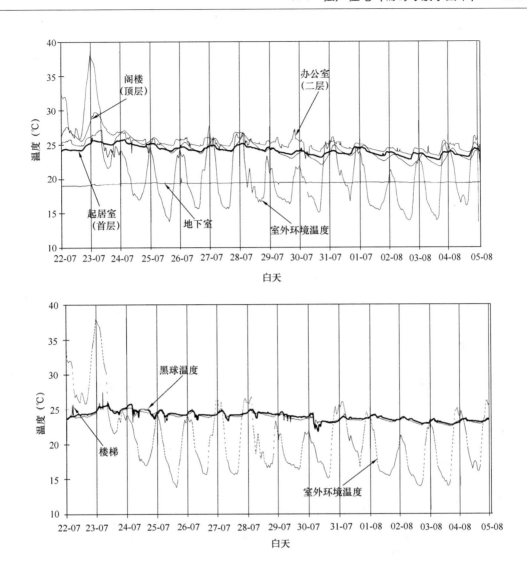

图 7.11 监测时间段内温度变化

浮动仅为 0.2℃），并且我们可以根据理论推测出，地下室的温度比平均室外空气温度略低。首层通常比二层温度低 1~2℃，这表明了轻微的温度分层，并且证明了两层之间的空气循环率低。

7.1.6 通风策略的影响

图 7.11 中的图形过于普遍，难以显示通风对于不同空间的热学性能的影响。于是，更加详细的图表说明：

● 当窗户开启并且开始自然通风的时候，室内温度会瞬间下降到接近室外的值并且在窗户打开的期间一直保持这个值（图 7.12）。而后，当窗户关闭后，室内温度又开始上升，但是会比采用自然通风前的温度低。

● 当比较相似的、室内外环境相同的两天的时候也能有相同的现象，其中一天在夜间

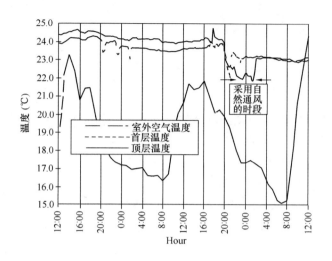

图 7.12 开窗的效果

采用自然通风（气流如图 7.13）而另一天未采用。虽然这不能被作为绝对的证据，因为不存在完全相同的两天，但是监测结果的趋势是显而易见的，显示夜间自然通风能起到制冷的作用。

● 对于图 7.12 和 7.13 中所表示的情况，当卧室（窗户高 1.60m 宽 0.32m）和卫生间（窗高 1.35m，宽 0.26m）的窗户打开时，会产生相对间接路径的对流通风。

AIOLOS 软件能够预测发生自然通风的时期内 6ach 的平均换气率（图 7.14）。

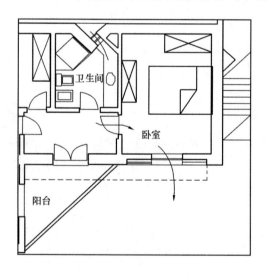

图 7.13 自然通风的气流

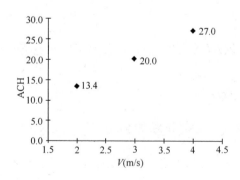

图 7.14 AIOLOS 的气流预测

7.1.7 使用者的响应

建筑的使用者能够在室内温度高于 24℃ 且室外温度较低但不过冷的情况下促进自然通

风的发生。窗户最晚只能够保持开启至睡觉的时间，因为街头交通的噪声会使人不舒适或是失眠。并且，我们并不需要比平时的自然通风更长时间的通风，因为室内温度已经在夜间很舒适了（大约 23℃），而更低的温度同样会使人不舒服。当室外空气变得过冷或令人不适时，同样需要停止自然通风。

由自然通风带来的一个问题是蚊虫的进入。虽然在当地并没有太多的苍蝇、蚊子或是其他的臭虫之类，但是只要出现一只虫子就足以影响到居住者的生活。因此，只有在真正需要的时候才需要提供自然通风，即室内温度高于 25℃时。

在二层的自然通风比底层更加频繁，因为温度的梯度使得楼上的温度高于楼下。

由于几乎在所有时间，室内温度被保持在舒适的范围内，因此住户对该建筑相当满意。

7.1.8 结论

这是一个很好的案例来说明自然通风如何能够补充好的建筑设计（如何在隔离、光色和太阳能控制的基础上降低能源消耗），并且由于正确策略的实施，仅需一小段时间的自然通风就能够使得建筑的室内温度降低 1～2℃。当地的气候调节很有利，没有极端的室外温度且全天温度变化较大，因此夜间温度通常低于室内温度。

7.2 公寓大楼（CATANIA，意大利）

这座公寓位于意大利 Catania 的滨海大道（图 7.15，图 7.16）。建筑平面呈 L 型，大片东立面朝向大海，南立面对着一个宽阔的广场。

图 7.15 Catania 的公寓大楼

图 7.16　Catania 的地理位置

被选作试验分析的户型位于公寓三层，一面朝向广场（南向）另一面朝向内院（北向）。所有的南向窗户靠百叶遮阳，上一层的阳台也能部分起到遮阳效果。

夏季建筑不使用机械式的空调系统，通过对日照和自然通风的控制达到控温的目标。夏季建筑不使用机械式的空调系统。在下午或晚上，当室外的气温低于室内时，住户通常会开窗通风降温。

这座建筑的性能相当不错，因为两侧门窗等洞口的存在和海风的因素通常能保证室内有一个良好的自然通风。

通过短时期的监测表明，自然通风能使此建筑的室内温度低于室外大约 3℃。

7.2.1　场地特征

建筑位于 Catania 的滨海大道，地段多海风和东向风（图 7.17）。尽管建筑位于一个中等建成密度的城市区域，但附近没有别的建筑影响到本次研究的对象。夏季风通常来自

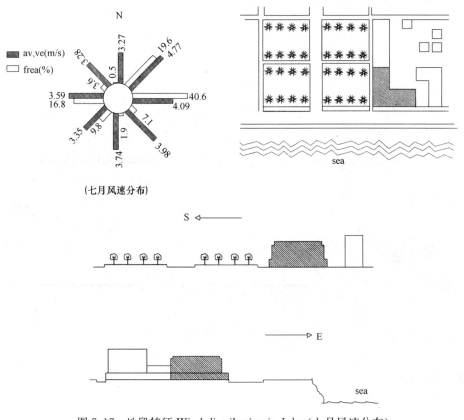

图 7.17　地段特征 Wind distribution in July（七月风速分布）

东面，由此风从海上吹向建筑。

Catania 当地的气候十分炎热，七八月份的平均气温高于 30℃（图 7.18）。

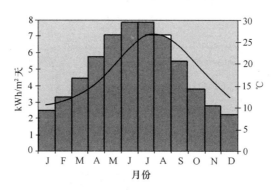

图 7.18 Catania 地区的月平均气温和辐射

夏季夜晚气温下降，气温日较差平均约 10℃，夏季平均风速约 2.6 米/秒。这些气候特征使得夜间通风成为一个有效的策略。

7.2.2 建筑描述

这座建筑没有生物气候方面的特征（bioclimatic property），但有一些有趣的建筑特色。建筑平面呈 L 型，主立面向东（面向大海）和向南（面向广场），后面俯瞰一个开敞的庭院。

图 7.19 住区的外貌展示了窗线的变化

建筑一共六层，顶层带阁楼。主立面由一些窗户的进退创造出丰富多变性。

监测分析选择的是三层的一户，房间三个外侧面朝向北、南和东（图 7.20）。起居室（图 7.21）和一个卧室朝南，两个卧室和厨房朝北，面对庭院，西侧只开了一个小窗，中部的走廊连接各个房间。

图 7.20　测试的户型平面

图 7.21　起居室

差不多所有房间的窗户都很大，以便在需要的情况下获得良好的自然通风。许多条路径可以形成对流通风，能使公寓在夜间降温。

监测的时间是 1996 年的夏天，我们分析了起居室和厨房之间的对流通风和起居室的单侧通风的情况。

7.2.3　建筑构造

建筑物是意大利南部十分常见的砖混结构。外墙是两层空心砖（外层厚 12cm，内层厚 8cm），两层砖之间是 10cm 的空气层，无保温层。地面是混凝土结构，铺设大理石。

起居室和卧室是双层玻璃窗，双层玻璃之间是遮阳百叶（图 7.22）。玻璃间的空气层约 30mm。

厨房的窗户为单层玻璃，没有任何遮阳（厨房朝北），窗户的气密性很好。表 7.2 说明了房间的热损失系数。

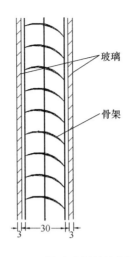

图 7.22　双层玻璃间的遮阳百叶

房间的热损失系数			表 7.2
	A	K	AK
	（m^2）	（$Wm^{-2}K^{-1}$）	（WK^{-1}）
外墙	98.5	1.1	108.3
窗：			
双层	20.2	3.2	64.6
单层	9.7	5.8	56.3
换气	0.5ach		
总计	248W℃$^{-1}$		

7.2.4　使用模式

这套公寓由一个四口之家使用。通常，早上家里没人，一天里除早上以外其他时间四个人差不多都在家中。

夏季，通过正确的使用自然通风可以达到控温的目的。具体措施是：从早上直到下午晚些时候（室外的气温高于室内的温度）窗户紧闭，部分使用遮阳；夜间，根据风的情况窗户部分开启。

7.2.5　热环境和通风策略的影响

测试在 1996 年的夏季持续了两周。为评价自然通风的效率，在不同的使用模式下，测试分两个时期展开。

在第一时期（三天），起居室和厨房的窗户在夜间开启，以保证对流通风。在第二时期，窗户全天关闭。

起居室和厨房里放置了监测室温和风速的探头（图 7.23）。

测试了两个不同的过程，以评价建筑在自然通风下的表现：

● 短监测时期，室内外温度，风速和阳光辐射在两周里连续监测。

● 气体示踪实验，测试两个夜晚。

7.2.5.1 短监测时期

监测进行时正遇到 Catania 地区炎热气候的典型天气。在监测之前有三天非常炎热，最高气温约 35℃。在监测的第一天，白天的室外气温为 30～31℃，夜间气温降到约 23℃。第二个监测时期的特征是气温峰值较低，最高气温低于 29℃。

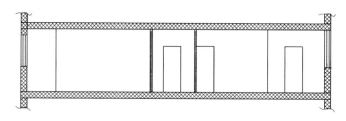

图 7.23   选择户型的剖面（起居室和厨房的剖面）

从图 7.24 我们可以看到监测的前三天（保持夜间自然通风）和后几天（无自然通风）室内外温度的对比。图像表明：

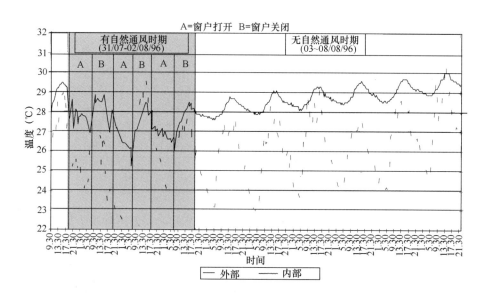

图 7.24   监测时期的起居室气温分析

● 在有自然通风的时期，室内气温在夜间下降，第二天，气温再上升，但只达到低的气温峰值。第三天，室内气温最高值是 28.4℃，气温平均值为 27.3℃。

● 在无自然通风时期，即便室外环境温度不高，室内气温每天仍平稳上升。九天后最高气温为 30.5℃，平均气温为 30℃。

● 尽管室内气温连续上升，但建筑物似乎有很高的热惰性。事实上，每天室内气温的变化不超过 1℃。

● 图 7.24 上有一条 28℃的横线，这条线可看成是舒适与否的分界线。在第一个监测时期，气温在一天中只有很少几个小时是超过这条界线的。在第二个时期，气温总是高于 28℃。

图 7.25 比较了第三天室内有自然通风和第九天无自然通风的情况。无通风的情况下室内温度要比有通风时高 2℃ 左右。

起居室和厨房在第一个监测时期的室内空气运动情况如图 7.26 所示。当窗户关闭时，空气流速总体上低于 0.15 米/秒。当有对流通风时，空气流速可达到 0.3～0.4 米/秒。

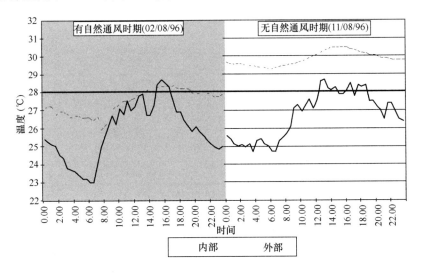

图 7.25 有无自然通风的比较

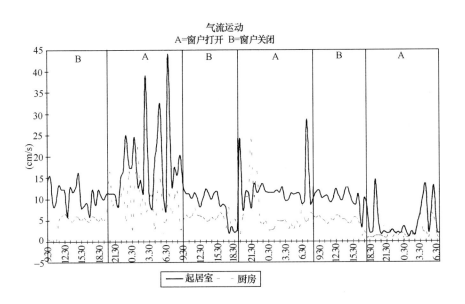

图 7.26 在有自然通风时期的室内空气运动情况

7.2.5.2 气体示踪实验

为了研究起居室单侧通风的情况，进行了两个夜间的气体示踪实验。

在试验期间，起居室一扇面积 1m² 的铰链窗开启。示踪气体的衰减相当于室内换气率为 2.3ach。图 7.27 标明了实验点和衰减曲线，后者由浓度对数和时间计算线性回归得到。

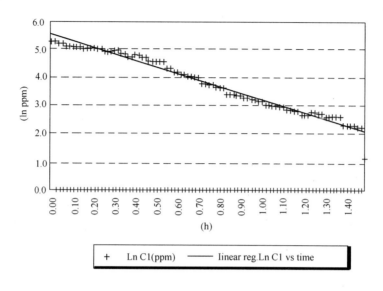

图 7.27　气体示踪实验结果

7.2.6　结论

对于和 Catania 有着相似气候环境的地区来说，即便是没有特殊的生物气候特征的建筑物，自然通风效率仍可以很高。

在这个案例中，因为户型的特征（两个相对的立面有门窗）和气候特征（海风，较大的昼夜温差），夜间通风的效果很好。

7.3　办公建筑：MELETITIKILTD（雅典，希腊）

这是 Meletitiki 有限公司，A. N. Tombazis and Associates 公司（图 7.28）的建筑设计办公楼。大楼建造于 1995 年，归私人拥有。办公室位于一个倒 U 型综合体的右翼，此综合体由建筑师 Alexandros Tombazis 设计。综合体的其他空间由一家建设公司使用。图 7.29 是雅典在地理上的位置。

建筑的长轴呈南北向（图 7.30）。主入口位于东立面。建筑的西、南两个立面俯瞰一片开敞空间。东立面的一个长方向截面和综合体的另一部分连接，东立面的其他部分（20 米长）面对一个铺装过的半城市空间（semi-urban space）。与东立面相对的是综合体的另一部分。

建筑的外围护结构很重，由厚厚的绝热外墙构成。双层玻璃窗主要位于东西立面，为工作空间提供充足的日照条件。窗户上可移动的外遮阳卷帘可在炎热的时候提高建筑的视觉舒适和热舒适。

自然通风技术的应用避免了夏季室内过热，同样也提高了热舒适性。手动控制的吊扇，及通过开启不同的窗户来保证室内的对流通风同样帮助保证了室内环境的热舒适。借助夜间通风技术可实现通风降温。

图 7.28 雅典的办公楼

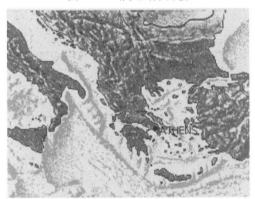

图 7.29 雅典的地理位置（原书图号标错了）

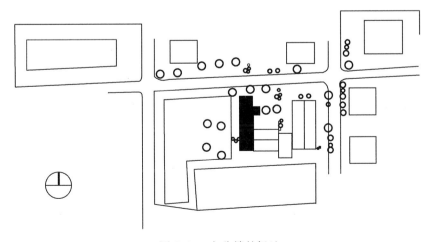

图 7.30 办公楼的场地

建筑的热环境性能很不错。当室外气温高达 36℃时，室内平均气温为 29℃，与此同时，夜间通风技术使室内最高气温至少降低了 2℃。

7.3.1 场地特征

建筑位于雅典北部郊区的一个名为 Polydrosso 的居住区。当地气候温和，一年当中供暖时期从 11 月到次年 3 月，制冷时期从 6 月到 9 月。夏季，早晨的主导风向为北风，风速通常超过 6 米/秒（图 7.31），下午的主导风向常是南风或者西南风，风速低一些。

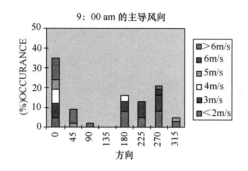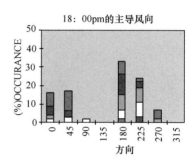

图 7.31　主导风状况

当地早晨平均气温为 29℃，夜间平均气温为 24℃（图 7.32），这为使用夜间通风作为降温策略提供了可能。制冷时期环境温度的峰值通常出现在午后（12：00～16：00）。在这段时间内，主导风向为东南风，平均风速 6 米/秒。

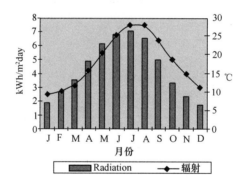

图 7.32　雅典地区的月平均气温和辐射

7.3.2 建筑描述

这座建筑就室内设计与空间布局来讲十分独特。建筑呈四方形，7m 宽，29.6m 长，10.6m 高。南北向为主要轴向，东西向窄，以保证室内有良好的自然照明环境。轻质的楼板和楼梯是空间中仅有的内部分隔。建筑的结构为图板、计算机辅助设计办公室，一个会议室，一个图书馆提供了许多空间。

建筑的总面积为 1000m²，包括三层外加地下室。图 7.33 和 7.34 分别是南立面和西立面，图 7.35 是长向剖面。每层的面积约为 250m²，层高 3m。

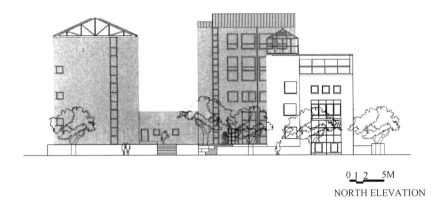

图 7.33 北立面

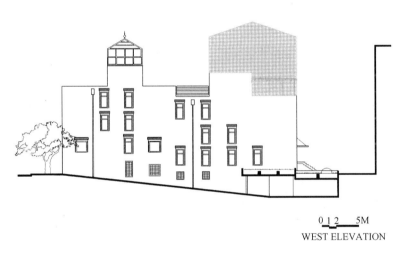

图 7.34 西立面

每层是一个连续的空间，中间没有隔墙，同时每层被分成两个不同的标高，两个标高间相差 1.6m。每层之间通过楼梯上下联系(图 7.35 和图 7.36)。入口门厅(标高 1.6m)宽

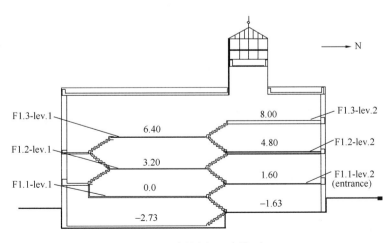

图 7.35 建筑剖面不同标高

图 7-36

1.75m 长 4.75m，一边是服务空间（电梯和厕所）。接待层（level 2）靠近入口，但标高高出 1.6m，两者之间靠玻璃门作空间上的分隔，一部楼梯联系接待层与其上下各层。地下室标高从－2.73～－1.6m。建筑顶层采天光。

7.3.3 建筑构造

表 7.3 是建筑的结构组成，图 7.37 展示了构造的各方面。

东西立面的窗户位于同样的位置，这为窗前图板所在的工作面提供了充足的照明。窗台高出地面 0.65m。在三层有四个用于监测的窗户。所有的窗户靠外侧遮阳板遮阳，监测窗户靠内遮阳板遮阳。遮阳板由一些带小孔的塑料布构成，遮阳装置靠机械控制旋转以提供有效的遮阳。屋顶下挂着的遮阳板用于遮挡上层的用于监测的窗户的阳光。

住户通过开启不同的窗来加强自然风流速可以控制空间的通风情况。

结构组成元素   表 7.3

组成元素	结 构 细 部
外墙	石膏板＋砖（两匹）＋保温层（100mm）＋砖（一匹）
地下外墙	混凝土（200mm）＋Aquoifine（3mm）
车库墙	石膏板＋混凝土（200mm）＋保温层（100mm）＋砖（一匹）
带面层地面	碎石＋保温层（100mm）＋混凝土（170mm）＋马赛克（200mm）
内墙	隔声材料＋混凝土（120mm）＋马赛克（50mm）＋橡木
屋顶	隔声材料（50mm）＋混凝土（150mm）＋复合屋面材料＋碎石＋混凝土地砖
楼梯	金属＋橡木

图 7.37 建造的情况

所有楼层都装有吊扇，万一出现室内温度高于热舒适温度时，吊扇可以提高室内空气循环。另外，屋顶还装有换气量为 2×25000 立方米/小时的两个换气扇。这些都由一个设定好温度值的电脑程序自动控制开关。

总的热损失系数如表 7.4 所示。

热 损 失 系 数 表 7.4

	A	K	AK
	（m^2）	（$Wm^{-2}K^{-1}$）	（WK^{-1}）
外墙	709.15	0.24	170.20
屋顶	207.20	0.27	55.68
地下室地面	207.20	1.22	252.78
窗	66.77	2.90	193.63
	制冷需要		设定温度
	7500		25
	4500		27
	2250		29

7.3.4 使用模式

主要雇员在建筑的工作时间从早上 8：30 到下午 5：30。有时，一些小组在建筑中会待到比较晚。

7.3.5 考虑通风后建筑性能

7.3.5.1 自然通风

为研究建筑的性能展开了四组实验，同时想通过试验看看使用者使用建筑的最佳模式。试验用 N_2O 作为示踪气体。试验的情况简述如下：

情形 A（图 7.38a）

主导风为西南风，风速 4.2 米/秒。室内外温差平均 2.8℃。用于通风的两个开启扇均为 2.25m^2，东西立面各一个。两个开口一个位于第二层，另一个在第五层。风和气温条件加强了气流从低到高的流通。室外凉爽的空气进入低层，热空气从高处排走，高低的两度温差加速了空气流动，使平均气流速率达到 6ach。

情形 B（图 7.38b）

主导风向为西北风，风速 2 米/秒。室内外的平均温差为 2.8℃。用于通风的两个开启扇均为 2.25 平方米，西、北立面各一个，两个开口均位于第六层。因为两个窗户位于同一层，此处室内外温差最大观测值为 3.4℃，所在此层的换气率高于低层。低层的通风主要靠气体浮力，而低层的温差不是很高（1.3℃），所以观测到的气体流速较低。整个房子的平均换气率为 1.6 ach。

情形 C（图 7.28c）

主导风向为东北风，风速 8.2 米/秒。室内外的平均温差为 1.8℃。

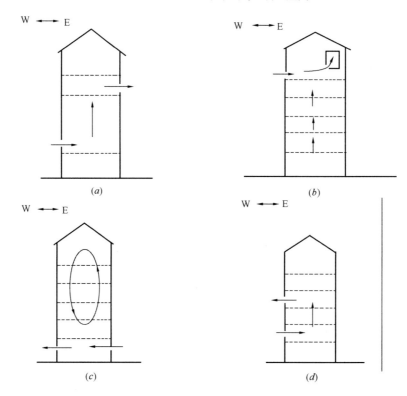

图 7.38　自然通风试验

用于通风的两个开启扇均为 2.25m²，东西立面各一个，两个开口均位于第一层。开口朝向主导风向加强了东西窗户间的气流速度，提高了这一层的换气率（10ach）。结果是，上面几层的通风效率不高，热空气聚集在建筑内。整个建筑的平均换气率为 4ach。

情形 D（图 7.38d）

这是个开口在不同位置的单侧通风试验。主导风向为东北风，风速 9.1 米/秒。室内外的平均温差为 1.3℃。用于通风的两个开启扇均为 2.25 平方米，均位于西立面。两个开口一个位于第一层，另一个在第四层。尽管试验过程中风速很高，但因为两个开口均位于顺风向，所以气流主要受浮力影响。高低楼层之间的温差为 1.8℃，由此产生了烟囱效应，并使室内空气均匀度更高。整个建筑的平均换气率为 2.4 ach。

7.3.5.2 机械辅助夜间通风

室内气温的监测时间是 1995 年夏季（表 7.5）。测量利用假期时间展开（1995 年 7 月 26 日～8 月 11 日）。在这十六天里建筑无人使用（因此无室内得热），空调系统也被关闭。在这种空气自由流动的情况下，建筑在测试的九个夜间从晚上 10 点到第二天早上 6 点进行夜间通风。在夜间通风期间，两个换气量为 $2\times25,000$ 立方米/小时的换气扇向建筑输送室外空气。另外，四扇窗户（三扇在东立面，一扇在南立面）在夜间通风期间保持开启。一天中的其他时间，所有门窗关闭。我们监测了建筑不同层的室内温度（图 7.39）。

夜间通风数据（1995）	表 7.5
7 月 26～27	
7 月 27～28	
7 月 30～31	
7 月 31～8 月 1	
8 月 1～2	
8 月 2～3	
8 月 8～9	

在无夜间通风的情况下，室内平均气温趋于升高，这种趋势在有了夜间通风后便停止。当窗户关闭时，质量很大的房屋使室内气温的波动（约 2℃）较室外的（约 10℃）小很多。在夜间通风期间，所有的地板温度下降到很接近周围的环境温度。白天，不同楼面的温度变化非常相似，测得的温度最高的楼面和最低的相差 1～2℃（分别是六楼和一楼）。

7.3.5.3 夜间通风对建筑的影响

更仔细考察图 7.39（图 7.40）可以带给我们对夜间通风更多的理解。在夜间通风期间，建筑室内温度随环境温度下降、变化。当夜间通风停止时，建筑温度要低于不使用这项技术时 2℃。

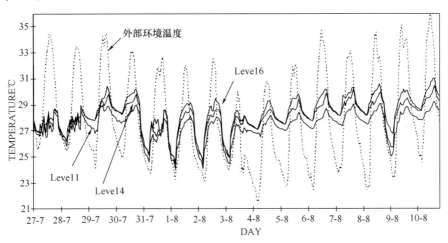

图 7.39 监测时期温度数据 external ambient temperature：外部环境温度

通过比较外部环境相似的两天的实验情况可以看到使用夜间通风可使室内最高气温降低 1℃。在有夜间通风的情况下，室内气温峰值比室外气温峰值晚到来四小时。而无通风时，这个时间是三小时。在两种情形下，因为建筑高的热惯性，建筑的最高负荷都出现在

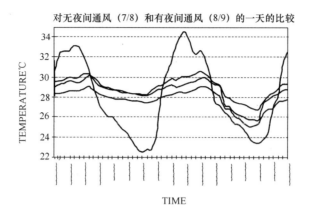

图 7.40   对无夜间通风（7/8）和有夜间通风
（8/9）的一天的比较

下午晚些时候。

我们还对夜间通风实验用 TRNSYS 热模拟工具进行了模拟，同时将考虑室内环境温度的模拟结果与试验值进行比较，用于校准优化模型。我们发现，用校准过的模型得到的模拟结果与测量值吻合度很高。

我们还进行了两个模拟工具——TRNSYS 和 AIOLOS 之间的模型比较。考虑有夜间通风的情况，时间从 5 月 1 日到 9 月 30 日每晚 10 点到第二天早上 6 点，采用 1985 年的气象资料。两个模型设定温度从 24～28℃，换气率为 0，5，10，20，30ach。设定不考虑内

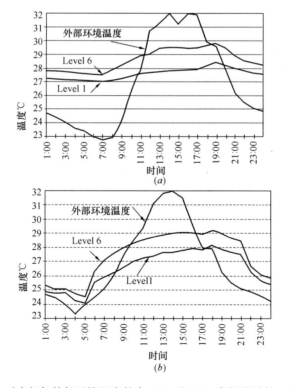

图 7.41   对有相似外部环境温度的有（b）无（a）夜间通风的一天的比较

部得热。结果以整个模拟过程中每平方米制冷负荷的形式给出（图 7.42）。

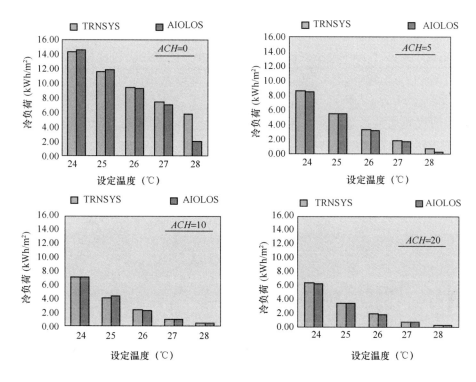

图 7.42　TRNSYS 与 AIOLOS 模拟结果的比较

图 7.42 显示了两个模型有不错的一致性。当采用夜间通风率为 5ach 时，制冷负荷可减少 50%（相对于夜间通风率为 0），当采用 10 或者 20ach 时，制冷负荷的减少率降低。超过 20ach 则对制冷负荷的减少没什么更多的影响。

建筑由一个建筑管理系统（building management system，BMS）全程控制。设置温度冬季为 21℃，夏季为 27℃。在制冷季节的晚上 10 点到第二天早上 6 点，当室外气温低于室内 1℃时，开启夜间通风。

7.3.6　结论

这个建筑的特点（高的，室内空间开放的建筑）可利于烟囱效应进行垂直向的空气循环。最有效的开窗策略是上下楼层都开窗，以形成对流通风来进行空气循环。在这种情况下，因为垂直向空气温度的不同，可以加强空气向上流动。上下层都开窗但窗在单侧的情形通风效率不高。在同一层不同方向的开窗带来的对流通风造成本层空气交换率高，但阻碍了空气在建筑其他空间的流动。

案例建筑的高热惰性使之成为一个典型的可应用夜间通风的办公建筑。建筑所在区域的气候特征是典型的温差变化比较大的地区，夜间气温低到足以使用夜间通风技术，这项技术可以降低 1～2℃的室内最高温度。通过利用建筑质量大的优势，这项策略还可以将建筑负荷峰值出现的时间延缓四到五个小时。

7.4 PLEIAGE 住宅（LOUVAIN-LA-NEUVE，比利时）

PLEIAGE（Passive Low Energy Innovative DEsign）住宅是比利时人参加国际能源署（International Energy Agency）的"Task ⅩⅢ'太阳能低能耗住宅'工程"（Task XIII 'Solar Low Energy Houses' Project）的一个项目。住宅为了控制夏季热舒适，采用了以烟囱效应驱动的夜间通风系统。住宅建在 Louvain-La-Neuve 新城，离布鲁塞尔 30 公里（图 7.44），为供四口之家使用的两层联排住宅。

图 7.43 PLEIAGE 住宅：建筑师：Ph. Jaspard   图 7.44 PLEIAGE 住宅的地理位置

对生物气候性建筑概念的整合是在设计阶段的中心点：
- 良好的冬夏季热舒适；
- 良好的室内空气质量；
- 良好的视觉舒适；
- 低能源消耗。

特别的，我们对以下几点给予了特殊重视：
- 有效利用太阳能；
- 有效利用日光；
- 高保温隔热标准；
- 高热惰性；
- 良好的气密性；
- 防止过热；
- 适当的通风系统；
- 有效的易于操控的加热系统。

PLEIAGE 住宅中防止过热的策略一方面是用外遮阳板，在可能的高温时期减少太阳光的进入，另一方面是利于被动式通风在夜间给建筑物降温。夜间通风的概念主要基于烟囱效应。

住宅的通风概念可称为一种"混合的"（hybrid）策略：自然通风在控制夏季热舒适上起主要作用，而带有热回收的机械通风系统则被用于为居民提供良好的室内空气。

正常使用过程中的数据表明，因为夜间通风和南立面外遮阳的结合，即便在夏季非常炎热的室外环境下，建筑内部仍然可以防止温度过高。

PLEIAGE 项目可以看成是 2000～2005 年度设计建造的不太昂贵的低能耗建筑的典范。

7.4.1　场地特征和气候条件

房子在场地上呈东北—西南向。场地特性在比利时很普遍：经典的尺寸（9m×30m），代表比利时文脉和联排住宅布置要求的严格的城镇规划法则（图 7.45）。大多数相邻的房子是两层的独立住宅。

图 7.46 是当地的气候条件。从地段上 10m 高度处测得的夏季（六、七、八月份）平均风速为 3.5 米/秒，主导风向为南风和西南风，风速分布无明显的季节特征。

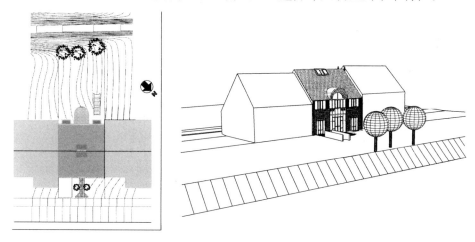

图 7.45　PLEIAGE 住宅的场

The total number of degree-days 采暖度日数（采暖度日数是指一段时间（以年或季）日平均气温低于某一指定温度的积累度数，如果日平均气温高于这个温度，那么这一天无采暖度日数）（base 15～15）during the heating season is about 2100K day。

夏季的平均气温为 17～18℃，最高气温有时可达 29～32℃。

比利时昼夜温差大（6～14℃），这使得夜间被动式通风成为一个潜在的降温策略。此外，高温时期风速通常较低，这样通过自然力来驱动风就比较困难。

7.4.2　建筑设计

7.4.2.1　总述

PLEIAGE 住宅总的楼面净面积约为 240m² （图 7.47），房间是一种经典的组织形式。一层是起居室（图 7.48），餐厅，厨房和车库。二层是卧室、浴室和办公室。阁楼空间被用成另一个卧室。房子一层下面有一整层地下室。

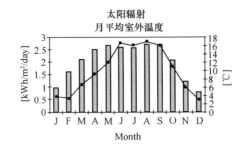

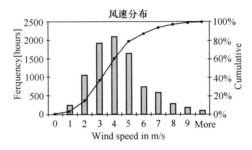

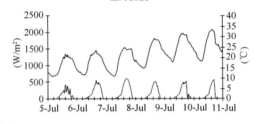

图 7.46 比利时的气候条件

7.4.2.2 建筑外维护和结构

实心混凝土砌块构成的建筑内墙（图 7.49）是组成住宅的结构系统，外立面是预制的保温性能优良的轻质板。这使得建筑具有高热惰性，而热惰性在防止建筑过热中发挥重要的作用。屋顶和地面保温性能也十分优异。住宅安装有改进过的双层窗（填充氩气，双层低发射率涂层）。表 7.6 给出了维护结构的 U 值。

西南立面比东北立面采用了更多的玻璃，以便在需要供热的季节更多地利用太阳能。而且，为了防止夏季过热，西南立面外部有遮阳系统（图 7.50），系统由电脑根据太阳辐射和室内外温度控制。

维护结构的 U 值   表 7.6

维护结构	U 值
外墙	0.14
首层地面	0.19
屋顶	0.12
外部的门	0.7
东北立面改进的双层窗	1.14

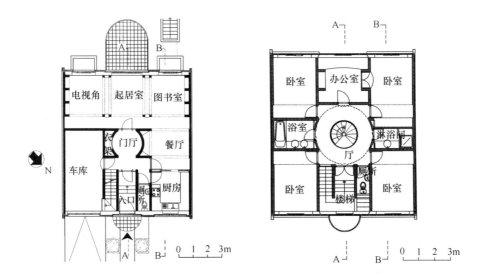

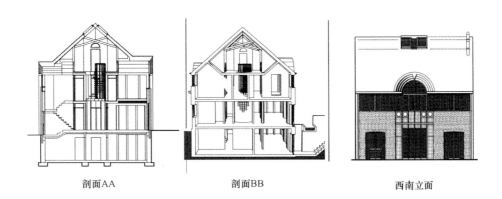

剖面AA　　　　　　　　剖面BB　　　　　　　西南立面

图 7.47　平面和剖面

图 7.48　起居室　　　　　　　图 7.49　混凝土砌块内墙

　　房间里装有两种加热系统，一种是用蓄电池的电热系统，另一种是燃气热空气加热系统。并不是说要在同一时间同时用两种系统，而是想要比较下两个系统的表现。

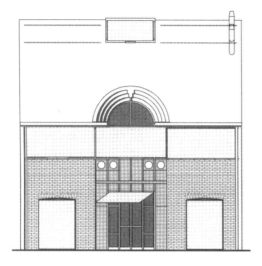

图 7.50   西南立面的外遮阳系统

7.4.2.3   机械通风

住宅安装有带热回收的机械通风系统，它能使室外的空气进入卧室、办公室和起居室而气体则在浴室、厨房和卫生间被排出。室外空气并不直接送往起居室、厨房和入口门厅，而是通过装在一层厅里和二层平台上的空气预热装置将空气加热后送入（图7.51）。当使用电加热系统时，加热器的风扇保持低速运转，以保证起居室、厨房和入口门厅的通风。

7.4.2.4   气密性

节能的通风策略需要良好的气密性。在给定的一个平衡的通风系统下，目标是总体上达到气密性 $n_{50}-$ 值为 $1h^{-1}$ 的水平。（$n_{50}-$ 值是建筑围护两侧保持 50Pa 气压的情况下每小时的换气量）。这种气密性在研究条件下不难达到，但我们的目标是看看承包商在没有特殊监管的情况下在施工阶段能不能达到这个指标。尽管外立面有一层具有良好气密性的连续的隔气层，但总体上的气密性还是不够。

第一次测量的 $n_{50}-$ 值为 $5h^{-1}$，在采用一些措施后（密封许多透气的地方）最终得到的 $n_{50}-$ 值为 $5h^{-1}$（图 7.52）。

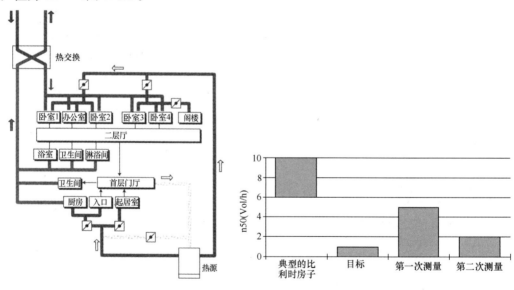

图 7.51   机械通风图解

图 7.52   气密性测量

7.4.2.5   夜间降温策略

设计低能耗被动式太阳能建筑的一个主要挑战是预防夏季过热的问题。之前提到过，PLEIADE 住宅中采用了夜间降温的策略。

因为室内外夜间的温差造成的烟囱效应，易于自然通风。像图 7.53 和 7.54 解释的那样，空气可以通过起居室、厨房、楼梯、办公室和卧室处的斜转窗（tilt-and-turn win-dows）进入室内（图 7.55）。

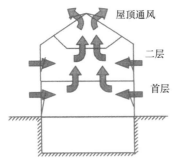

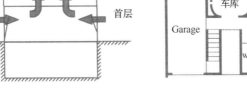

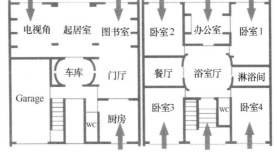

图 7.53 夜间通风概念   图 7.54 用于夜间通风的斜转窗的位置

这些窗必须由住户手动打开，住户在此通风策略中扮演着重要角色。如果室内温度高于一个设定值的话，屋顶上两个大天窗在夜间由电脑控制系统控制打开。

7.4.3 夏季建筑的热工性能

PLEIAGE 住宅与建筑物理相关的方面（U 值，整体保温水平，太阳能获得，能量消耗等）是监测的主要对象。本书着重于评价通风作为被动式降温手段的性能，还有对夏季热舒适的影响。

7.4.3.1 夏季热舒适

被动式降温技术的应用应保证夏季住宅中有良好的热舒适。一方面，由中央电脑控制系统和遮阳覆盖了大部分西南立面的窗户，另一方面，借助建筑高热容，可以采用夜间通风策略。

图 7.56 说明了 1995 年 7 月份平均室内温度和室外

图 7.55 斜转窗

温度的变化情况。从图上我们看到，室外最高气温约 34℃，而室内平均气温从没超过 28℃。下面的章节将针对 1995 年夏季的两个特别的观测时期讲解防高温策略的有效性和夜间通风的重要性。

7.4.3.2 1995 年夏季最热的几天

在室外温度高的时期（7 月 7 日～11 日），居民根据是否感到热舒适而部分地应用夜间通风。

图 7.57 和 7.58 给出了不同房间的温度变化情况，同时也有平均室内外的温度变化情况。

防高温策略的使用及建筑物本身的特点可使室内温度远低于室外最高温度。

如同所料，办公室和起居室对气温过高更为敏感。因为一部分办公室的窗户没有外遮阳系统的保护。同样的，进入起居室的热空气也比进入其他房间的要多，一方面因为起居室密闭性最差，另一方面它是住户使用频率最高的房间。

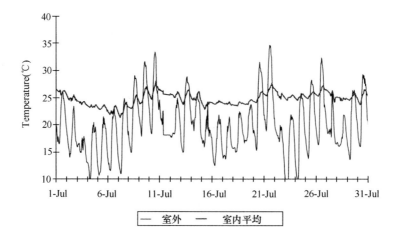

图 7.56 1995 年七月室内外温度的变化

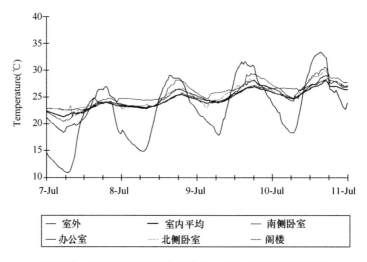

图 7.57 1995 年夏季最热的几天二层和阁楼的气温情况

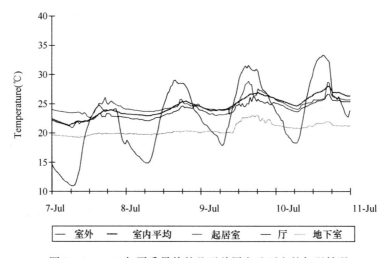

图 7.58 1995 年夏季最热的几天首层和地下室的气温情况

另外，因房间内温度分布的原因，阁楼的温度要高于住宅内部温度的平均值。房间里最冷的地方理所当然是地下室。因为 7 月 9 日地下室通过室外空气进行通风，所以温度出现了突然的上升。

7.4.3.3 室外温和时期

图 7.69 和图 7.60 给出了室外温和时期（7 月 14～20 日）不同房间的温度变化情况，同时也有平均室内外的温度变化情况。白天，室外温度保持在 20℃～25℃。

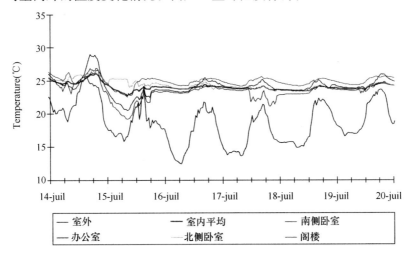

图 7.59 室外温和时期二层和阁楼的气温情况

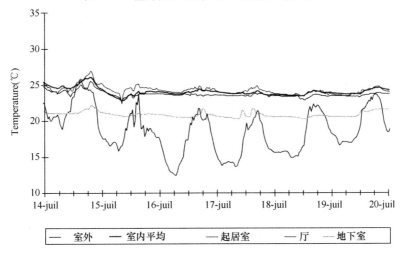

图 7.60 室外温和时期首层和地下室的气温情况

与图 7.57、图 7.58 相比，图 7.69、图 7.60 可以明显看到室内温度绝大多数时间高于室外。这表明因为住房感觉室内温度 25℃ 比较舒适，没有进行夜间通风。

房子像一个封闭的保温系统，渗透和散播的热损失可通过获取太阳能得到补偿。

如果充分使用夜间通风策略，室内温度应在白天最高温度和夜晚最低温度之间，比如 20℃ 左右。

在 7 月 17 号监测到的南侧卧室的数据可以清晰说明通风的有效性。当窗户打开时，因为室外空气更冷，所以室内迅速降温，当窗户关闭时，建筑结构和其他房间蓄的热又将空气加热，但最终温度还是低于之前2℃。

7.4.4   通风作为被动降温技术的性能评价

为了解建筑夜间通风的性能我们对建筑进行了测试，测量通风率和评价建筑元素（屋顶天窗和室内门）对夜间通风效率的影响。

图7.61是一张典型的夜间通风后的居室和墙的温度的变化图。白天，气温高于墙体温度，墙体被加热，而到了夜间，室外的冷空气可以用来给建筑降温。

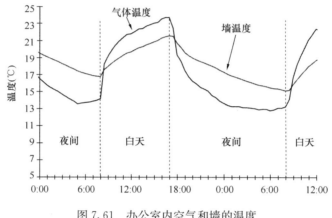

图7.61   办公室内空气和墙的温度

图7.62是起居室地面上方25cm处的空气流速图，我们可以明显看到应用夜间通风加速了空气的流动。这可能对两方面比较重要，一是应用通风技术后住户的热舒适情况可能受到影响，二是蓄热体的热传导系数要修正。

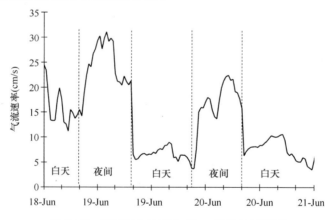

图7.62   起居室内地面上25cm处的气流速度

7.4.4.1   屋顶天窗的影响

图7.63是住宅和屋顶天窗各自的气流速率的连续测量值，测量是在有相似气候条件且卧室门关闭的连续两天的夜晚进行的。即便在天窗关闭的情况下（第一天夜晚），自然通风仍贡献了约2000m³h⁻¹的空气流量（换气率约4h⁻¹）。通风模式可能是如图所示的烟囱效应（从首层到第二层）和对流通风（从一个立面到另一个）的混合形式。如果是这样

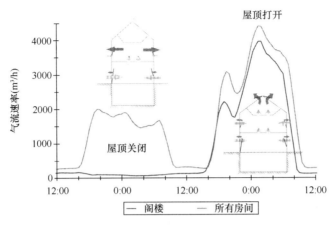

图 7.63 总的气流速率

的话，这可能不是最佳的降温策略，因为很大一部分穿过第二层的风来自于首层，它们在首层已经被加热。

第二天夜里，屋顶窗户打开，通风达到了最大值 $4500m^3 h^{-1}$（换气率约 $9h^{-1}$）。房子总通风量和阁楼通风量差别不大，这表明当屋顶窗户打开时，垂直向的通风占了主导位置。这种通风策略更为有效，因为室外的冷空气进入了除阁楼外的所有房间。

屋顶层的平均风速为 1.5 米/秒（第一天晚上），1.8 米/秒（第二天晚上），两晚的平均气温分别为 7.1℃ 和 6.8℃。这些值在比利时高温的季节很典型。（图 7.56）

7.4.4.2 卧室门的影响

图 7.64 和图 7.65 反映了卧室门对通风的影响。图示的是两天夜里不同空间的气流速率。在第一夜所有的卧室门都关闭，第二夜都打开。气象条件并不完全相似：

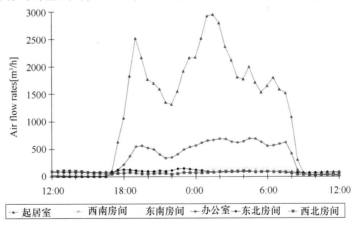

图 7.64 屋顶通风的影响—卧室门关闭

在第一夜，屋顶层的平均风速为 1.5 米/秒，这个值在第二夜是 0.8；温内外温差第一夜是 7.1℃，第二夜是 5.1℃。在两种情况下，房子总的通风达到了大约 $4500m^3 h^{-1}$（换气率约为 $9 h^{-1}$）。

当卧室门关闭时，起居室的通风率是卧室的 15～30 倍。另外，办公室的通风率（门

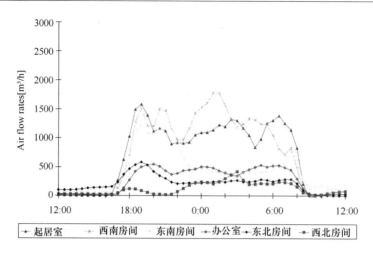

图 7.65 不同房间的通风—屋顶窗户打开，卧室门打开

打开时）大约有卧室的七倍高。卧室的位置对通风没有太重要的影响，因为它们在大小上差不多。当卧室门打开时，气流速率的分布更加均匀。然而，在不同的空间还是有些不同，这可以用它们的方位来解释：监测期风从南或西南向吹来，这就使得南侧立面开窗的房间有更高的通风率。

7.4.4.3 通风策略的影响

整个测试期的一些数据被用来分析计算建筑不同部分的平均气流速率。我们用百分比的形式表示，以在某种程度上消除气象条件的影响。

图 7.66 说明，当屋顶窗户打开时，对流通风约占总通风量的 20%~30%。图 7.67 说明，因为有两个大窗户，起居室的通风量最大。需要注意的是，当卧室门打开时，卧室能有更好的气流速率分布。此外，我们还注意到，屋顶窗外对房间的通风分布影响不大。

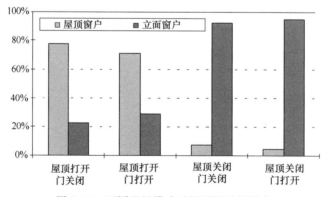

图 7.66 不同通风模式对屋顶通风的影响

7.4.5 红外线热成像

热成像法在 PLEIAGE 住宅中被用来测量应用夜间通风后表面温度的变化。

图 7.68 是红外仪器两天两夜记录的场景对象。图上标了三种热容差别很大的建筑材料：A 是门的木材质，B 是轻质内墙（石膏板），C 是大理石地面。

图 7.69 表示白天结束后、夜间通风前的热谱图和通风后早上的热谱图的差别。这张

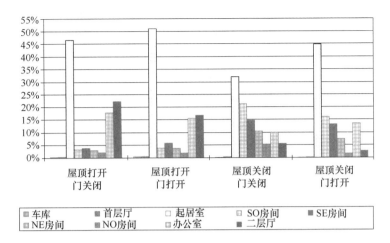

图 7.67 卧室门对气流分布的影响

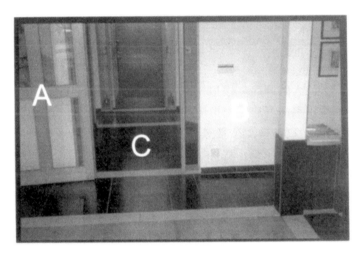

图 7.68 两天两夜的红外观测对象

热谱图上的值就是夜间通风期间的温度变化。

很明显看到，夜间通风的温差变化很不均匀：轻质材料温度波动更大（室内门，轻质内墙，木地板）。

左手边柱子温差变化最大，是因为白天太阳辐射使本身材料蓄热导致的。

7.4.6 AIOLOS 模拟及与试验数据的对比

我们建了 PLEIADE 住宅的模型，用 AIOLOS 软件进行夜间通风的模拟。试验的目的是为了看 AIOLOS 能不能定性说明房子在考虑夜间通风后的性能。

在一天中对三种不同的情形进行了模型（如图 7.70）：

● 斜转窗打开，但屋顶窗户关闭。

● 所有窗户关闭。

● 斜转窗和屋顶窗户都打开。

实测的平均室内外温差及 10m 处的风速风向被用作边界条件。

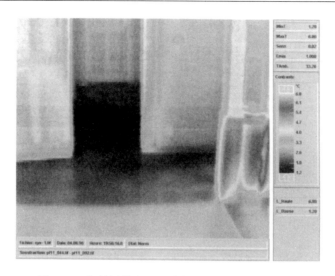

图 7.69 红外图像展示了夜间通风前后的温度变化

假设条件如下：
- 一空间模型（A one-zone model）；
- 四个垂直方向上的大的开启，模拟立面上的斜转窗（开启率 20％）；
- 屋顶层一个大的水平向开启，模拟屋顶窗户。
- 文献中的压力相关系数（AIVC 数据库）；
- 五个洞（每个大开启处一个）表示白天的渗透；
- 窗户按之前列的三个实验情形中的一个开启。

图 7.71 是气流速率的模拟值和测量值的比较，吻合度很高。虽然此时段的差别有 25％左右，但总的来说，房屋性能的模拟情况不错。

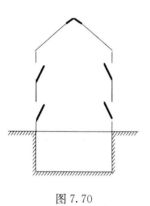

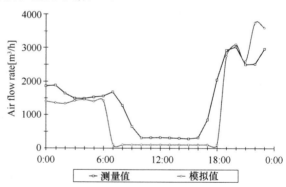

图 7.70

图 7.71 测量值对比 AIOLOS 的模拟值

7.4.7 结论

经证实，在 PLEIADE 住宅上应用结合外遮阳的夜间通风是防止夏季高温的行之有效的策略。即便是在室外温度相当高的时候，室内温度仍保持在可接受的范围。

根据室外环境条件的不同和建筑使用上的不同，由烟囱效应驱动的夜间通风可使换气

率达到 $4\sim10h^{-1}$。

屋顶窗户的开启保证了夜间最大的通风效率，因为比利时的气候特征决定了烟囱效应在通风中起主导作用。

卧室门的关闭明显降低了夜间通风的气流速率，但热舒适仍在可接受范围。

AIOLOS 软件在考虑夜间通风后能模拟住宅的整体性能。

7.4.8 致谢

这个案例研究的信息由 PLEIADE 项目的参与者：Architecture et Climat（UCL）及 BBRI 提供，由以下机构赞助：Wallon Region，ELECTRABEL，LABORELEC 实验室，ARGB；Ir. Architect Ph. Jaspard；COMITA 及 BCDI。

7.5 海洋之门（PORTE OCEANE）住宅楼（LA ROCHELLE，法国）

Porte Oceane 住宅位于 La Rochelle 城的西南部，面朝大海（图 7.72）。建筑由中部的塔和两翼组成，西侧是大的开敞空间，建筑也因此而得名。建筑的主轴向自西向东，主立面暴露在太阳和海风之中。建筑六层高，南侧有阳台，建筑西、南和东立面只有小窗户。建筑特别有意思的一点是它南立面白色的石材和玻璃给每个居民一个很奇妙的海上图景。

图 7.72　海洋之门（The Porte Ocean）住宅楼

南立面展现了大片玻璃窗和阳台带来的通透性和透明感。尽管建筑并不是特别为自然通风设计，但它很好地包含了这一特点。为了监测建筑的通风潜力，我们在一户中进行了实验。

选择的户型（在图 7.72 中用 X 标示）位于建筑西侧的第五层。La Rochelle 城位于大西洋海岸（图 7.73），夏季气温介于 18℃～32℃之间。如果能考虑好建筑的朝向和在海岸的位置的话，自然通风大有潜力。

图 7.73   La Rochelle 地理位置

7.5.1 地段特征

建筑离海洋非常近，完全暴露于海风之中，特别是南风或是西南风。周围有一些房子，但至多不超过三层，因此周围没有什么缓冲（图 7.74）。

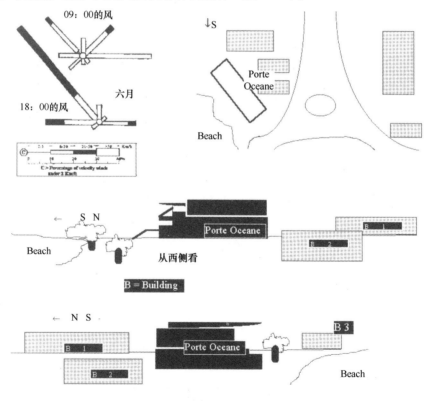

图 7.74   住宅的场地

地段处于典型的温带气候。夏季平均气温通常不超过 25℃（图 7.75）；然而，昼夜温差很大；例如在八月份这个差值为 11～12℃。

这意味着夜间温度相当低，这就有利于夜间的自然通风。

7.5.2 户型描述

这个典型的户型包括一个带小厨房的房间，一个淋浴间和一个厕所（图 7.76*a*）。

住宅的优点是朝向大海有一个很大的阳台（10.20m²，图 7.76*b*）。住宅有一个大房间（26m²），房间有一个像凉廊（loggia bay）一样的窗户（11.32m²）。与大房间相连的是淋浴间（5m²），小厨房（2m²）和厕所（1.67m²）。

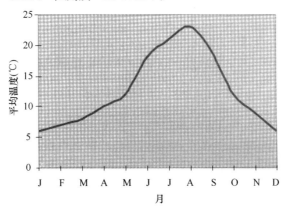

图 7.75　La Rochelle 的气候

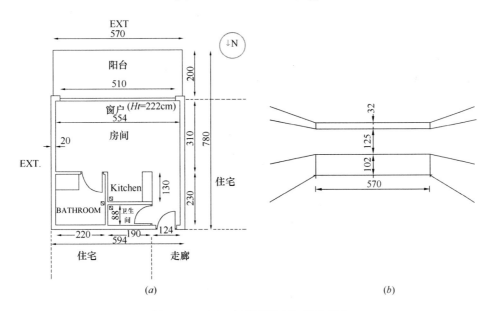

图 7.76　（*a*）户型平面（*b*）阳台特点

住宅一般供一到两人使用，白天通常没有人在，晚上七点后才有人居住。

窗玻璃（图 7.77）宽 5.1m，被等分成四份。最小的开启面积是 2.83m²，最大开启面积 5.66m²。窗户面对大海，因此如果开启的话会对自然通风有重要的影响。

图 7.78 是住宅外面的情景，图 7.79 是站在阳台上看窗户外侧的情景。

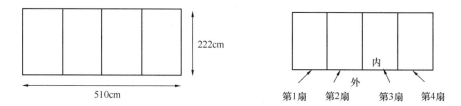

图 7.77   窗户特点

图 7.78   住宅五层的户型

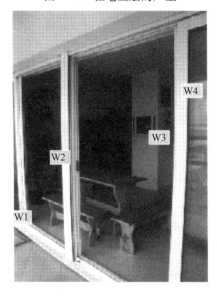

图 7.79   通向阳台的带四个独立滑动部分的玻璃门（见图 7.77）

7.5.3 建筑结构

这座混凝土结构的房子外墙包括混凝土砌块（20cm），聚苯乙烯保温、薄的抹灰（内侧）和石膏板（外侧）。

内墙由砖墙和砖墙两侧的石膏板组成。地面和天花包括混凝土板（15cm）和塑料面层。阳台上的窗户是双层玻璃窗。

表 7.7 列出了墙和窗的热特性。墙两侧温差引起的热损失只影响内墙和窗，其他的一些系数仅作为信息给出，它们以相同的温度分隔空间。

7.5.4 夏季建筑的热工性能

试验时间为 1996 年的七月和八月。试验结果如下，主要集中于两点：

墙和窗的热性能   表 7.7

	K (Wm^{-2}K^{-1})	接触	S (m^2)	KS (WK^{-1})
外部	0.53	外表	18.2	9.646
墙	1.9	公寓	24.7	46.93
	1.9	走廊	0.7	1.33
窗	4.2	外表	11.3	47.46
Internal 墙	2.4	内部	15.3	36.72
地板	0.7	公寓	32	22.4
顶棚	0.7	公寓	32	22.4

● 自然通风的制冷效果。此分析主要基于黑球温度的变化，因为在评价自然通风引起的降温方面，它最能代表住户的感受。

● 通风策略的影响。朝向大海的窗户打开时被认为对自然通风有重要的影响。分析侧重于评价不同的开启方式的自然通风效率。

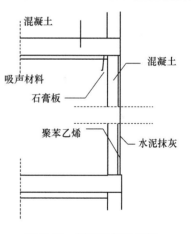

图 7.80 剖面及保温细部

7.5.4.1 自然通风引起的降温

七月份黑球温度的变化如图 7.81 所示。上面一张图是室外条件相似的 12 天的情况。在 7 月 18～19 日，只有第三扇窗开启。下面一张图是上面一张图局部的放大版。很明显，窗户打开，作为一种有效的自然通风降温手段，室内的气温更低（约 3℃）。另外重要的一点是，黑球温度曲线有 7℃ 的振幅，而室外气温有 15℃ 的振幅。此外，高的热惰性减少并改变了室外气温的波动。对于夜间通风设计策略来说，这一点必须加以考虑。

7.5.4.2 通风策略的影响

为了评价不同的通风策略，我们进行了多轨迹的气体监测（multi-tracer gas measurements）实验。如图 7.82 所示，在同样的时间下（约 20 分钟），第一和第四扇窗打开时（相比只开一个），气体以两倍的速度减少。而且，开两扇窗可以使空气更好地混合（顶棚、走廊和房间中部的三条曲线重合），因此顶棚处无空气的聚集。

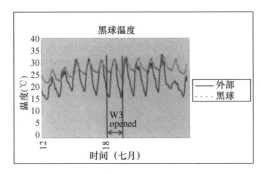

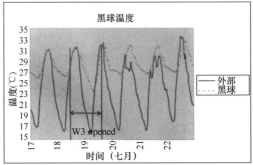

图 7.81　七月黑球温度的测量

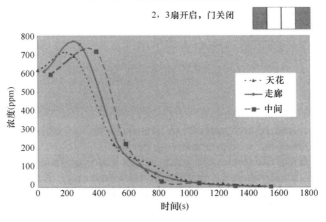

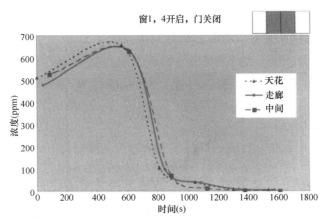

图 7.82　不同开启方式的气体示踪结果

通过这些试验同样可能为每种情况定一个自然通风的效率指数，指数为当地中数平均（mean average）与房间中数平均的比值的平均值。表 7.8 是从不同实验中平均得到的自然通风有效系数。很明显，单侧通风可以十分有效。

情形 1 和 2 的比较说明了在窗户中间打开两个开启扇并没有明显提高通风效率（68.3 到 71.7）。而相反，如果是同样的开启面积，但在窗户两边（情形 3），因气流形式改变，通风效率明显提高。

7.5.5 结论

Porte Oceane 住宅并不是为自然通风而设计，而是为了更好地获得海洋风景。然而，它的布局和建筑特征使它成为一个实实在在的捕风器。

对典型户型的监测清楚地表明自然通风的重要性。即便是低风速下的单侧通风，也有 10～12ach 的气流速率，这就使得室内在监测期有一个舒适的环境。

这个建筑的实验结果同样说明，利用建筑高热惰性可以使夜间通风更为有效。不幸的是，住户通常因为隐私的原因在夜间将窗户关闭，所以实际中操作层面上的困难常常阻碍了夜间通风对夏季室内降温的贡献。

不同开窗模式的通风效率 　　　　　　　　　　　　　　表 7.8

	效率
S1 打开 情况 1	68.3
S 2&3 打开 情况 2	71.7
S 1&4 打开 情况 3	87.5

7.6 学校建筑（LYON，法国）

Lyon 的建筑学院（图 7.82）由建筑师 Jourda 和 Perraudin 设计完成，以很强的建筑特征而闻名。这是座典型的由大面积玻璃立面和混凝土墙结合而成的现代建筑。一层的教室和二层的两个大专教沿一个南北轴向的内部"街道"分布，街道连接了教学区与行政办公区，办公室沿三层半球形的中庭布置。

为防止夏季过热，采用了一些特殊技术，比如可开启的遮光栅格，专教玻璃立面外的水平向悬挂物，也种植了一些落叶树木。

一层教室厚重的混凝土墙体使室内温度舒适度在一个可接受的范围，而有大面积玻璃窗的大体量的专教内温度的波动比较大。

建筑使用了一些简单的被动式降温技术，如拉下已有的窗帘，通过窗户进行对自然通风，采用机械式手段在夜间或者全天进行通风。但这些都是用户控制的，所以用户的控制在这里对评价现有的被动式制冷技术的应用十分关键。

图 7.83   Lyon 的建筑学院

图 7.84   Lyon 的地理位置

7.6.1   场地特征

建筑位于 Lyon 市的东部郊区，坐落在一块宽阔场地的中央，场地平整（图 7.85）。建筑偏离南北轴向 25°，南部是一些临近的低层房子（图 7.86）。沿学校周围一定距离的是树木和房屋，这些东西的遮挡除了在太阳高度角非常低的时候，并不会影响建筑立面的光照。

场地上冬季主导风向是北风，夏季是南风。夏季这个地区的气候相对温暖，七八月份日平均最高气温为 30℃（图 7.87），夏季日平均气温波动超过 10℃。

7.6.2   建筑描述

建筑结合了大片玻璃立面（图 7.88 到 7.90）和混凝土墙，被分成如下空间：

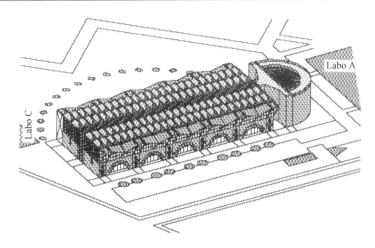

图 7.85　轴测图

图 7.86　建筑东西立面及周边的低层建筑

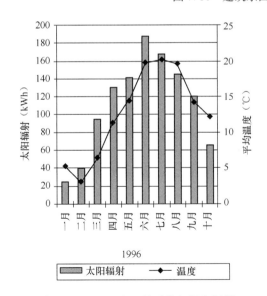

1996

太阳辐射　温度

图 7.87　Lyon 地区月平均气温和辐射

图 7.88　西立面—教学区和行政办公区

图 7.89   北立面—带内"街"的教学区

图 7.90   南立面—行政办公区

- 行政办公部分是一个四层的环形建筑,房间沿带玻璃顶的中庭布置。
- 教学部分沿内"街"在两层上分布,内"街"的屋顶和北面是玻璃,连接着行政办公区的中庭。
- 教室和其他的特殊房间(图书馆,艺术咖啡厅,工坊等)布置在首层的东西两侧。混凝土墙体被塑造成拱形(西侧)或柱廊形式(东侧)。
- 两个大的专教占据二层内街的两侧,靠一个窄的阳光间与室外分开。

全玻璃顶的中心"内街"高度 10.6m(图 7.91 和 7.92),通常用作展览和展示学生作业,当然也用来促进空气流通。

图 7.91   中间的"内街"—二层

图 7.92   中间的"内街"—首层

对教室来说,自然通风只可能通过门到室外或是到中心"内街"。因为中心"内街"开敞空间小加上还有噪音的问题,自然通风很受限制。每间办公室在外立面上有一扇两扇或者三扇小窗,对着中庭有一扇或两扇门(图 7.93)。

在二层,自然通风可用于给专教降温。建筑的所有立面都装有遮光栅格,与之配合的是 78 对可开启窗户(图 7.94)。在实际使用过程中,会受到许多的限制。

图 7.93 带小窗及重型结构的行政办公区   图 7.94 轻结构和大面玻璃窗的二层

　　窗户很难开启，因为它们的开启装置并不是十分有效。还有，新鲜空气想要穿过阳光间进入专教的话必须保持门完全打开。为了获得对流通风，必须保证所有的门窗都开启，而因为安全性和防进水的考虑，不可能一直保持窗户打开。

7.6.3 建筑结构

　　建筑结构由一层的混凝土板墙和二层的轻质木结构组成，办公区的外墙是混凝土结构，开有小窗。

　　东西立面是带遮光栅格和窗户的全玻璃立面，这造成了建筑二层低的热惰性。玻璃靠水平向半透明的遮阳棚遮阳，这些棚子只能部分遮挡二层的窗户，对一层不起什么作用。

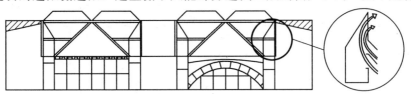

图 7.95 横断面和阳光间的自然通风

　　首层教室是拱形或柱廊式的混凝土墙（图 7.96）。玻璃由内侧的遮阳卷帘控制太阳光进入。

图 7.96 中心"内街"：由混凝土和玻璃构成的一层的教室

7.6.4　热质量（Thermal mass）

在首层，教室的墙内层是 20cm 的混凝土，楼面是混凝土板。东侧教室的天花离地 4.3 米，由玻璃纤维组成，房间除了五六张画图的桌子外几乎没有什么家具。西侧教室的顶棚是拱形的，教室有大约一百张桌椅。

这些因素使得建筑的热惰性很大，外立面大片的玻璃和地面的地毯油毡等面层又降低了建筑的热惰性。

二层框架用的材料主要是玻璃和木材。吊顶是由填充聚氨基甲酸乙酯的橡胶制品构成。家具主要是铁质家具。唯一的大质量的部分就是混凝土地面，但还覆盖了油毡和架空的木地面。结果就是专教的热惰性很低。

7.6.5　使用模式

建筑的使用时间通常是九月到来年七月的除周六周日的正常上课时间，也就是早八点到晚八点。

7.6.6　夏季建筑的热工性能

建筑的测试时间是 1993 年和 1994 年冬夏的几个月（图 7.97 和图 7.98）及 1996 年中的一周。

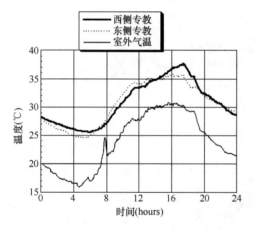

图 7.97　1994 年 6 月 18 日专教的温度图

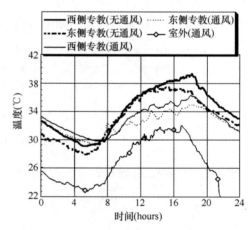

图 7.98　1994 年 7 月 3 日和 30 日的专教温度图（无/有自然通风）

行政区办公室的每日温度波动比较小，辐射温度（radiant temperature）与气温差不多。在监测期，温度在 25～32℃ 之间变化，如果不开门或者窗的话，每天的波动在 1℃ 左右。

首层西侧的教室每天的波动在 2℃，明显小于室外 15℃ 的气温波动。室内的气温从初春的 25℃ 到最热天的 32℃ 不断变化。当房间有人使用时，室内得热会使室温最多升高 2℃。东侧的教室暴露在阳光辐射之中。因此它的温度变化更大（每天的波动约 4℃），早上的时候达到最高。有记录的最高气温是 34℃。

二层的气温大约跟随室外气温同步变化，有 5℃ 的温差。原因在于大面积的玻璃面和这部分建筑的低热惯性。从早上很早开始到下午很晚，气温都超过30℃，当一点也没有自然通风时，记录下的最高气温达到41℃。室内相对湿度可低至20%。有自然通风时，可记录到很大的温度垂直梯度。

"内街"同样是引起过热的原因。因为它的屋顶全是玻璃，如同一个太阳能收集器一般，它同时又连接建筑的东西两部分使得专教内部温度十分相似，尽管它们的方位角不同。

7.6.7 通风技术的影响

以升压机为媒介，机械通风在专教的端头供应新风（图7.99和7.100）。空气通过风口进入中间的"内街"，在那儿减压排出。

图7.99 专教情景

因HVAC系统自身的原因，首层教室使用机械通风并不有效。实际上，相对于新风，回收的空气太多，因此室内温度和风口送入的风的温差小于2～3℃。这对于在夜间更新室内空气是不够的（图7.101）。而且，气体示踪试验表明：气流介于1000～3000m³h⁻¹或者1.5～4ach是可以的，取决于过滤器的清洁程度。

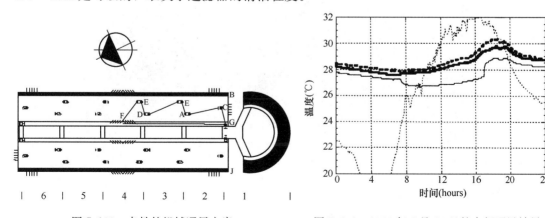

图7.100 专教的机械通风方案   图7.101 1994年7月26日的夜间通风效果

如果自然通风量很小则温度梯度约为3℃，如果有楼面附近的对流通风则这个温度则会高出不少。当可以开启立面上的窗户时（图 7.102），例如 1994 年 7 月 30 日（图 7.98），温度效应十分迅速。但是因为缺少热惰性，几乎不可能让室内温度低于室外温度。夏季正午"内街"低处的温度约为 35～37℃，细致的分析发现玻璃屋顶遮阳装置有一定的应用潜力，如果应用太阳光调控装置，此处空间的温度可以降低 4℃。

图 7.102　可开启遮光栅格玻璃立面细部

图 7.103　建筑学院

7.6.8　结论

这座建筑的设计并不能满足夏季舒适的要求。夏季，建筑严重过热，即便是自然通风也只能解决少部分问题，降低专教的温度 4～5℃，但温度仍然到达了令人不舒适的 34～36℃。要达到自然通风，立面上的窗户必须都要打开，而开启的机械装置非常难用，很难达到立面开启的目标。因此住户通常放弃这种潜在的降温技术。

为减少不舒适，需要在所有垂直和水平玻璃表面上加遮阳板，屋顶也要加开启窗以增强烟囱效应。这样才能使自然通风对室内气候控制有比较大的作用，尽管这种情况下室内温度仍然可能超过 30℃。最好的是，在玻璃和非玻璃上取得一个平衡，配合更高的热惰性，在可能是减少制冷负荷的首要因素。

专业词汇对照

design 设计

envelope 表皮

exterior characteristics 外部特征

form 建筑形状

institutional 公共建筑

interior characteristics 内部特征

location and layout 选址与布局

office 办公建筑

operations 建筑运行

performances 建筑性能

regulations 规范

buoyancy dominated natural ventilation experiments 浮力支配下的自然通风实验

case studies 案例研究

CFD modeling CFD 模拟

application of 应用

changes of roughness 改变粗糙度

climate and microclimate 气候和微气候

coefficient of spatial variation C_{sv}　空间变化系数 C_{sv}

comfort 舒适

COMIS

computational fluid dynamics fundamental equations 计算流体力学基本方程

computerized methods 计算方法

concentration decay method 浓度衰减方法

conduction heat transfer 热传递

constant concentration method 恒定浓度方法

constant injection method 恒定注入方法

continuity equation 连续性方程

control 控制

indoor and outdoor temperatures 室内外温度

indoor pollution 室内污染

strategies 策略

systems 系统

controllers 控制器

convective heat transfer 热对流传热

coefficient 系数

correction factor CF 修正因子 CF

CO_2 measurement technique　CO_2 测量技术

CO_2 recordings　CO_2 记录

indoor velocity coefficient C_v 室内气流速度系数 C_v

industrial buildings 工业建筑

Institute of Meteorology and Atmospheric Physics 气象学和大气物理研究所

integral control strategy 整体控制策略

integral natural ventilation control 整体自然通风控制策略

inter-model iteration 模型之间的"重复"

interior

doors 室内门

screens 室内遮挡物

intermodal comparison 综合运输比较

internal

spaces 室内空间

κ-ϵ model κ-ϵ 模型

kinetic energy of turbulence 紊流动能

landscaping 场地景观设计

large openings 大开口

leeward pressure coefficient 背风面风压系数

LESO building LESO 建筑

local relief 当地信仰

local velocity modifications 当地速度校正

mass conservation equation 质量守恒方程

mass transfer prediction 质量转移预测

mean wind velocity 平均风速

momentum

conservation of 动量守恒

equations 动量方程

monitoring equipment 监测设备

multistory apartment buildings 高层公寓楼

multitracer gas technique 多种示踪气体技术

natural ventilation

building performance 建筑表现

cooling potential of 制冷潜力

control in buildings with atria 带有中庭的建筑自然通风控制

in residential buildings 居住建筑中的自然通风

NATVENT

Navier-Stokes equations 纳维斯托克斯方程

neighbourhood correction factor 周边修正因子

network

respiration 呼吸

roof，effect of 屋顶影响

roughness height 粗糙度

safety 安全性

screens 遮挡物

　　fixcd 固定的

self-controlled openings 自我控制开口

sensitivity analysis 敏感性分析

sensors 传感器

sequential coupling 顺序耦合

service room ventilation 服务用房通风

shading 遮阳

　　effect 效应

sick building syndrome 病态建筑综合症

single family residential unit 独户居住单元

single obstacle 独立障碍物

single-sided natural ventilation 单侧自然通风

　　control 控制

　　experiments 实验

　　simulations of 模拟

site　基址

　　design 设计

　　impact of 影响

size of openings 开口尺寸

　　methodologies for 方法

skin diffusion 表面漫反射

solar radiation 太阳辐射

stack effect 烟囱效应

statistical analysis 数据分析

storage efficiency 储存系数

stratification predictive model 分层预测模型

surface　表面

balance equations 平衡方程

　　temperatures of walls 墙体表面温度

　　thermal balances 热量平衡

tabulated date 统计日期

technical regulations 技术规范

temperature recordings 温度记录

　　tower systems 风塔系统

windbreak 风障

windows 窗

windward pressure coefficient 迎风面风压系数

ZEPHYR architectural competitionZEPHYR 建筑设计竞赛

zonal modeling 区域模拟

　　cfd modelingCFD 模型

zone　区域

　　main phenomena and couplings in 主要现象和连接处

　　normal 直角区域